机床典型机械装置维修一本通

沈为兴　编著

机 械 工 业 出 版 社

本书通过对机床典型机械装置的工作原理、结构特征和调整方法等的阐述，使读者了解其在使用中常见故障的产生原因和解决方法。

本书在典型机械装置的选择上综合考虑了在机床中应用的广泛性和通用性、技术的复杂性和故障的多发性，涵盖了主轴部件、离合器、变速操纵机构、液压系统、滚珠丝杠传动、行星齿轮传动、自动润滑装置、机床导轨、数控机床自动换刀机构、数控机床自动工作台10类典型机械装置的结构与维修。

本书为编者多年的工作实践总结，具有较强的实用性。

本书可作为机床维修人员或大学机械类专业学生的参考用书，也可用作培训教材。

图书在版编目（CIP）数据

机床典型机械装置维修一本通/沈为兴编著. —北京：机械工业出版社，2018.4

ISBN 978-7-111-59852-7

Ⅰ.①机…　Ⅱ.①沈…　Ⅲ.①机床-机械维修　Ⅳ.①TG502.7

中国版本图书馆CIP数据核字（2018）第088308号

机械工业出版社（北京市百万庄大街22号　邮政编码100037）
策划编辑：申永刚　责任编辑：申永刚　王　珑
责任校对：张　薇　封面设计：马精明
责任印制：李　昂
北京宝昌彩色印刷有限公司印刷
2018年9月第1版第1次印刷
169mm×239mm·17印张·1插页·345千字
0001—3000册
标准书号：ISBN 978-7-111-59852-7
定价：69.00元

凡购本书，如有缺页、倒页、脱页，由本社发行部调换

电话服务	网络服务
服务咨询热线：010-88361066	机工官网：www.cmpbook.com
读者购书热线：010-68326294	机工官博：weibo.com/cmp1952
010-88379203	金书网：www.golden-book.com
封面无防伪标均为盗版	教育服务网：www.cmpedu.com

前言

机床是装备制造业的工作母机。一个国家机床的保有量和质量标志着这个国家装备制造业的规模和水平。

截至2017年7月，我国机床保有量已达800多万台，其中包括数控机床约400万台，两项数据均居世界第一位。在我国调结构、促发展的大背景下，数控机床还将继续高速发展，并朝着补短板、高精尖、高自主知识产权的方向迈进。

随着我国装备水平的不断升级，机床的数控化率会不断提高，将由现在的50%左右最终提高到60%左右；然而普通机床在相当长的时期内仍是重要的生产工具，并长期存在，在有的场合下仍然是数控机床无法替代的。

从机床的机械结构来看，数控机床由于使用伺服电动机和数控系统控制，大大简化了机械结构，然而对于从事机床机械维修的工作者来说，普通机床的结构更具有多样性和复杂性，不应忽视。

鉴于此，编者通过理论梳理和实践总结，把自己在机床维修方面的经验积累真诚奉献给广大读者。

本书介绍了普通机床和数控机床主要关键部件的结构与维修。为了精简内容，编者将典型部件（或装置）进行了归纳，通过这些部件（或装置）的结构原理、调整方法等，引导读者查找故障的产生原因，进而排除故障。

本书注重全面性、系统性、针对性和实用性的有机结合。全书共10章，各章节的表述均采取了图文并茂的形式。对于经验丰富的维修人员来说，看其图就能明其理，就能得心应手地解决问题。文字叙述可为初学者提供帮助。

本书可作为机床机械维修人员或大学机械类专业学生的参考用书，也可以作为培训教材。

由于编者水平有限，书中难免存在错误和疏漏，敬请广大读者不吝指正。

编　者

目 录

第一章

主轴部件的维修

第一节　滚动轴承支承主轴的维修

一、滚动轴承间隙的调整和预紧

主轴支承常用的滚动轴承有双列圆柱滚子轴承、圆锥滚子轴承、角接触球轴承、深沟球轴承和单向推力球轴承。其中双列圆柱滚子轴承由于其刚度好，旋转精度高，径向承载能力强，适应高速，从而得到广泛应用；圆锥滚子轴承具有能同时承载径向与轴向载荷的能力，适用于中低速、中等载荷的主轴；角接触球轴承具有同时承载径向与轴向载荷的能力，适用于轻载高速的主轴。

为了提高主轴轴承的刚度，需对轴承预紧。所谓预紧就是预加负荷，使轴承在无间隙、小过盈的状态下工作。轴承的寿命与预加负荷有很大关系，间隙过大或过盈过大都会降低轴承寿命，在无间隙或小过盈的状态下轴承寿命最长。预加负荷应兼顾轴承的刚度和寿命，使两方面都达到最佳状态。

1. 圆锥滚子轴承的预加载荷

圆锥滚子轴承是机床主轴常用的轴承，如 C6150 型车床主轴部件、X6132 型铣床主轴部件等。

圆锥滚子轴承的调整状态一般以轴向间隙或轴向载荷表示。对于有一定加工精度和抗振能力要求的车床，一般取预加轴向载荷，其计算式为 $F=(30\sim40)d$，其中 d 为主轴前轴承的内径（mm），F 为轴向预紧力（N）。

现以 C6150 型车床为例，说明主轴间隙测量方法。主轴部件装入主轴箱后，对主轴施加正反向载荷，在主轴端部打表，表针读数差即为轴向间隙。在加载时应转动主轴，使滚子与外环滚道有良好的接触。在预加轴向负载 1000N 的情况下，主轴轴向间隙不应超过 0.03mm。

为了便于调整间隙，轴承内环与轴、外环与壳体的配合不易过紧，以用力能推入为宜。

2. 双列向心短圆柱滚子轴承的预加载荷

此类轴承在机床主轴的支承中应用很广，它有较高的回转精度和较强的刚度，如 CA6140 型车床、XA6132 型铣床和大多数数控机床等主轴部件都采用这种轴承。

（1）预加载荷的一般要求及测量方法　对于中等尺寸系列的双列向心短圆柱滚子轴承，预加载荷量以轴承间隙达到 5~20μm 为宜。如果用调整垫控制轴承间隙，其方法如下：

将主轴垂直放置（前端向下），把内环套在主轴径上，装上预紧螺母，再用 3 个等高块将外环垫到与内环一致的高度。在外环的外圆上打表，不断地拧紧预紧螺母，用手轻轻晃动外环，读取千分表读数差，直至达到所要求的间隙为止。用量块测量内环端面至轴肩的尺寸，此尺寸即为调整垫（隔套）的尺寸。

（2）用计算法确定调整垫尺寸　现以 NN3000K（3182×××）系列轴承为例，说明确定调整垫尺寸的计算方法。设轴承的原始间隙（即轴承安装前自由状态下的间隙）为 e_1，轴承工作时的配合间隙为 e_2，为了使轴承从原始径向间隙减少到需要的数值，必须将轴承的内环在主轴上做轴向移动，移动量 δ 的计算式为

$$\delta = K(e_1 - e_2 + a)$$

式中　K——系数，取决于$\frac{d_0}{d}$的比值大小，其中 d_0 为轴承配合处的主轴孔径（空心轴），d 为轴承配合处的主轴直径；

a——轴承内环与主轴轴颈的接触变形系数，一般取 $a=0.01$。

例如，CA6140 型车床 $d_0=42\text{mm}$、$d=105\text{mm}$、$e_1=0.035\text{mm}$，查表得 $K=14.7$，轴承型号 NN3021K/P5（旧型号为 D3182121），要求间隙 $\leqslant 0.005\text{mm}$，则 $\delta=14.7\times(0.035-0.005+0.01)\text{mm}=0.59\text{mm}$。

有的机床用调整垫控制轴承间隙。如果需要调整垫尺寸，可先将轴承内环装在主轴上，使之紧密配合，但不要在轴向加载；然后测量内环的端面与轴肩的距离，将此尺寸减去 δ，就得出调整垫的厚度。

将主轴前端径向加载 1000N（可以用杠杆撬的方法或用千斤顶顶的方法加力），在主轴的伸出轴径上用千分表检测抬起量（尽量靠近轴承处），千分表指针读数差即为主轴轴承径向间隙。

图 1-1 所示为该轴承的预紧方式。

图 1-1a 所示的结构最为简单，靠一个调整螺母进行预紧。旋进调整螺母，通过隔套迫使轴承内圈轴向移动，在锥面（1∶12 锥度）的作用下使内圈外胀，从而消除轴承间隙。这种方法的缺点是很难准确控制调整量，仅凭经验和感觉进行调整。例如，C7620 型车床、X6132A 型铣床的主轴轴承就是这种预紧方式。

图 1-1b 所示的结构在轴承左右两侧都有调整螺母，调整方便，但主轴右端要加工螺纹，悬臂长，影响主轴刚度。例如，CA6140、CW6163 型车床的主轴部件就采用这种结构。

图 1-1c 所示的结构较为复杂，垫圈 1 做成两瓣的，退出套环 2 就可取出两个半环垫圈，调整时可根据计算修磨垫圈厚度（两个半环垫圈一起磨）。这种结构调整量准确，修磨垫圈无需将主轴抽出。例如，XA6132 型主轴部件便采用这种结

构。也有的机床垫圈不是两半的而是整体的，取出垫圈需先拆卸主轴。

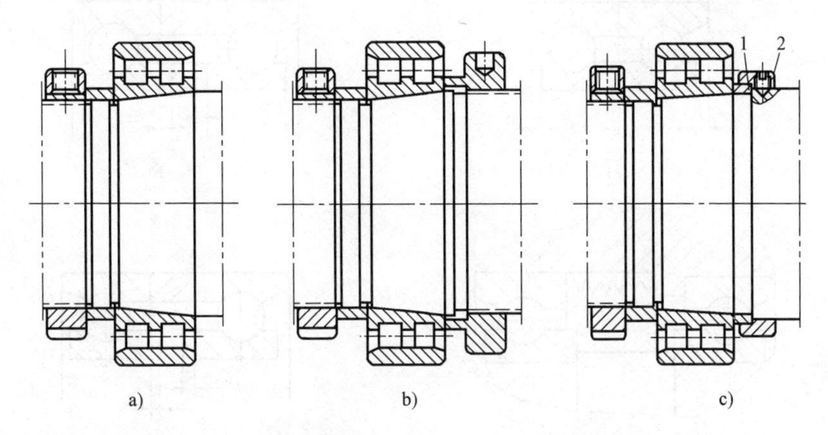

图 1-1　带内锥孔双列圆柱滚子轴承的预紧方式

a）主轴左端由螺母经套筒紧固　b）主轴左、右端均由螺母紧固

c）主轴左端由螺母紧固，右端由垫圈紧固

1—垫圈　2—套环

3. 角接触球轴承的预紧加载

角接触球轴承多用于高速轻载的工况状态，如内圆磨床的磨头主轴、金刚镗床的镗头主轴。它对预加负载的要求比较严格，预加负载过低或过高都会降低轴承的寿命。预加负载最好略大于工作负载。最小预加负载的计算式为

$$A_{min} = 1.58R\tan\gamma \pm A$$

式中　R——作用在轴承上的径向载荷（N）；

A——作用在轴承上的轴向载荷（N）；

γ——接触角，有 $\gamma = 15°$，$\gamma = 25°$两种。

式中“+”号用于轴向工作载荷使原有预公盈值减少的那一个轴承，“-”号用于轴向工作载荷使原有预公盈值加大的那一个轴承。两成对轴承，其中最小预加负载量 A_{min}应按两个轴承所求得两个值中的最大值选取。此公式为经验公式，用此公式后还应进行适当的修正。在通常情况下，预加负载只要能把轴承原始间隙消除即可。

图 1-2 所示为角接触球轴承间隙预紧的四种方法。

图 1-2a 所示为将内环相靠的侧面磨去厚度 a，然后将内环压紧靠在一起。

图 1-2b 所示为两个轴承之间装两个隔套，内套比外套长度短 $2a$。a 值是根据预紧量确定的。

图 1-2c 所示为用弹簧使轴承有一个预紧力。弹簧在圆周上是均布的。

图 1-2d 所示的结构是将内环向里靠，预紧力的大小可由操作者控制。

角接触球轴承预加负载是一项很精细的工作。通常采用的方法有测量法和感觉

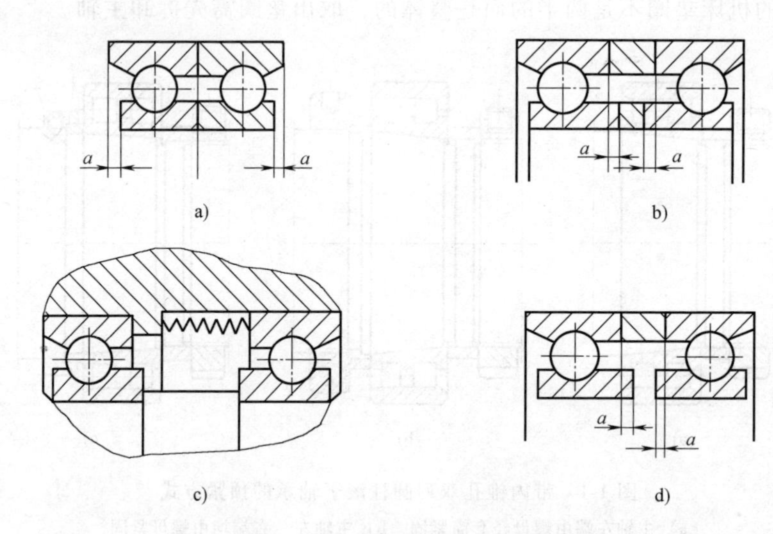

图 1-2　角接触球轴承间隙预紧

a）两个角接触球轴承背靠背安装　b）两个角接触球轴承之间装两个隔套　c）两个角接触球轴承之间装弹簧　d）两个角接触球轴承之间装一个外套

法两种，其中感觉法需有经验的师傅操作。测量法的操作步骤如下：将一特制的圆座体放在平板上，再把轴承外环支承在圆座体上，将内环压一重力为 A_{min} 的重物，用百分表测量内、外环的高度差，这样就会得出内、外隔套的厚度差，从而确定内、外隔套的厚度。

二、各类主轴滚动轴承间隙调整的操作方法

1. NN3000K（旧型号为 3182100）型带内锥孔的双列圆柱滚子轴承的调整方法

（1）只有一个调整螺母的调整方法　图 1-3 所示为 C7620 型多刀半自动车床的主轴结构。主轴前支承的轴承为 NN3024K/P5（旧型号为 D3182124）型带内锥孔（锥度为 1∶12）的双列圆柱滚子轴承。调整前，应脱开与主轴齿轮啮合的滑移齿轮。调整时，松开螺母 3 的锁紧螺钉，拧紧螺母 3 使轴承内圈相对于主轴做轴向移动，由于锥面的作用将内圈撑胀，从而消除轴承间隙。边调整边扳动主轴转动，凭借扳动力矩的大小可判断调整是否合适。既要能不用太大的力扳动主轴，又不能过于松动，靠经验和感觉控制。调整完后将螺母 3 锁紧。用螺母 1 可调整主轴轴承的轴向间隙。

（2）既有调整螺母也有控制螺母的调整方法　图 1-4 所示为 CA6140 型车床主轴部件。主轴前端轴承为 NN3021K/P5（旧型号为 D3182121）型带内锥孔双列圆柱滚子轴承，后端轴承为 NN3015K/P6（旧型号为 E3182115）。前端还装有 60°角接触调心球轴承，以承受轴向力。修磨垫圈 2 可调整此轴承的间隙。

松开螺母 3，拧紧螺母 1（在拧紧螺母 1 前先松开其上的紧定螺钉）即可消除

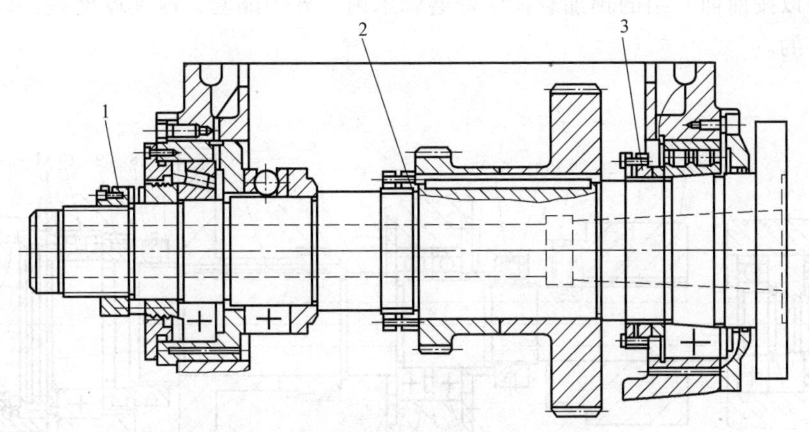

图 1-3　C7620 型多刀半自动车床主轴结构

1~3—螺母

主轴轴承径向间隙，调整完成后再拧紧螺母 3。调整后应进行 1h 的高速运转试验，主轴轴承温升不得超过 60℃，否则应重新调整。主轴后轴承的间隙由主轴后端螺母调整。

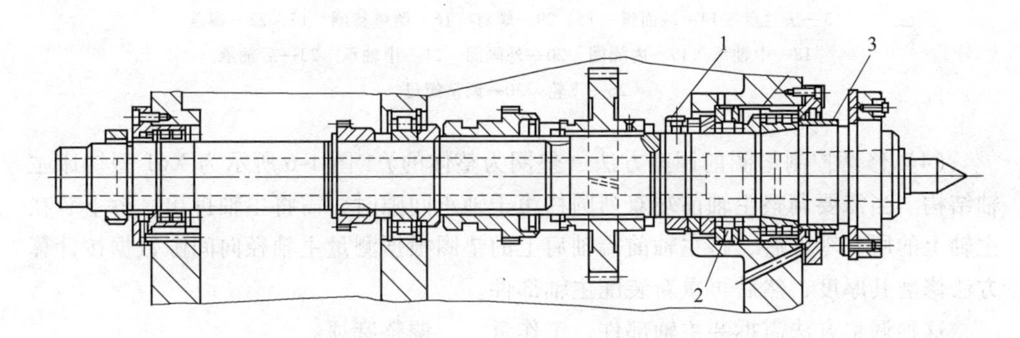

图 1-4　CA6140 型车床主轴部件

1、3— 螺母　2—垫圈

（3）修磨控制垫圈的调整方法（垫圈为两个半环形）　图 1-5 所示为 XA6132 型升降台铣床主轴部件。主轴装配后需对主轴轴承径向和轴向间隙进行调整。当径向跳动超差时，应适当减少前轴承的间隙。调整前，将前轴承的间隙调整螺母 6 和中轴承的调整螺母 30 松开并退出一小段距离（松开前先松开防松螺钉），敲击主轴尾部使主轴向前窜动，拆卸法兰盘 13（见图 1-5）、挡圈 11，取出两个半圆的调整垫圈 16，再根据径向间隙的大小，按前面所讲的调整计算方法，确定调整垫圈的修磨量。装配后，拧紧间隙调整螺母 6，再拧紧防松螺钉 8，将压块 7 压紧。锁紧中轴承的调整螺母 30，紧固防松螺钉 31。

当主轴轴向窜动超差时，一般应调整中轴承的间隙。调整前应拆出两个中轴承，可以按前面介绍的预加载荷法修磨轴承内、外圈隔套，改变厚度差，以达到预紧的目的。

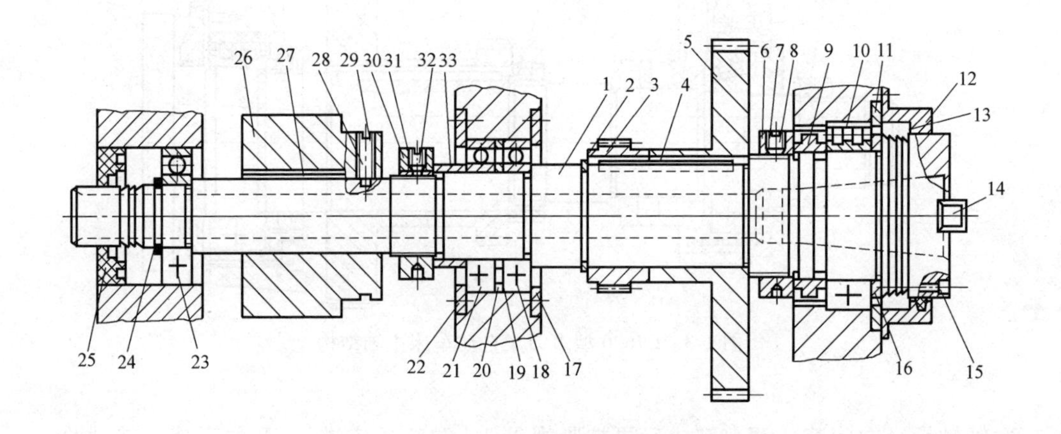

图 1-5　XA6132 型升降台铣床主轴部件

1—主轴　2、24—挡环　3、5—齿轮　4、27—平键　6—间隙调整螺母　7、32—压块　8、28、31—防松螺钉　9、33—隔套　10—前轴承　11—挡圈　12、25—密封圈　13—法兰盘　14—端面键　15、29—螺钉　16—调整垫圈　17、22—端盖　18—中轴承　19—内隔圈　20—外隔圈　21—中轴承　23—后轴承　26—飞轮　30—调整螺母

（4）修磨控制垫圈的调整方法（垫圈为整体的）　图 1-6 所示为 X61 型铣床主轴结构。当需要调整主轴前端双列圆柱滚子轴承间隙时，需将主轴拆出，拆下装在主轴上的所有零件后，将主轴前端轴肩上的垫圈根据测量主轴径向间隙数据按计算方法修磨其厚度，然后再重新装配主轴部件。

这种调整方法需拆装主轴部件，工作量大，调整麻烦。

图 1-7 所示为 TH6350 型加工中心主轴结构。NN3020K/P4（旧型号为 C3182120）轴承的间隙调整也采用修磨控制垫圈这种方法。

2. 圆锥滚子轴承间隙的调整

1）图 1-8 所示为 X6132 型升降台铣床主轴部件。主轴采用三支承结构。前支承采用 30220/P5（旧型号为 D7520）型圆锥滚子轴承 6，用以承受径向力及指向主轴后端的轴向力，中间支承采用 P6 级（E 级）精度的圆锥滚子轴承 4，承受径向力及指向主轴前端的轴向力。后轴承采用深沟球轴承，作为辅助支承。

调整间隙时，要移开悬梁，拆下盖板，松开锁紧螺钉 3，然后用钩形扳手钩住螺母 11，利用端面键 8 顺时针方向（朝向主轴方向看）扳动主轴，便会拧紧螺母 11，消除轴承 6 及 4 的间隙。调整完成后，拧紧锁紧螺钉 3。主轴在高转速下空运行 1h，轴承温度不应超过 60℃，否则应重新调整。

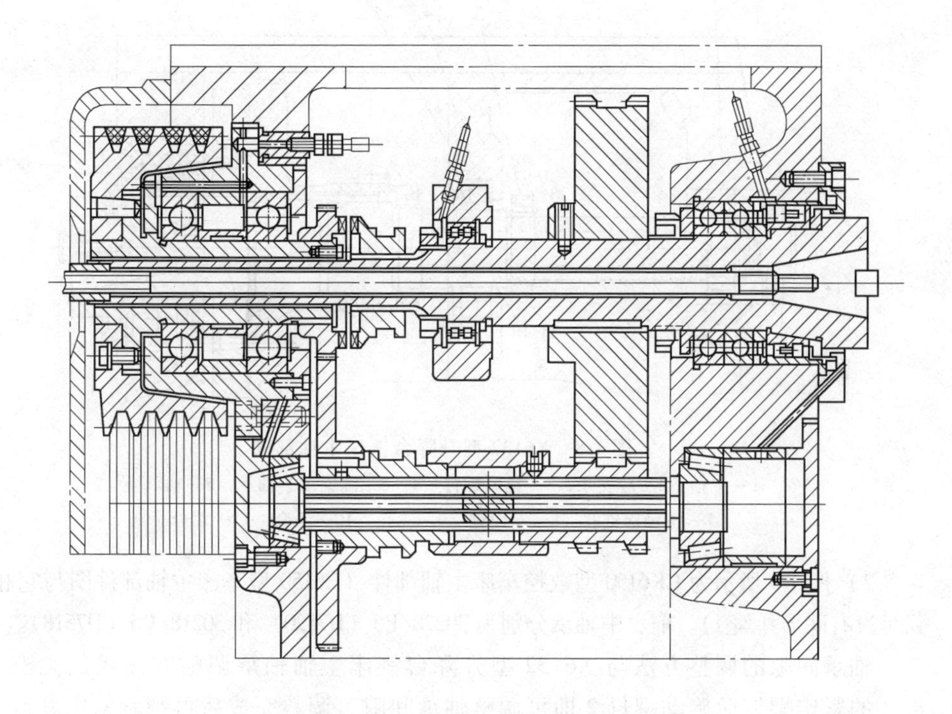

图 1-6　X61 型铣床主轴结构

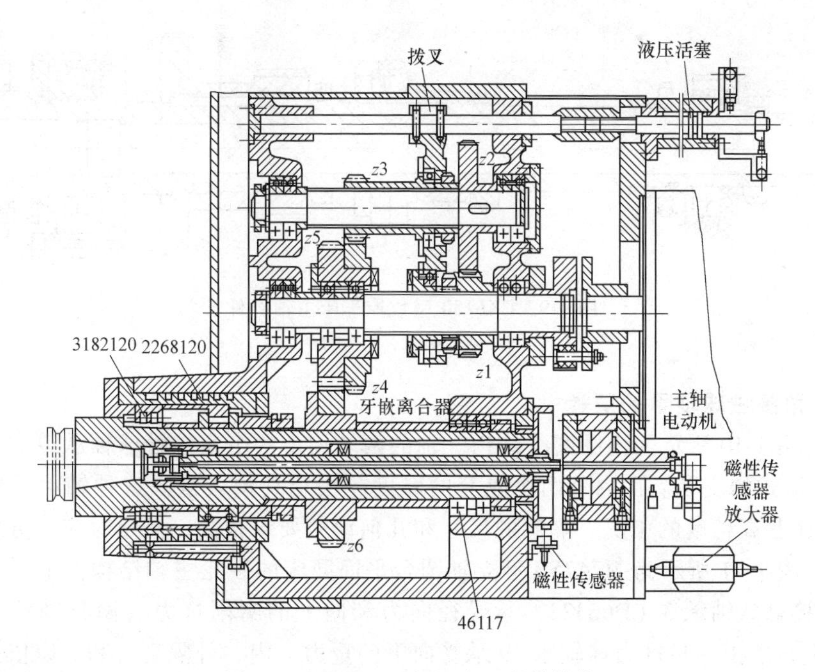

图 1-7　TH6350 型加工中心主轴结构

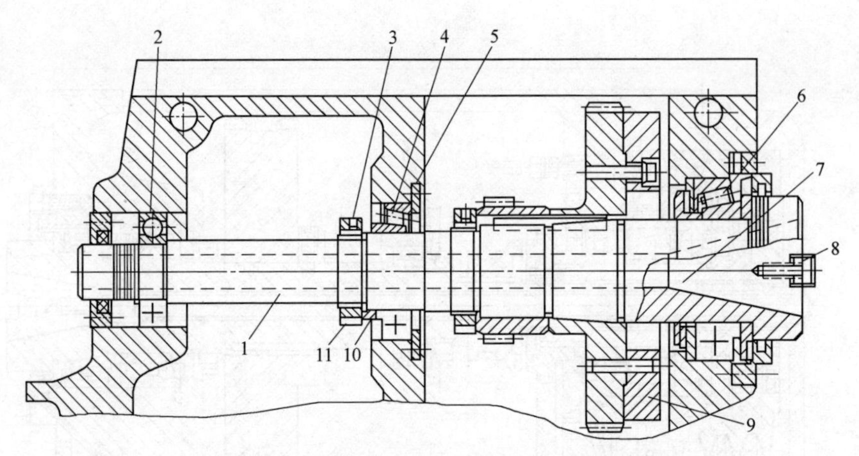

图 1-8　X6132 型升降台铣床主轴部件

1—主轴　2—后支承　3—锁紧螺钉　4、6—圆锥滚子轴承　5—轴承盖
7—主轴前锥孔　8—端面键　9—飞轮　10—隔套　11—螺母

2）图 1-9 所示为 CK6150 型数控车床主轴部件（C6150 型车床主轴部件图与它相同，只是没有碟形弹簧 1）。前、中轴承分别为 30220/P5（D7520）和 30218/P5（D7518）。

轴承间隙的调整方法与 X6132 型升降台铣床主轴轴承调整方法相似，松开螺母 2 的紧定螺钉后旋动螺母 2 即可调整轴承间隙，调整完成后再锁紧紧定螺钉。螺母 2 与隔套间有一碟形弹簧 1，用以控制预紧力并补偿主轴轴向的热膨胀。

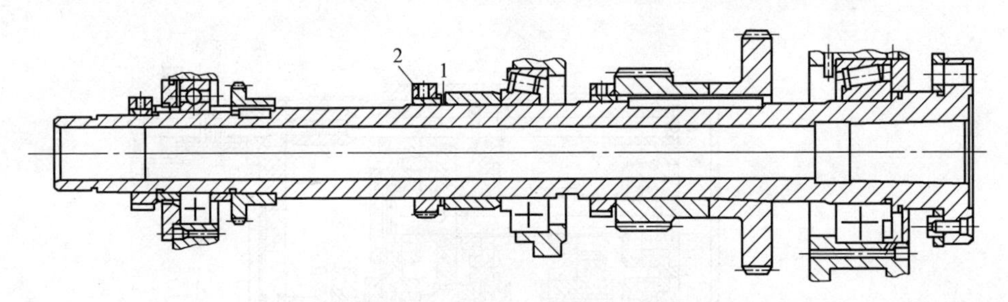

图 1-9　CK6150 型数控车床主轴部件

1—碟形弹簧　2—螺母

3. 角接触球轴承的预紧

1）图 1-10 所示为内圆磨头结构。轴的两端均由两个角接触球轴承组成，属于图 1-2b 形式的安装。由内外两个隔套的厚度差决定其预紧量。这种轴承适用于轻载、高速及高精度的工况。隔套的尺寸和几何误差要求很高，测量时应十分仔细。

2）图 1-11 所示为 M7475B 型立轴圆台平面磨床的砂轮主轴结构。下支承是由两只角接触球轴承 3（D66322）承受径向力和向上的磨削抗力（两只轴承同向安装），上支承由一只推力球轴承 19 承受向下的重力。内、外隔套 4 和 5 应依据两只角接触球轴承的实际尺寸进行配磨，以使两只轴承均匀受力（配磨的尺寸用预加

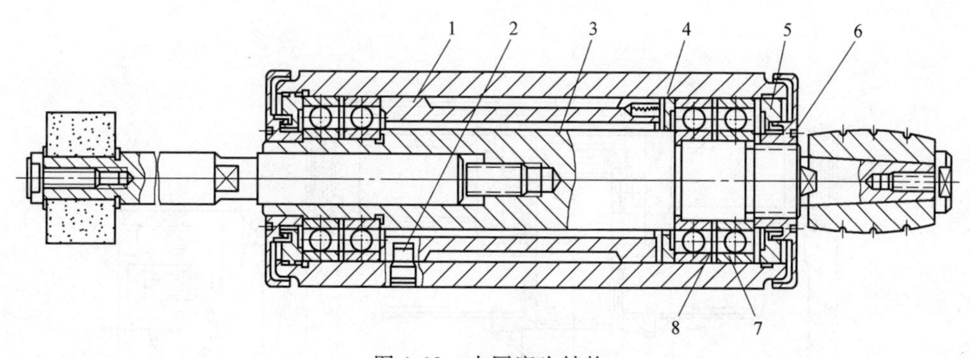

图 1-10　内圆磨头结构

1—套筒　2—圆柱销　3—轴　4—垫圈　5—密封圈　6—端盖　7、8—隔套

负荷的方法配制）。最上端的球轴承承受径向力。两只角接触球轴承要进行选配，外径差在 0.002~0.003mm 以内，以保证与法兰内孔有合理的配合。调整轴承间隙时，拧紧螺母 24，使主轴向上拉，即可消除角接触球轴承与推力球轴承的间隙，碟形弹簧 22 用以控制预紧力并补偿主轴的热膨胀。调整完后用手转动主轴，手感轻松，无阻滞现象，空运转 2h 应无噪声，温升小于 15℃。

此主轴部件与电动机成为一体，转动惯量大，整个部件必须进行动平衡（件 7 为平衡块）。

三、滚动轴承支承主轴的常见故障与排除方法（见表 1-1）

表 1-1　滚动轴承支承主轴的常见故障与排除方法

序号	故障现象	故障原因	排除方法
1	重切削时主轴振动(这是检验主轴部件的重要指标)	1)轴承间隙大 2)轴承跑外圈或跑内圈(配合壳体孔用 JS6,主轴用 K5)	1)预紧轴承 2)找出轴承原因还是壳体或轴的原因,若是轴承原因应更换轴承,若是壳体原因可以用镀铜修复,若是轴的原因可用镀铁修复
2	加工精度差(与主轴相关的精度)	1)轴承间隙大,要针对出现的加工精度具体分析原因 2)轴承磨损 3)主轴径向跳动或轴向窜动超差 4)主轴与其他相关部件的平行度、垂直度超差	1)预紧轴承 2)更换轴承 3)在确定轴承无问题后,应检查修复主轴精度 4)修刮相关表面,恢复几何精度
3	主轴部件发热,超过规定温升	1)轴承过紧 2)润滑不良	1)调整轴承间隙 2)找出润滑不良的具体原因和部位,调节润滑油量,排除故障点
4	主轴端部漏油	1)主轴密封件损坏 2)油路堵塞	1)更换密封件 2)疏通回油路

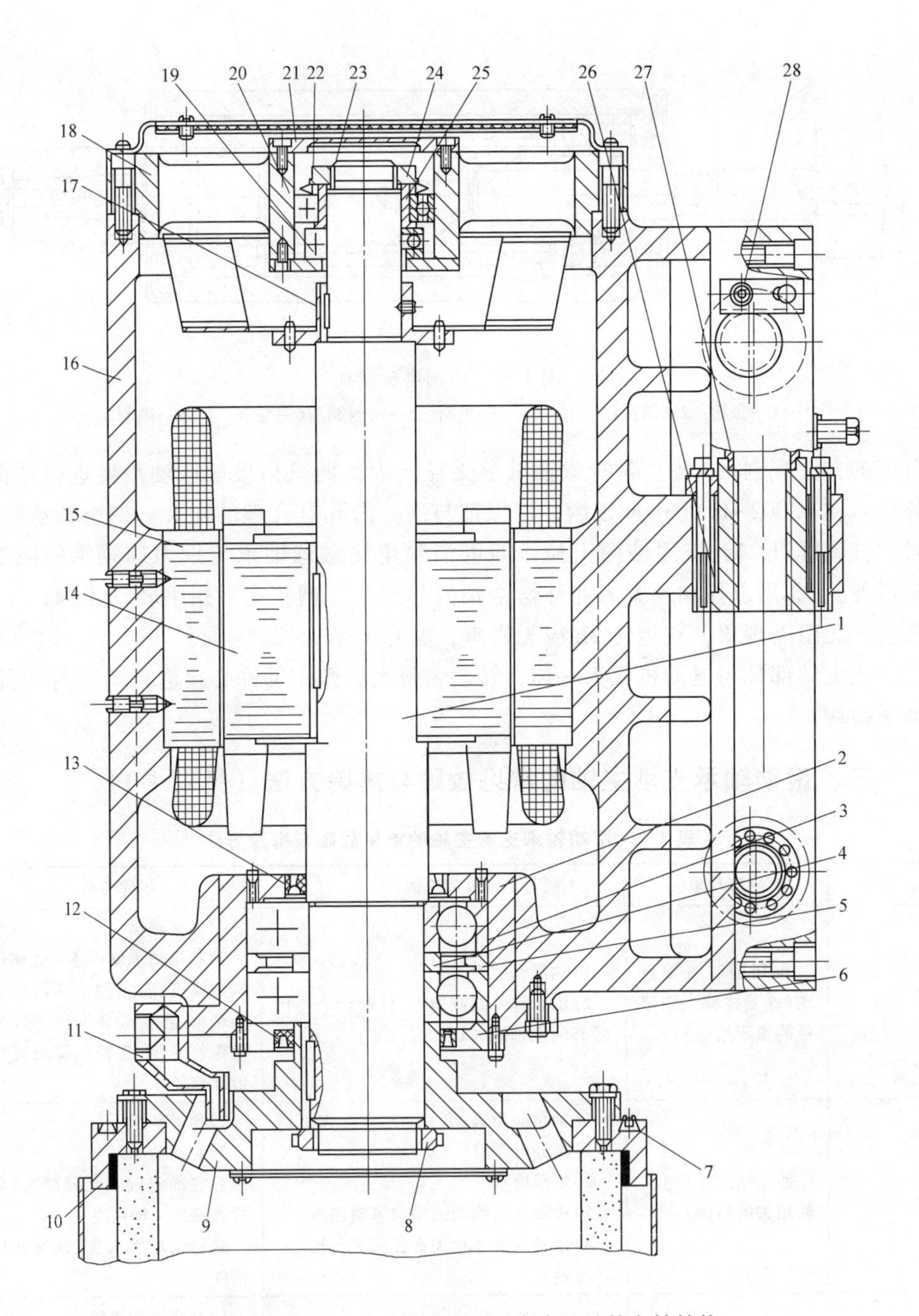

图 1-11　M7475B 型立轴圆台平面磨床的砂轮主轴结构

1—主轴　2—下轴承座　3—角接触球轴承　4—内隔套　5—外隔套　6、21—端盖　7—平衡块　8、24—螺母　9—砂轮法兰　10—轮毂　11—支架　12、13—密封圈　14—转子　15—定子　16—壳体　17—风扇　18—法兰盖　19—推力球轴承　20—上轴承座　22—碟形弹簧　23—垫圈　25—衬套　26—升降螺母　27—套　28—锁紧螺钉

第二节　液体动压轴承的维修

一、多油楔动压轴承

我们知道，滑动轴承适用于高速、轻载及重型的轴的支承。多油楔动压轴承由于其形成的油膜压力与主轴和轴瓦的相对运动速度有直接关系，速度越高，形成的压力越大，因此，对于难以形成液压油膜的低速运转的轴承不易采用多油楔动压轴承。

当多油楔动压滑动轴承轴颈表面对轴瓦内表面有一定的相对速度时，能形成数个有相当压力（压力一般在几个到十几个大气压）的油楔在周围把轴推向中心，因而主轴有较好的向心性。当主轴受到外载时，主轴会产生偏心，偏向轴瓦的油楔变薄而压力升高，与其相对的油楔变厚而压力降低，油楔产生抵抗外载的能力，使主轴形成新的平衡。油楔有相当高的刚度。

多油楔动压滑动轴承的承载能力与轴和轴瓦之间的相对运动速度、油的黏度、轴与轴瓦的间隙及密合程度、轴瓦的数目和几何尺寸、轴的形位误差、油的清洁度等都有密切关系，在修复时应十分细致。

多油楔动压滑动轴承按轴瓦的结构分为固定多油楔轴承和活动多油楔轴承两种。

1. 固定多油楔轴承

这种轴承的油楔是由机械加工形成的，因此轴承工作时的尺寸精度、接触情况和油楔参数等都较稳定，拆装后基本无变化，维修方便，但加工较为困难。

图 1-12 所示为 MG1420 型高精度万能外圆磨床的砂轮主轴及轴承。主轴前端是固定多油楔滑动轴承 1，后端为 NN3000K 型双列圆柱滚子轴承 6，主轴的轴向定位由前、后止推环 2 和 5 控制。固定多油楔的结构如图 1-12b 所示，它的外圆为圆柱形，内孔为 1∶20 的圆锥形。轴瓦内壁圆周上开有五个均布的油槽，油槽的形状是阿基米德螺线，用铲削加工，现在可用数控铣（或加工中心）加工，槽深为 0.1~0.15mm。这种轴承适用于磨床砂轮主轴，旋转方向是固定的，如图 1-12c 所示。液压泵提供的低压油经孔 a 进入阿基米德螺旋槽的进口，从回油槽 b 流出，形成循环油流。提供低压油的目的是为避免在主轴起动或停止时由于油楔无压力而产生轴与轴瓦间的直接摩擦。主轴前轴承的间隙由螺母 3 调整，后轴承间隙用调整双列滚柱轴承间隙的螺母实现，主轴轴向间隙由螺母 4 调整，轴向也形成油楔，承载轴向力。轴瓦材料是在 15 钢制成的钢筒内表面用离心铸造法铸造一层镍铬青铜后加工而成。

图 1-13 所示为 CM6132 型车床主轴及轴承。该车床的特点是转速变化大，主轴需要正反转，因此其多油楔动压滑动轴承内表面加工成长圆弧形，以适应正反

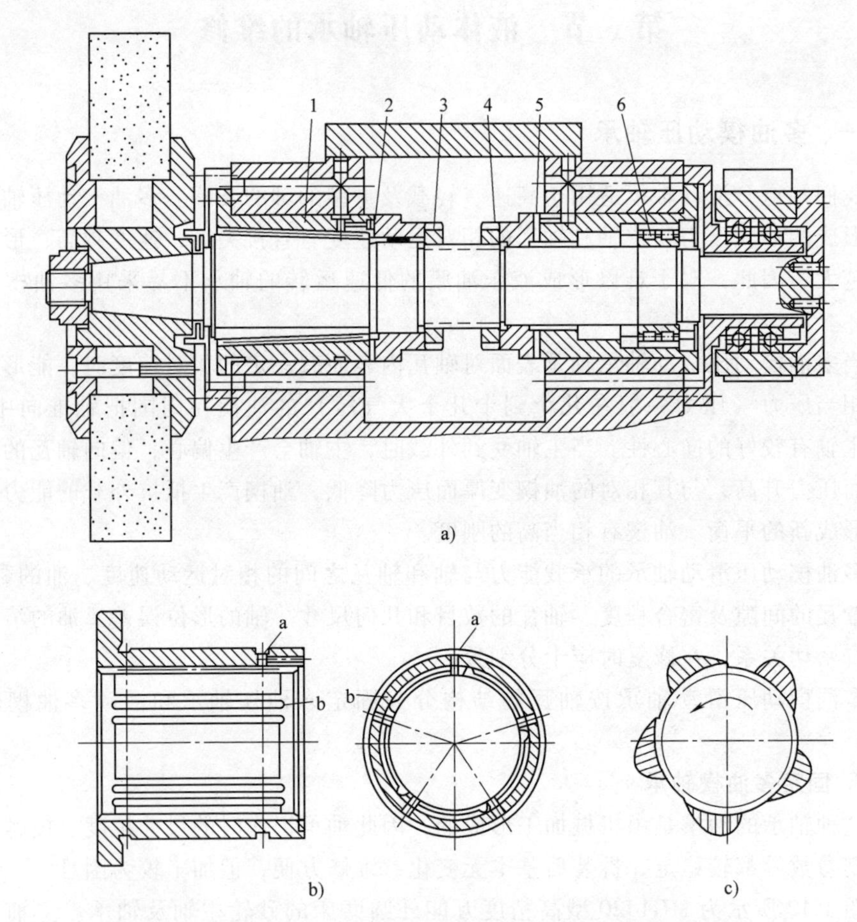

图 1-12 MG1420 型高精度万能外圆磨床的砂轮主轴及轴承

a）轴承装配图 b）固定多油楔的形状 c）主轴放置方向

1—固定多油楔滑动轴承 2、5—止推环 3、4—螺母 6—双列圆柱滚子轴承

a—进油孔 b—回油槽

转。无论正转还是反转都能形成油楔。CM6132 型车床主轴的轴承是在轴瓦的内表面上加工出三个圆弧槽，均布于圆周上，槽深为 0.2mm，主轴的转速范围是 19~2000r/min。当主轴在低速时，不能形成较强的液压油膜，因此在三个圆弧槽之间还有相当大面积的圆的部分，在低速时由这部分来承载。轴承采用压力循环供油。轴承的外表面为圆锥形，调整螺母 1、3 可使轴瓦轴向移动产生变形，从而调整轴承间隙。为使轴瓦变形均匀，在外圆周上开有许多纵向槽。件 5 是枣木块，填在开口内，以防漏油。

2. 活动多油楔轴承

活动多油楔轴承由三块、四块或五块轴瓦组成。图 1-14 所示为 M1432B 型外

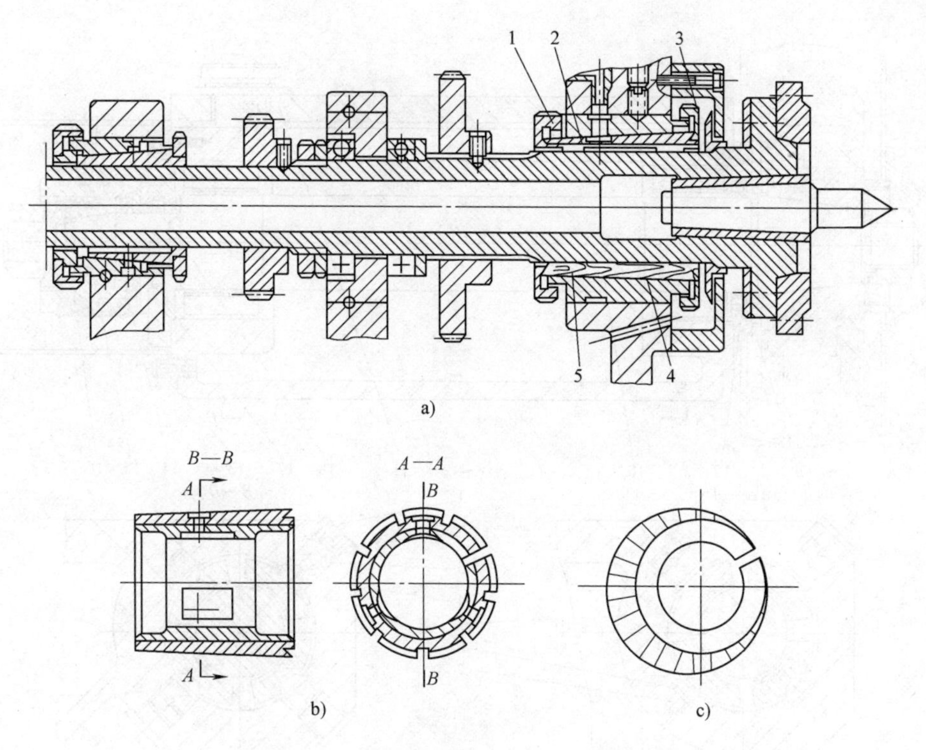

图 1-13 CM6132 型车床主轴及轴承

a）主轴结构 b）轴承 c）轴瓦收紧时的弯矩图

1、3—螺母 2—轴承 4—套 5—枣木块

圆磨床砂轮主轴结构，采用四片短轴瓦。轴瓦的包角为 60°，长径比为 3∶4。

轴瓦块被支持在压力中心 $b=0.4B$ 的地方（B 为油楔展开后的长度，轴瓦应支承在距油楔出口 $0.4B$ 处），进油口的间隙 h_1 大于出油口的间隙 h_2，当载荷增加时，h_2 变小，油楔流出端压力骤增，使轴瓦块绕支点略做转动，这样油楔角变小，使轴瓦各点的压力都增高，但仍以支点处为压力中心。由于一个轴瓦块只有一个支点，作用力集中，使轴瓦块易变形，所以这种轴承只适用于轻载的磨床砂轮主轴，而且只能用于一个方向旋转的主轴。活动多油楔轴承的结构种类较多，但工作原理相同。多数外圆磨床、矩台平面磨床和无心磨床的主轴轴承均采用活动多油楔动压滑动轴承。

二、活动多油楔轴承的维修

现在以 M1432B 型外圆磨床砂轮主轴部件为例介绍其活动多油楔轴承的维修。

1. 轴瓦间隙的调整

图 1-14 所示为 M1432B 型外圆磨床砂轮主轴结构。主轴 10 安装在两对各四块轴瓦形成的动压滑动轴承中，每块轴瓦由可调球头螺钉 4 或轴瓦支承头 7 支承，轴

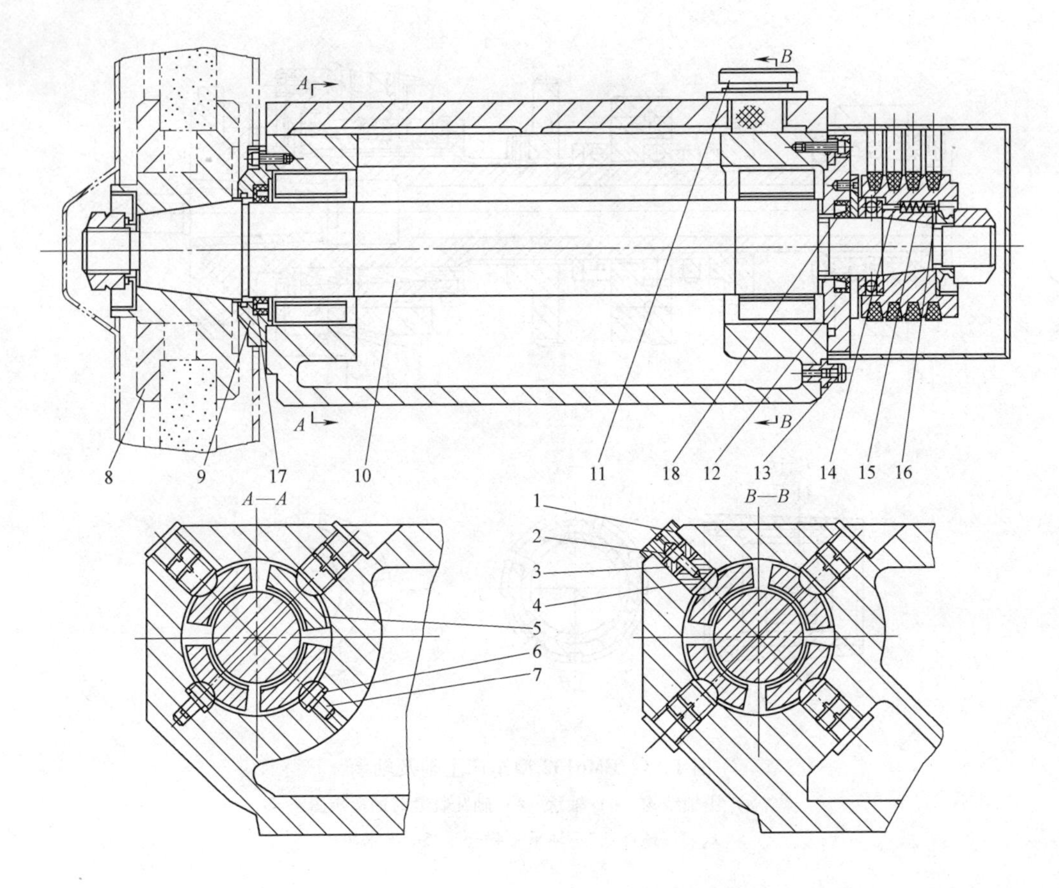

图 1-14　M1432B 型外圆磨床砂轮主轴结构

1—螺母盖　2—螺钉　3—紧定螺钉　4—球头螺钉　5—轴瓦　6—垫圈　7—支承头　8—压板　9—前端盖　10—主轴　11—加油塞　12—端面轴承　13—放油塞　14—滑柱　15—弹簧　16—调节螺钉　17、18—油封

瓦与球头螺钉及支承头的接触面为精密滑配球面，轴瓦可绕球面自由转动，主轴与轴瓦间隙用球头螺钉 4 调整。

如果发现主轴轴承间隙过大则应重新调整间隙。测量间隙时应先将砂轮拆除，再将千分表触头搭在砂轮主轴锥面上，用手抬起主轴再落下，表针读数差即为主轴轴承间隙。间隙调整步骤如下：

1）卸下主轴前端砂轮和后端 V 带，按上述方法测量主轴轴承间隙。

2）先调整前端轴承，维持主轴两端下方的轴瓦不动，拧出左、右上方轴承的螺母盖 1、内六角螺钉 2 和轴瓦紧定螺钉 3，用螺钉旋具旋动球头螺钉 4，按需要调整主轴轴承间隙，然后再拧入螺钉 3（注意螺钉 3 与球头螺钉 4 两端面不要接触），用内六角螺钉 2（扳手尺寸为 8mm）吊紧球头螺钉 4，最后拧上螺母盖 1。轴承间隙

在冷态下应调整在 0.015~0.025mm 以内。后端轴承用同样方法调整。

3）装上砂轮及 V 带后（V 带只装 2 根，V 带要松弛）运转 2h，如果没有问题，再装上所有 V 带并调整松紧，安装带罩，轴瓦间隙调整就此结束。

2. 活动多油楔动压轴承的修复

如果轴承间隙很大，无法通过调整的方法达到规定值（调小会抱轴），主轴回转精度差，加工精度下降，就应对主轴和轴瓦进行修复。

（1）主轴部件的修复　主轴与轴瓦的修复：根据主轴与轴瓦的磨损状况确定修复方案。一共有 4 种方案可选择：①用旧轴、旧轴瓦修复；②用旧轴、新轴瓦修复；③用旧轴瓦、新轴修复；④用新轴、新轴瓦修复。

判断主轴是否应更换的标准是：①主轴是否有烧伤、裂纹；②是否已磨损到修磨后将修掉渗碳层或渗氮层（渗碳层厚度一般为 1~1.5mm，渗氮层厚度为 0.35~0.50mm）；③主轴变形，精度严重受到破坏，难以用修复法恢复精度。出现上述 3 种情况之一就需更换主轴。

判断轴瓦是否应更换的标准是：①是否因烧伤而使部分熔点低的金属析出；②是否严重磨损、拉伤，需要刮去 0.5mm 以上的金属层；③离心浇铸层与本体结合不良。出现上述 3 种情况之一就需更换轴瓦。

1）主轴的修复先研修中心孔，工艺如下：

① 制造橡胶砂棒顶尖，车成 59.5°圆锥顶尖。

② 利用橡胶砂棒顶尖研磨主轴中心孔，一端中心孔研磨后，再研另一端。

③ 按图样要求在车床上检查主轴，根据千分表的变化情况，调整顶尖压力，用手正、反转动主轴，最高点朝上，依靠主轴自重，进行定向研修，直至将主轴前后两锥面的跳动控制在 0.002mm 以内。

中心孔研修好后，在磨床上精磨主轴轴颈和端面，磨量尽量小，以磨光为准，保证图中规定的几何公差。

2）轴瓦的修理。以主轴轴颈非工作部位为基准进行配刮，先粗刮，接触点均匀后再进行精刮。在油楔形成的进口端要刮得低一些，按轴的回转方向确定研点的虚实分布，达到要求后再与主轴工作面配研。如果配研后主轴表面粗糙度降低，可以采用氧化铬抛光。配研的表面比刮削表面接触面积大，所以最终加工不采用刮削而采用配研。

（2）主轴部件的装配与调整

1）装配前的准备：修复主轴、轴瓦；仔细清洗各零件。

2）装配步骤：①装上底轴瓦的支承头和支承螺钉，装配下轴瓦（注意应配对编号装配）；②把主轴穿入孔中的装配位置；③装入前后四片上轴瓦及球头支承螺钉（注意应配对编号装配，不要搞错），注意轴瓦的装配应符合轴的旋转方向；④装上前、后定心套，使主轴基本处于壳体孔的中心位置，如果不同心，应改变垫圈 6 的厚度并调整后轴承下方的球头螺钉；⑤调整主轴和轴瓦间隙，前轴承间隙冷调在 0.015~0.025mm 以内，后轴承间隙在 0.020~0.030mm 以内，用手盘动主轴用力均匀而无阻滞；⑥卸下定心套，装配其他零件；⑦加油试车，运行 2h 轴承温升不要超过规定值。

主轴轴向是借助于轴承 12 靠紧主轴端面定位的。由滑柱 14 和弹簧 15 补偿间隙。当需调整推力时，只需调节螺钉 16 即可。螺钉 16 共有六只，在圆周上均布，六根弹簧压紧力应均匀。

3. 砂轮主轴的常见故障及其解决方法

（1）工件表面有螺旋线　主要原因是砂轮素线直线度较差，有凹凸不平现象。因此，修整砂轮时要注意使工作台速度保持适当，不应过快，工作台运动要平稳，同时应有充足的冷却液。

（2）工件表面有多棱形直波纹

1）砂轮主轴间隙过大。应正确调整砂轮主轴与轴瓦间隙，冷调间隙为0.015~0.025mm，热调间隙应为 0.005~0.008mm。间隙应从大到小逐次调整，以免发生“抱轴”。如果轴瓦磨损严重，应考虑轴瓦和轴需进行修复。修复的方法和步骤如下：

① 检查主轴磨损情况，特别要注意主轴表面是否有裂纹（表面因温度变化大而产生裂纹），如果有就应予以报废，更换新轴。主轴表面如果磨损严重，若要修复，可能要将硬化层磨掉，在这种情况下应予以报废。

② 修研主轴中心孔，确保主轴两端锥面跳动不超差（如超差应修复）。

③ 精磨主轴轴颈，磨量越小越好。所有几何误差都达到图样要求。

④ 修刮轴瓦，去除拉伤沟槽，去毛刺（如果轴瓦发黑，有微孔，说明已有铅析出，不能再用。）

⑤ 检查球头螺钉与轴瓦球面的接触状况，接触面积要大于 70%，注意轴瓦与球头螺钉编号要相应一致，不能搞错。如果接触不良，应将球头螺钉夹在钻床主轴上，手扶轴瓦配对研磨，用煤油清洗。如果是合格的球面，清洗后用手将球面与轴瓦的球面研合一下立即提起螺钉，轴瓦不会掉下来，轴瓦在球头螺钉上支承有自位能力。

⑥ 制作研抛轴。用 HT250 铸铁材料精磨轴颈，直径尺寸比砂轮主轴尺寸大 0.01~0.02mm，表面粗糙度 Ra 为 0.8μm。

⑦ 将研抛轴夹在车床上旋转，以氧化铬调煤油作为研抛剂，用手扶轴瓦在轴上研抛轴瓦的内表面。

⑧ 清洗后，检查轴瓦与主轴的接触状况，接触面应达 80%，并靠近中间部位。

⑨ 装配主轴部件。主轴、轴瓦、球头螺钉应仔细清洗。为了保证主轴装配后不歪斜，主轴两端必须安装工艺套。

在安装轴瓦时先紧固上面两片轴瓦（前后轴承共 4 片轴瓦），在紧固过程中转动工艺套，应轻松无阻。然后用下轴瓦调整间隙为 0.015~0.025mm。

⑩ 全面检查确认无问题时可空运转试车，先用一根 V 带传动，然后再加 V 带调试。

2）主轴部件不平衡。砂轮与带轮属盘类零件，应做静平衡。静平衡主要指径向离心力的平衡。由于盘形零件只要离心力平衡了，不会产生大的颠覆力矩，整体就能平稳地转动。轴类零件则不同，尽管径向离心力平衡了，但是两个方向的离心力在轴向位置不同，因而产生颠覆力矩，使轴转动时振动。在这种情况下只有通过动平衡检查，方能找到不平衡点，再通过加减配重消除不平衡。

3）砂轮法兰盘锥孔（1∶5 锥度）与砂轮主轴配合接触不良。可用着色检查，接触面应在 80%以上，否则可刮削修复法兰盘锥孔至要求。

4）砂轮架电动机振动，V 带过松或 V 带长短不一。更换电动机轴承，装上带轮后对电动机做动平衡；更换长短相同、厚薄均匀的 V 带，拉力适当，以减少 V 带引起的振动。

（3）砂轮主轴轴瓦抱轴

1）主轴轴瓦间隙过小。调整主轴轴瓦间隙：如果主轴与轴瓦精度保持较好，间隙调整在 0.015～0.025mm 之间；如果主轴与轴瓦已经磨损，应适当放宽间隙，牺牲部分精度，确保不抱轴。

2）润滑油量不足或者是油脏，轴瓦中进入杂质。用煤油冲洗油箱和主轴，更换新油。

3）主轴、轴瓦精度及装配精度差，应按如前所述的要求修复主轴及轴瓦精度，按要求进行装配。

第三节　液体静压轴承的维修

液体静压轴承是靠外部供给液压油，强使两相对滑动面分开以建立承载油膜，实现液体润滑的一种滑动轴承。液体静压轴承的优点是：①速度极低甚至为零时也能在液体润滑下起动，起动功率极小；②能始终处于液体润滑下工作，正常工作状态下使用不会磨损，寿命长；③运动件在液压油包围下工作，运动精度高，刚度大，阻尼性好，抗振性好；④对轴承材料无特殊要求。

液体静压轴承的缺点是：①需要一套专门的供油系统；②对油的清洁度要求高，要经过严格的过滤。

一、液体静压轴承的工作原理

图 1-15 所示为静压轴承工作原理。为了更明了地说明其工作原理，我们建立一个数学模型。设油泵输出压力为 p_s（节流器的输入压力），静压轴承油腔中的压力为 p_b（节流器的输出压力），节流器的液阻为 R_1，从轴承油腔经缝隙流入油箱的液阻为 R_b，经节流器的流量为 Q，由流量连续的原理可知，经缝隙的流量也应为

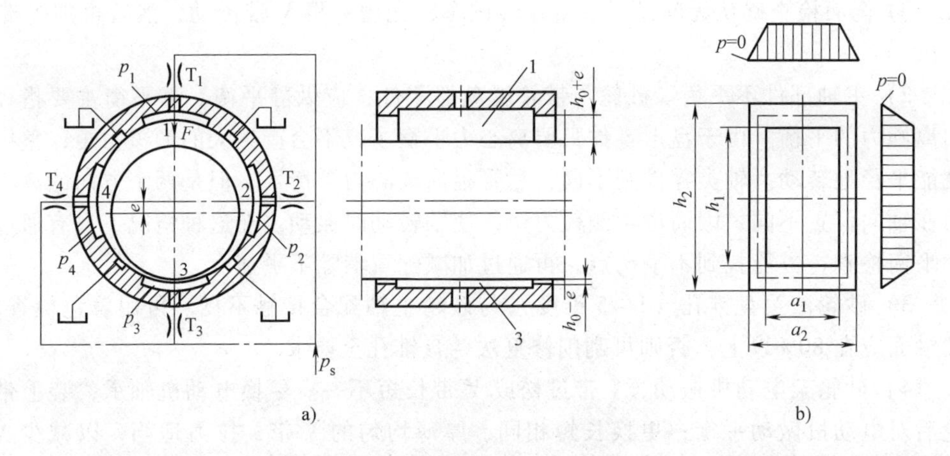

图 1-15 静压轴承工作原理

a）结构原理 b）压力分布

1、2、3、4—静压轴承的上腔、右腔、下腔、左腔

T_1、T_2、T_3、T_4—静压轴承上腔、右腔、下腔、左腔的节流器

Q，假设节流器为毛细管，则通过节流器的流量与节流器两端的压力差成正比，与液阻成反比，即

$$\begin{cases} Q=\dfrac{p_s-p_b}{R_1}\text{（通过节流器的流量表达式）} \\ Q=\dfrac{p_b}{R_b}\text{（通过轴承缝隙的流量表达式）} \end{cases}$$

经整理，得

$$p_b=\frac{1}{1+\dfrac{R_1}{R_b}}p_s$$

这就是油腔压力表达式。此式并没有更加具体地计算出油腔的压力，而是表明油腔中的压力与节流器液阻、缝隙液阻、供油压力之间的关系。

油腔的设计是对称布置的，如两个油腔上下对称或左右对称。下面仍以毛细管节流为例，用公式说明其静压轴承工作原理。在图 1-15 中，假设主轴受向下的外载为 W，主轴向下产生一位移，上腔记为 1 号腔，下腔记为 2 号腔，则 R_{b2} 增大，R_{b1} 减小。

$$p_{b2}=\frac{1}{1+\dfrac{R_0}{R_{b2}}}p_s$$

$$p_{b1}=\frac{1}{1+\dfrac{R_0}{R_{b1}}}p_s$$

由于R_{b2}的增大，R_{b1}的减小，所以$p_{b1}<p_b$，$p_{b2}>p_b$，因此$p_{b2}>p_{b1}$，也就是说上下油腔中的压力产生一差值，从而抵抗外载W，油膜建立起足够的刚度。

如果没有节流器，即$R_0=0$，此时$p_{b2}=p_{b1}=p_s$，上下油腔没有压力差，因而没有承载能力。节流器在这里起着关键作用，只有节流器，当轴承受到载荷时，方能形成相对油腔的压力差，所以节流器又称补偿元件。

二、静压轴承补偿元件的分类（见表 1-2）

1. 毛细管（或缝隙）节流器

这种节流器通常用细铜管制成，如果管子孔径为d，长度为l，当$\frac{l}{d}>4$且d较小时，就称为毛细管。通过毛细管的流量Q的计算公式为

$$Q=K_q\frac{p_s-p_b}{\mu}$$

式中　Q——通过节流器的流量；

K_q——流量系数，$K_q=\frac{\pi d4}{128l}$；

p_s——输入口的压力；

p_b——油腔压力（输出口压力）；

μ——油的黏度。

要注意的是：

1）为避免堵塞，$d\geqslant 0.55$mm。

2）为保证层流，$\frac{l}{d}\geqslant 20$。

3）非圆形毛细管时，d为当量直径，$d=\frac{4A}{S}$，其中A为截面面积，S为湿周长度。

4）对于孔径为d，螺旋直径为D的盘管，节流长度需除以修正系数。

2. 薄壁小孔节流器

当孔长l与孔径d之比小于4时，若孔径又很小，便可认为是薄壁小孔。通过薄壁小孔的流量Q的计算公式为

$$Q=K_qA\sqrt{\frac{2(p_s-p_b)}{\rho}}$$

式中　Q——通过节流器的流量；

K_q——流量系数；

A——通流面积；

$p_s-p_b=\Delta p$——通过节流器的压力差；

ρ——油的密度。

表 1-2 静压轴承补偿元件的分类

毛细管螺旋节流器	小孔节流器	滑阀反馈节流器	薄膜反馈节流器
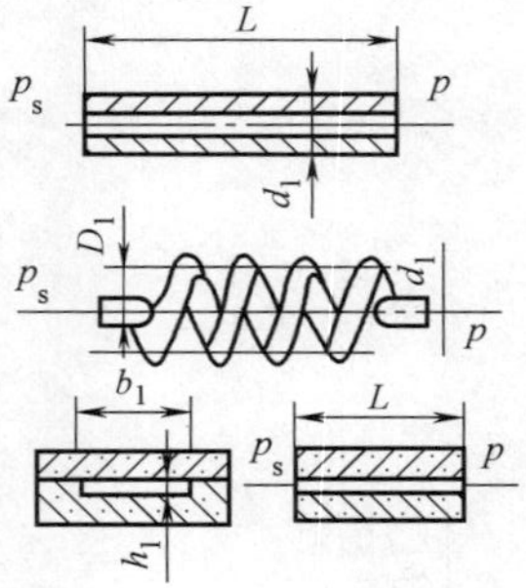 p—去油腔的压力 p_s—来自液压泵的压力	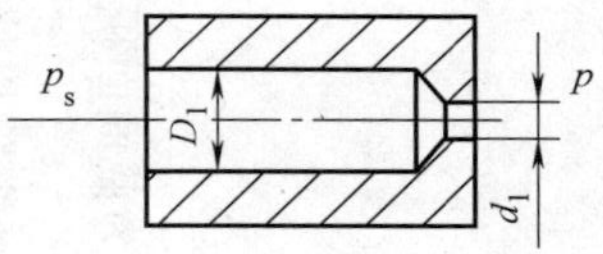 p—去油腔的压力 p_s—来自液压泵的压力	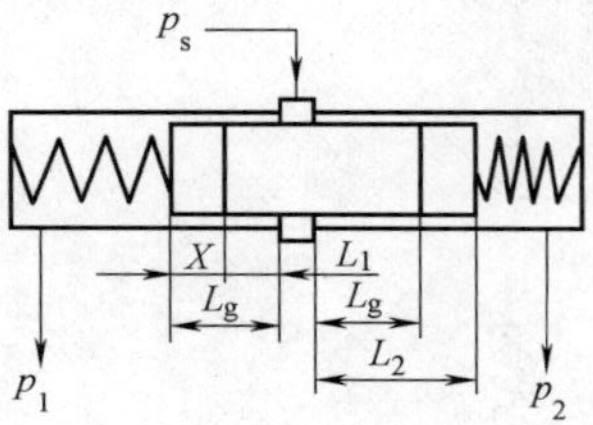 p_1—去受载油腔的压力 p_2—去背载油腔的压力 p_s—来自液压泵的压力	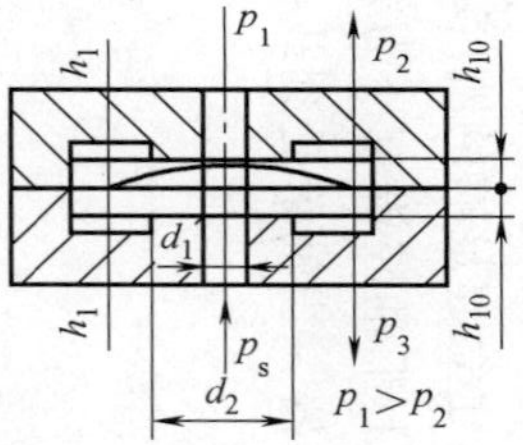 p_1—去受载油腔的压力 p_2—去背载油腔的压力 p_s—来自液压泵的压力
毛细管节流器为细长管，节流尺寸为管径 d_1 和管长 L。常用直通管，大型轴承常用螺旋形管。若变成螺旋管，节流长度可以调节 缝隙节流器为一狭长缝，节流尺寸为缝宽 b_1，缝高 h_1，缝隙常做在轴瓦上 毛细管及缝隙节流器结构简单，轴承性能稳定，不受油黏度因温度变化的影响	节流器为一锐边小孔。节流尺寸为孔径 d_1。流动状态为紊流 优点是占用空间小，在小位移下油垫刚度稍大于毛细管节流器。缺点是因温度变化（即引起油黏度改变）时将影响油垫的工作性能，易于阻塞	液压油进入节流器后，分两路经滑阀环缝节流后通向两个相对的油腔。油阀居中时的节流长度为 L_g。受载荷事，滑阀因两侧压力不等而由居中位置移动 X 距离，节流长度高压侧为 L_g-X，流阻降低，流量增加；低压侧为 L_g+X，流阻增加，流量降低。因此，相对油腔的压力会将迅速扩大以平衡外载荷，实现反馈作用 薄膜反馈节流器的作用原理与滑阀反馈节流器相同。薄膜变形相当于滑阀移动。因流量与薄膜间隙的三次方成正比，与滑阀节流长度成反比，故反馈灵敏性薄膜节流比滑阀节流高得多 两种反馈节流的共同优点是油膜刚度很大。缺点是较复杂，费用较高	

要注意的是：

1）节流孔径 $d \geqslant 0.45\text{mm}$，防止堵塞。

2）通过节流器的流量与油的黏度无关，但轴承油膜的性能仍与油的黏度有关。

3. 滑阀反馈节流器

这种节流器在轴承中形成的油膜刚度很大，要求滑阀精度很高，滑动灵敏。对弹簧的要求也很高。通过节流器的流量 Q 的公式为

$$Q = K_q \cdot \frac{p_s - p_b}{\mu} \cdot \frac{l}{l_i}$$

式中　Q——通过节流器的流量；

K_q——流量系数，$K_q = \frac{\pi d h^3}{12l}$；

d——滑阀直径；

h——滑阀单边间隙；

l——缝隙长度（设计长度）；

p_s——输入口的压力；

p_b——油腔压力（输出口压力）；

μ——油的黏度；

l_i——工作时缝隙长度。

要注意的是：

1）滑阀单边间隙 $h \geqslant 0.03\text{mm}$，以防堵塞。

2）滑阀直径 $d \geqslant 10\text{mm}$。

3）$l = 1 \sim 1.5d$，轴承受载后，l 值变化，承载腔对应的 l 值变小，背载腔对应的 l 值变大。

4. 薄膜反馈节流器

薄膜反馈节流器的薄膜是由弹簧钢板制成的。通过节流器的流量 Q 的公式为

$$Q = K_q \cdot \frac{p_s - p_b}{\mu} \cdot \left(\frac{h_i}{h}\right)^3$$

式中　Q——通过节流器的流量；

K_q——流量系数，$K_q = \frac{\pi h^3}{6\ln \frac{d_2}{d_1}}$；

h——不工作时缝隙高度；

d_2——凸台直径；

d_1——进油孔径；

h_i——薄膜变形后的缝隙高度。

要注意的是：

1）$h \geqslant 0.03$mm，以防阻塞。

2）$D=25\sim26$mm（D 为节流器内径尺寸）。

3）$\dfrac{d_2-d_1}{2} \geqslant 3\sim4$mm。

以上介绍四种节流器的流量公式。除小孔节流外，其他节流器的流量均与节流器前后压力差成正比，小孔节流器的流量与前后压力差的开平方成正比。

油膜刚度是静压轴承的重要指标，$G \propto \dfrac{p_s A}{h}$。其中，$G$ 为油膜刚度，p_s 为节流器进口压力，A 为轴瓦有效面积，h 为轴瓦间隙。

使用中的静压轴承，各参数已确定，只有调整节流器的输入压力 p_s 方可改变油膜刚度，但是 p_s 调大后又会导致油温升高、流量变化等不良结果。在静压轴承使用说明中，会规定合理的 p_s 值，对节流器进出口的压力比也有明确的要求，维修时不要随意调整 p_s 值。

三、液体静压径向轴承的基本形式

液体静压径向轴承分为垫式轴承和腔式轴承，其基本形式如图 1-16 所示。垫式轴承有轴向回油槽，腔式轴承无轴向回油槽。

两种形式的轴承有以下几点不同：

1）从承载能力上看，腔式轴承比垫式轴承高 50%；从刚度上看，腔式轴承比垫式轴承高 70%。因此，在同载同刚度下，腔式轴承的尺寸可小些；尺寸相同时，可采用较低的供油压力。

2）从流量和功耗上比较，腔式轴承比垫式轴承少 50%。

3）腔式轴承的温升略高于垫式轴承的温升。

4）从轴心轨迹上比较，腔式轴承的偏位角比垫式轴承的大。

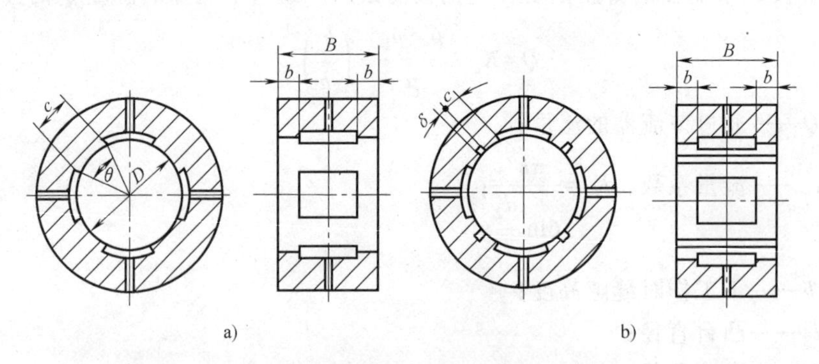

图 1-16　液体静压径向轴承的基本形式

a）腔式轴承（无轴向回油槽）　b）垫式轴承（有轴向回油槽）

综上所述，两种轴承形式各有千秋，都有应用，垫式轴承的应用偏多一些。

四、MBS1620 型磨床砂轮架主轴静压轴承的技术参数

MBS1620 型磨床砂轮架主轴结构如图 1-17 所示。

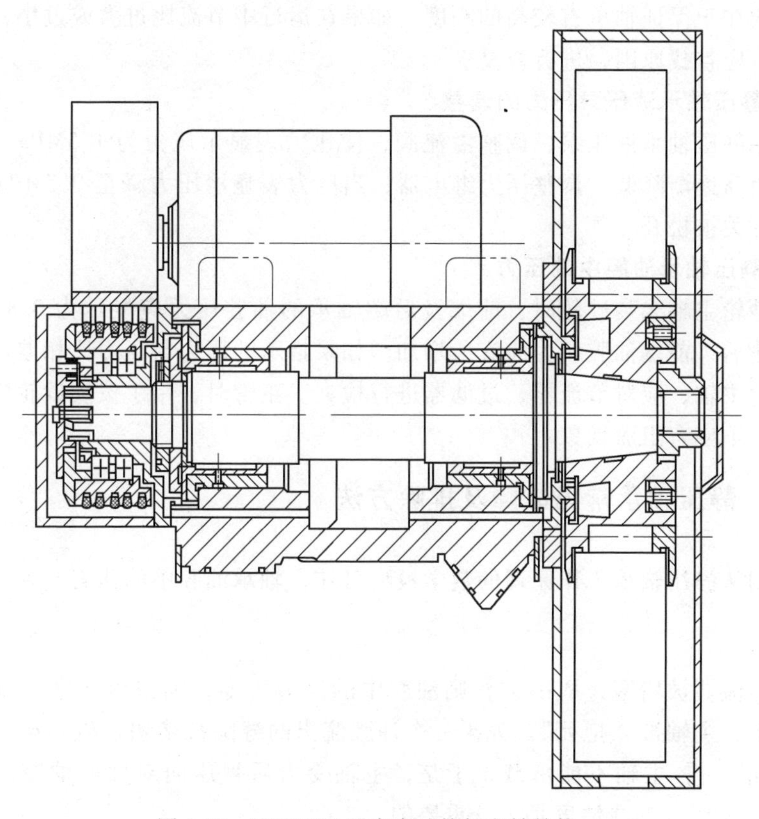

图 1-17　MBS1620 型磨床砂轮架主轴结构

1. 小孔节流式液体静压轴承

该机床静压轴承补偿元件采用小孔节流方式，轴承结构采用垫式。当轴没有受到径向载荷时，液压油经小孔节流器后进入各油腔，轴悬浮在轴承的中央，这时轴与轴承的间隙各处相等，流经各油腔的节流阻力相等，各油腔回油的间隙阻力也相等。当轴受到向下的径向载荷 W 作用时，轴向下移动距离 e，使下腔的排油间隙减小，液体流出的阻力增大，油腔压力升高，而上腔的间隙增大，油腔压力相应降低，两腔便产生压力差 Δp，以抵抗径向载荷 W，保持主轴新的平衡。

2. MBS1620 型磨床砂轮主轴小孔节流式液体静压轴承的主要参数

该机床静压轴承所用油为 FD3 静压轴承润滑油（一种用于节流器为小孔节流静压系统的专用油），供油压力为 $p_s = 1.5\text{MPa}$，需进一步提高轴承刚度时可调

至 2MPa。

该轴承的名义孔径为 $\phi 100\text{mm}$，轴承直径间隙 $2h=0.046\sim0.050\text{mm}$，节流小孔直径 $d_0=0.5\text{mm}$，当油温在 2~50℃时，节流比 $\beta=\dfrac{p_s}{p_b}=1.5\sim2.7$。以上主要参数选择的目的在于保证轴承有较高的刚度，如果在运行中节流比过大或过小，会影响轴承刚度，应查找原因，进行修复。

3. 静压轴承液压泵压力的调整

起动静压轴承液压泵，调整溢流阀，使压力表显示压力为 1.5MPa。调整溢流阀压力由高逐渐降低；调整压力继电器，当压力表显示压力降至 0.5MPa 时，压力继电器开关被松开。

4. 静压轴承油腔中的压力

当砂轮主轴未装砂轮时，前端及后端轴承的油腔压力应显示为 0.8~1.0MPa，装上砂轮后，前端油腔压力应有所增加。如果指示的压力与压力比相差过大，不准起动砂轮主轴，应对节流器、过滤器进行检查。正常时，用手拨动砂轮应轻松无阻地转动，不应有阻滞现象。

五、静压轴承常见故障及排除方法

我们从静压轴承工作原理的数学模型可知，轴承油腔中的压力 $p_b=\dfrac{1}{1+\dfrac{R_o}{R_b}}p_s$。如果一个节流器被堵塞，$R_o\rightarrow\infty$，则油腔中的压力为零，轴被压在该节流器所控制的油腔上，主轴被“抱死”。如果一个油腔流出的缝隙被堵塞，$R_b\rightarrow\infty$，则该油腔的压力 $p_b=p_s$，主轴不能承载，于是，主轴受力后被压向对面的油腔，主轴也被“抱死”。所以油的清洁度是十分重要的。

静压轴承的常见故障及排除方法如下：

1. 主轴和轴瓦拉伤或咬死

1）轴瓦装入壳体后，为保证同心度和圆度，需要进行精加工、镗削或研磨，切屑或金刚砂往往隐藏在回油槽、油孔等处，由于未清理干净使杂质进入轴瓦工作面，发生缝隙堵塞或被拉伤。

2）油管多采用纯铜管，装配时需要退火、扩孔、弯曲等操作，很易产生氧化皮脱落，如果清理不彻底，很容易使节流器堵塞，发生“抱轴”故障。

3）供油系统过滤器选择不当，使部分杂质流入节流器或轴承缝隙。主要的杂质包括壳体表面油漆、铜管氧化皮和油中杂质。如果杂质颗粒直径大于等于油膜单边间隙，就会引起堵塞。

4）轴瓦在装配时，油孔错位造成轴瓦油孔不通或半通状态。

5）供油系统安全保险装置没有设置，如贮能器、压力继电器、电气联锁等，

或调整不当，出现供油“失压”问题。

6）轴承和主轴形位误差大，引起各油腔压力不均，甚至主轴无法转动。

以上原因中的1)～3）主要是由于杂质进入油中引起的。应采取以下措施排除故障：①仔细认真地清洗轴瓦、主轴、油箱、铜管，应该用经过过滤的压缩空气吹净，用煤油冲洗；②去除加工中的毛刺；③供油系统应采用精过滤器，过滤精度小于轴瓦单边间隙且小于节流器的缝隙。

供油系统要有完备的保险装置，并且应使用可靠。

严格控制轴瓦与主轴的制造误差和装配误差。

装配时注意轴瓦装配位置的正确性，避免装配时进入杂质。用干净手装配，不戴手套。

2. 油腔压力波动

1）个别油腔压力下降，主要原因是节流器被部分堵塞，使相对应的油腔压力下降。

2）所有的油腔压力下降，主要原因是过滤器被部分堵塞。

3）液压泵流量不足或压力波动。

4）油温升高，油黏度下降，使油腔压力降低。

5）溢流阀失灵，使进油压力波动，油腔压力也随之波动。

6）主轴系统振动。

压力波动的排除方法如下：

针对现象1)、2)，清洗节流器和过滤器，检查油中的杂质是否超标，如果超标应更换新油。

针对现象3)、4)，选用流量更合适的液压泵及合适的油液，可选下列三种中的一种：①3号主轴油；②50%的2号主轴油+50%的4号主轴油；③70%煤油+30%的N32号机械油。

针对现象5)，换修溢流阀。

针对现象6)，检查主轴动平衡及砂轮静平衡，并检查电动机及V带运行是否平稳，如不平稳，应予更换。

六、静压轴承的维护

静压轴承在使用和维修时，应注意以下几点：

1）按规定时间，半年到一年进行换油。

2）向油箱加油时用三层绸子布过滤。

3）装卸主轴带轮及砂轮时应在静压状态下进行。

4）停止液压泵之前应观察砂轮主轴已完全停止时，再停液压。

5）更换泵站上与静压相关的任何零部件应先将压力软管接头卸下并将软管插入油箱，更换完后油路自我循环15～20min再接上软管。

第四节　数控机床主轴部件的结构与维修

一、数控机床主轴部件的结构

数控机床主传动与普通机床相比，概括地说是少而精，也就是传动链很短而主轴回转精度很高，甚至将电动机与主轴合成一体，称作电主轴。还有的电动机直接通过带传动带动主轴。由于电主轴由专业厂商制造和维修，所以不在这里介绍。

图 1-18 所示为 TMD360 型数控车床主轴箱结构，它采用双联滑移齿轮变速。来自电动机的运动，通过 I 轴左端的同步齿形带传至齿数分别为 $z=29$、$z=84$ 的齿轮。当 $z=29$ 的齿轮工作时，主轴在低速区；当 $z=84$ 的齿轮工作时，主轴在高速

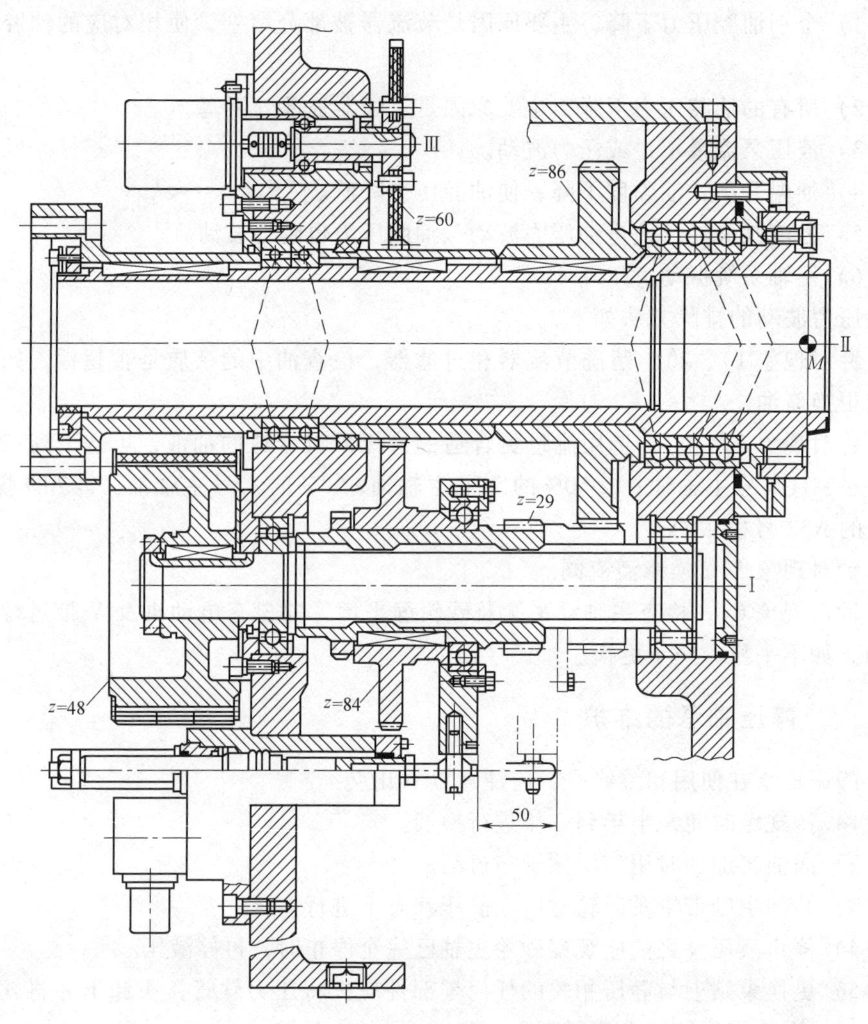

图 1-18　TMD360 型数控车床主轴箱结构

区。双联滑移齿轮的轴向移动由液压活塞上连接的拨叉推动，拨叉内装有滚动轴承以隔离齿轮与拨叉的运动。当活塞移向左端时，$Z=84$ 的齿轮与主轴 $Z=60$ 的齿轮啮合；当活塞移向右端时，$Z=29$ 的齿轮与主轴 $Z=86$ 的齿轮啮合。变速活塞杆左端的伸出部分用于控制两个变速开关，变速结束后发出变速完成信号。

图 1-19 所示为 TH6350 型加工中心主轴箱结构。为了扩大转速范围并与电动机合理匹配，主轴采取齿轮两档变速方式，并通过液压控制换档。低速区的传动路线为：交流伺服电动机⟶$z1/z2$ ⟶$z3/z4$ ⟶$z5/z6$ ⟶主轴。其传动比为 1：4.75，主轴转速为 28～733r/min（电动机转速为 133～3482r/min）。高速区的传动路线为：交流伺服电动机⟶牙嵌离合器结合（由液压操纵）⟶$z5/z6$ ⟶主轴。其传动比为 1：1.1，主轴转速为 734～3150r/min（电动机转速为 806～3465r/min）。

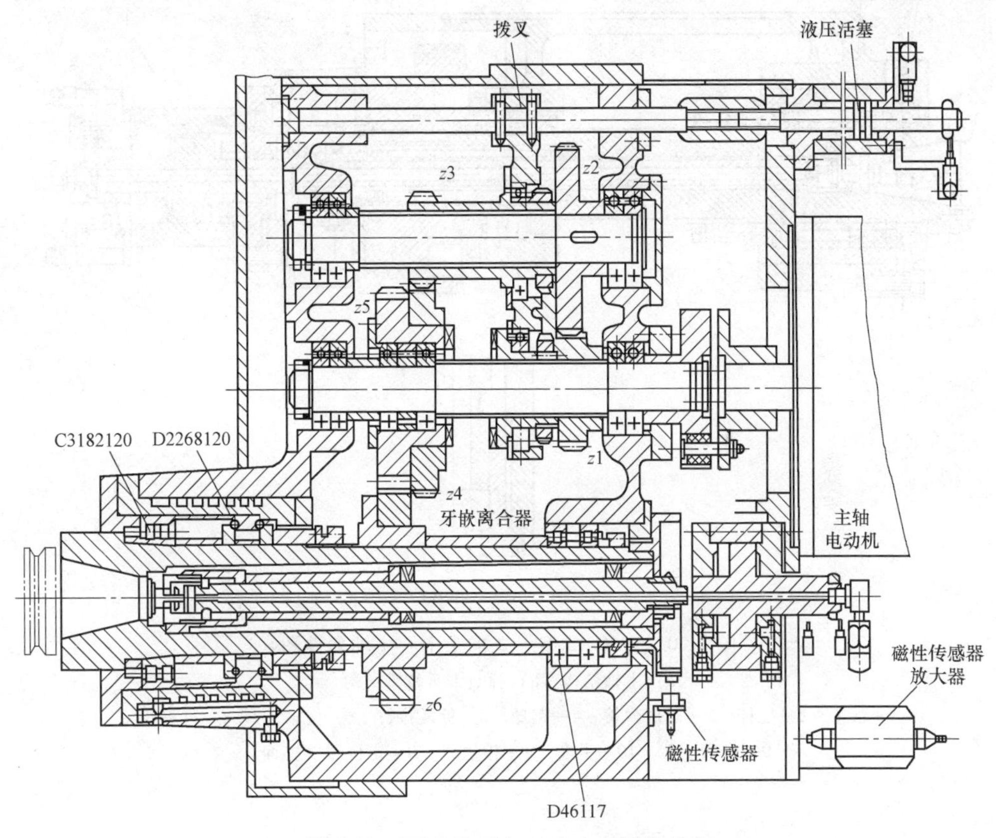

图 1-19　TH6350 型加工中心主轴箱结构

当电磁换向阀控制液压油进入液压缸左腔，右腔回油时，活塞右移实现低速区传动，变速完成后右端开关压合，发出变速完成信号。

当电磁换向阀控制液压油进入液压缸右腔，左腔回油时，活塞左移使牙嵌离合器结合（$z1$、$z2$ 脱开啮合）实现高速区传动，变速完成后左端开关压合，发出变速完成信号。

主轴锥孔采用锥度号为 50 的标准锥度（锥度为 7∶24）。主轴采用高精度、高刚度的组合轴承，前轴承由 C3182120 双列短圆柱滚子轴承和 D2268120 推力球轴承组成，后轴承采用 D46117 角接触推力球轴承。

该机床主轴采用磁传感器方式实现准停。调整磁发体与磁传感器的相对位置可以微调准停位置。

主轴孔采用 7∶24 大锥孔使刀柄与主轴相配合，既有利于定心，又不会自锁，为松夹刀柄带来方便。

图 1-20 所示为 VMC-15 型立式加工中心主轴部件图。主轴由电动机通过带传动回转，由角接触球轴承支承，可以实现高速旋转。

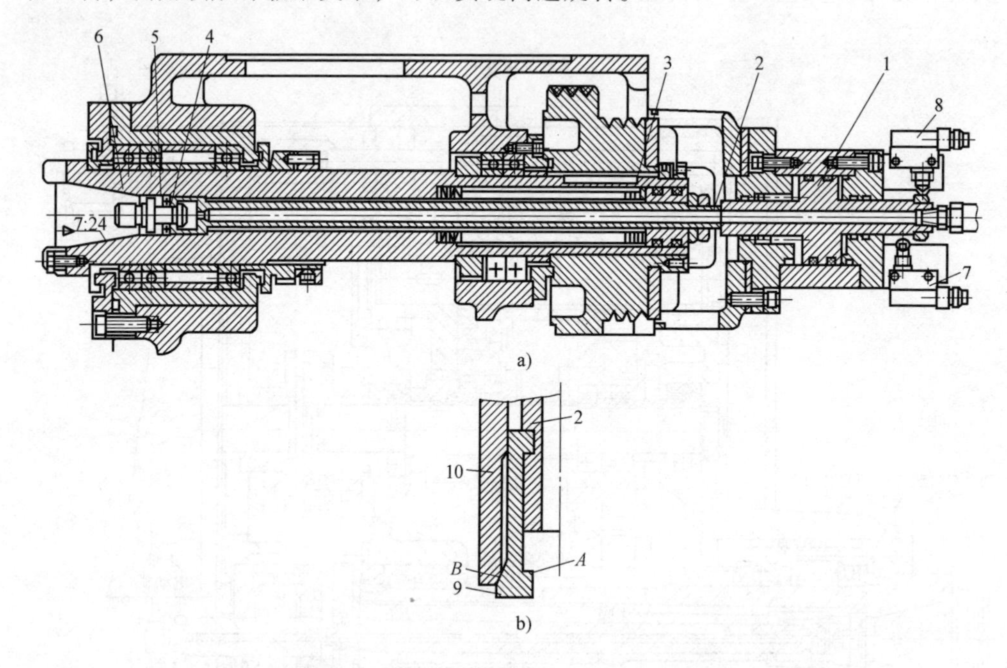

图 1-20　VMC-15 型立式加工中心主轴部件图

a）主轴结构　b）弹簧卡爪拉紧结构

1—活塞　2—拉杆　3—碟形弹簧　4—钢球　5—标准拉钉　6—主轴　7、8—行程开关

9—弹簧卡爪　10—卡套　*A*—接触面　*B*—定位面（锥面）

二、主轴准停装置

1. 概述

主轴准停功能就是将主轴停止在固定的周向位置上。主要目的是：

1）为了满足自动换刀的需要。在刀具交换中，刀具能够在主轴中完成快速准确地装入拔出动作，主轴必须在刀具交换之前进行主轴定位，旋转到一个特定的位

置，以保证自动换刀的顺利完成。

2）当加工沟槽（台阶孔）完成后退刀时，为了避免刀具与台阶碰撞；当精细镗孔完成后退刀时，为了避免刀具划伤已镗好的表面，必须先让刀，后退刀，而要让刀就需要主轴在让刀前准停。

2. 主轴准停控制

现代数控机床主轴准停控制主要是电气准停控制，包括以下三种方式：

（1）磁传感器主轴准停　当执行 M19 指令时，数控系统发出准停信号，主轴立即加速或减速至由主轴驱动装置中设定的准停速度，主轴按准停速度转动，当到达准停位置时（磁发体与磁传感器对准），主轴即减速为爬行速度（在主轴驱动装置中设定），当准停磁传感器信号出现时，主轴驱动便立即转入以磁传感器为反馈元件的闭环控制，直至准确地停在准停位置上。磁发体与传感器之间间隙为 1~2mm。

图 1-21 所示为磁传感器准停控制系统的构成，图 1-22 所示为磁传感器动作准停时序图，图 1-23 所示为磁传感器主轴准停装置。

如果需要微量调整主轴准停位置，应调整磁传感器或发磁体的位置。

（2）编码器型主轴准停　这种主轴准停的控制同磁传感器主轴准停一样，完全由主轴驱动装置完成。

当执行 M19 指令时，数控系统发出准停信号，主轴立即加速或减速至准停速度，当接收到编码器零标志信号后，主轴爬行转动，直至达到准停位置时，主轴停止并准确地停在目标位置。与磁传感器不同，用编码器实现主轴准停，其准停位置

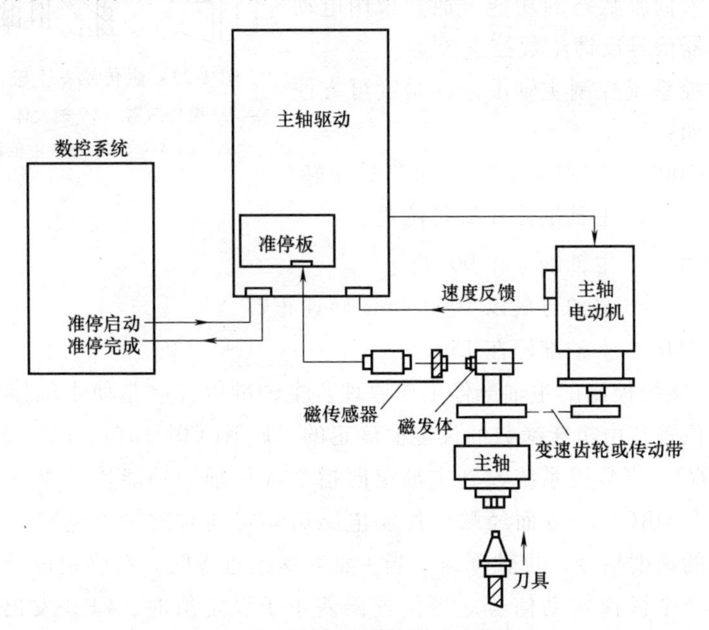

图 1-21　磁传感器准停控制系统构成

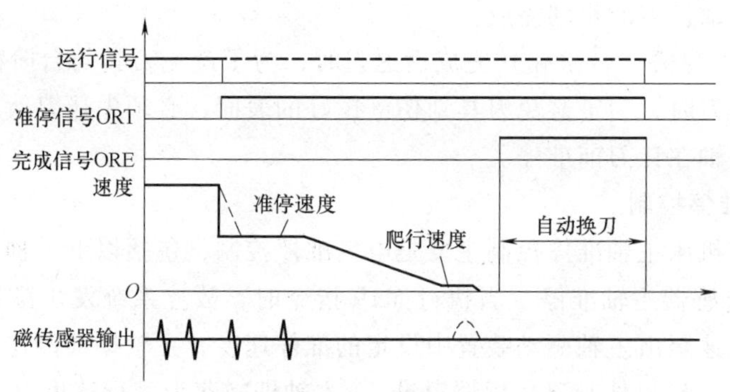

图 1-22　磁传感器动作准停时序图

注：速度曲线中，实线为命令速度，虚线为实际速度。

在 0°~360°之间任意设定。编码器可以为主电动机内置式，也可为独立式。要注意编码器与主轴间的传动应为无间隙传动，以防准停位置精度超差。

图 1-24 和图 1-25 所示分别为编码器主轴准停系统的结构与时序图。

(3) 数控系统控制的主轴准停　现代数控机床多数都配有数控系统的主轴准停装置。这种数控系统具有主轴闭环控制功能，主轴驱动装置有可进入伺服状态的功能。通常采用电动机内置编码器信号反馈给数控系统。

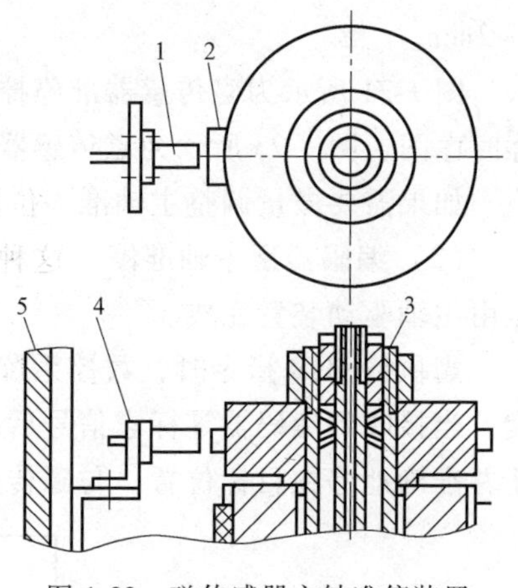

图 1-23　磁传感器主轴准停装置

1—磁传感器　2—磁发体　3—主轴　4—支架　5—主轴箱

采用数控系统控制主轴准停的角度可方便的设定。例如：

M03　S1000　主轴以 1000r/min 转速正转

M19　主轴准停在缺省位置

M19　S90　主轴准停在 90°处

S1000　主轴再次以 1000r/min 转速正转

M19　S150　主轴准停在 150°处

1）数控系统控制的主轴准停工作原理。主轴准停控制是使主轴停止在某一固定位置，该位置是由机床参数的设定值确定的。FANUC0i（16i、18i、21i）系统的参数号为 4077。当数控系统收到主轴定向指令（如辅助功能代码 M19）后，产生主轴定位命令 ORC。一方面经顺序控制电路启动定向时间检测电路，另一方面切断主轴原来的速度指令，主轴降速。当主轴转速接近零时，精确定位开始，编码器发出信号，产生慢速蠕动信号。当位置误差小于设定值时，CPU 发出主轴“停”信号，切断时间检测电路，完成定向并发出定向完成信号。若在预定时间内主轴未

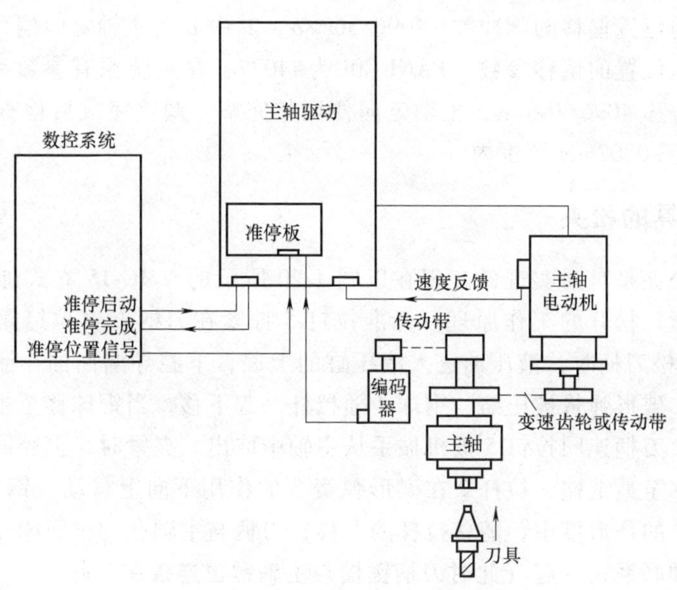

图 1-24　编码器型主轴准停系统结构

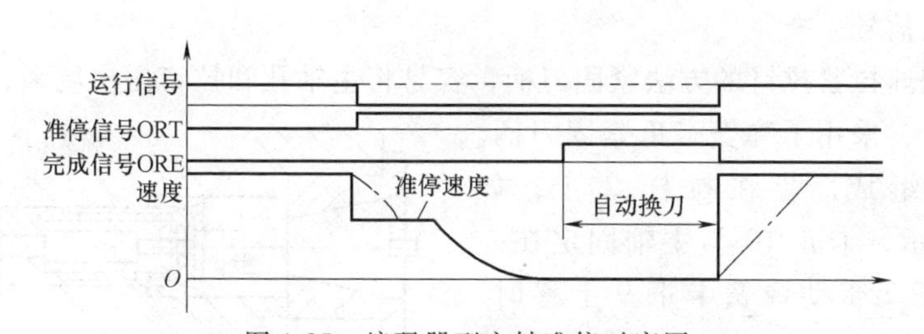

图 1-25　编码器型主轴准停时序图

注：速度曲线中，实线为命令速度，点画线为实际速度。

发出定向完成信号，则定向时间检测回路发出定向失败报警。

当执行 M19 指令或 M19 S××时，数控系统先将 M19 送至编程控制器 PLC，经 PLC 后送出控制信号，控制主轴电动机由静止迅速加速或在原来运行的较高速度下迅速降至准停设定速度运行，并寻找主轴编码器零位脉冲 C，然后进入位置闭环控制状态，并按系统参数设定完成定向准停，此参数为主轴准停的位置偏移量。

2）主轴定向偏移位置调整方法。假设换刀时，刀库（斗笠式刀库）或机械手上的主轴刀柄定位的榫头位置是正确的（榫头侧面与 X 或 Y 轴平行，本例为 X 轴）。将百分表座固定于工作台上，执行一次 M19 指令，百分表触及主轴定位键侧面，记下表针读数，移动 X 轴，其他轴不动，使表针触及主轴另一侧的定位键侧面，读出表针读数。设百分表读数差为 A，X 轴的移动距离为 B，则偏移角 $\alpha=\arctan(A/B)$。

主轴转 1°的脉冲数 = 4096/360 = 11.378（设电动机与主轴传动比为 1∶1，编码器 1 转的脉冲数为 4096）。

主轴定向位置偏移的脉冲数=4096/360×α，其中 α 为主轴定向偏移角。

修改定向位置的偏移参数，FANUC0i 为#4077，在系统原有参数#4077 中的数值基础上再偏移 4096/360×α，主轴定向便调整完毕，调整完成后检查其百分表读数差应在允差±0.02mm 范围内。

三、刀具的松夹

刀柄的松夹是自动实现的。现在以图 1-20 所示的 VMC-15 立式加工中心为例说明刀柄夹紧、松开的工作原理。标准拉钉 5 拧紧在刀柄上（拉钉露出刀柄长度应合适），放松刀柄时，液压油进入液压缸的上腔，下腔导漏回油，活塞下移，推动拉杆下移，碟形弹簧被压缩，钢球 4 随拉杆一起下移，当钢球移至主轴孔较大处便脱开拉钉，刀柄连同拉钉 5 被机械手从主轴中取出。夹紧时，上腔回油，碟形弹簧使活塞上移至最上端，拉杆 2 在碟形弹簧 3 的作用下向上移动，钢球 4 被收拢，夹紧在拉杆 2 的环形槽中，随着拉杆的上移，刀柄与主轴孔的锥面相互压紧，刀柄牢固地与主轴联系在一起（此时刀柄键槽与主轴键也连接在一起）。

刀柄松开或拉紧后，活塞杆之凸环分别压合松开或夹紧行程开关 7 或 8，发出松开或夹紧信号。

采用钢球拉紧拉钉的方法紧固刀柄，容易将主轴孔和拉钉压出坑来，为避免此问题的发生，采用了弹簧卡爪紧固刀柄。它由两瓣组成，装在拉杆 2 上，如图 1-20b所示，卡套 10 与主轴固定在一起。当拉杆 2 带动弹簧卡爪 9 上移时，靠锥面 *B* 将卡爪收拢，夹紧拉钉并拉紧刀柄；当拉杆 2 带动弹簧卡爪 9 下移时，脱开锥面 *B*，弹簧卡爪 9 放松，刀柄便可以从卡爪中退出。钢球拉紧与弹簧卡爪拉紧的结构图如图 1-26 所示。

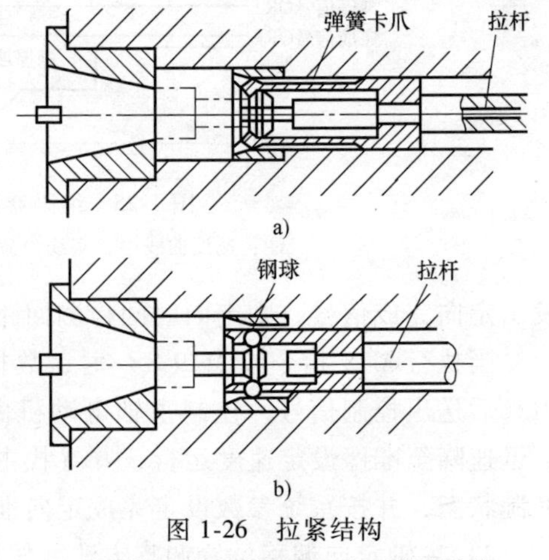

图 1-26　拉紧结构
a）弹簧卡爪拉紧结构　b）钢球拉紧结构

为了自动清除主轴孔中的切屑和灰尘，机床设置了压缩空气吹屑装置，如图 1-19、1-20a 所示，当刀柄松开后，压松开开关，发出吹气指令，气动滑阀动作，压缩空气经活塞心部及拉杆的心部孔至主轴孔内的空气喷嘴，将锥孔吹净。

四、数控机床主轴部件常见故障及排除方法（见表 1-3）

数控机床主轴部件除了发生如噪声、旋转精度差、振动、轴承发热等与普通机床相同的故障外，还会发生独有的故障。

在判断故障前需对机床有较深入的了解，掌握故障发生时的工况，包括主轴电

动机类型、主轴变速方式、主轴准停方式、故障发生时的工作方式、故障发生时的报警情况等。

表 1-3　数控机床主轴部件的常见故障与排除方法

序号	故障表象	故障产生原因	排除方法
1	主轴切削时振动 主轴箱噪声大	主轴轴承松动,间隙大	调整轴承间隙
		主轴轴承跑内圈或跑外圈	检查主轴轴径及箱体孔径,根据具体情况处理;如果轴承内、外径超差,应更换轴承
		主轴箱与床身连接松动	紧固连接
		主轴部件不平衡	主轴部件整体做动平衡
		主轴传动带松脱或断损	张紧或更换 V 带
		主轴箱齿轮精度差引起噪声	更换齿轮
		主轴箱传动轴弯曲引起噪声	更换传动轴
		主轴七段显示管所显示的故障	按机床说明书提示处理
2	主轴不准停或准停位置不准	传感器或编码器损坏	更换
		传感器或编码器连接松动	紧固连接
		传感器或编码器安装位置不准引起准停位置不准	调整位置
		在拆装主轴编码器后主轴准停位置不准	调整安装位置
			调整主轴准停位置参数
3	加工螺纹时乱扣	主轴编码器一转信号不准	主轴编码器连接不良或编码器与主轴间传动间隙过大,应调整
			编码器一转信号线损坏,应更换
4	加工中心自动换刀时掉刀或碰撞	主轴准停位置不准	根据不同的准停方式进行不同的调整,对磁传感器方式,应调整磁发体与传感器间的相对位置;编码器方式、数控系统方式应调整位置偏移量参数
		主轴准停位置变动	编码器或电动机与主轴间传动间隙过大,应消除间隙
			编码器或磁感应器松动,应固定
			导线连接松动,应固定
5	刀柄夹不紧	拉钉长度不对	调整至合适长度
		碟形弹簧弹力不足	调整弹簧弹力或更换弹簧片
		液压缸活塞研死	修复

（续）

序号	故障表象	故障产生原因	排除方法
6	刀柄松不开	碟形弹簧压力调整过大	重新调整压力(将螺母后退)
		液压缸压力过低或电磁阀故障	调整液压系统压力,排除液压故障
		液压缸活塞研死	修复
7	主轴若采用变频器调速控制,变频器故障	参见变速器故障原因	见变频器故障处理说明书

第二章

第一节　摩擦离合器的维修

一、多片摩擦离合器的计算转矩

$$T=\mu mRuQ$$

式中　T——离合器的计算转矩（N·mm）；

μ——摩擦片的摩擦系数；

m——摩擦面的对数 $m=z-1$（z 为摩擦片数）；

Ru——当量摩擦半径（mm），

$$Ru=\frac{2}{3}\frac{R_1^3-R_2^3}{R_1^2-R_2^2}\approx\frac{R_1+R_2}{2}$$

R_1、R_2——分别为摩擦面的外、内半径（mm）；

Q——摩擦片的压紧力（N）。

所谓计算转矩，是指各组成件在正常使用条件下的转矩。对于维修工作者来说，主要应研究在不正常情况下的转矩，从影响转矩的因素中寻找摩擦离合器功能失效的原因。

（1）摩擦片的摩擦系数 μ　常用的材料为低碳钢渗碳淬火，如 CA6140 摩擦片用 15 钢渗碳深度 0.5mm，淬火硬度 59HRC。摩擦片表面有磨平的和喷砂的两种，其中喷砂的摩擦系数大一些，而且内、外片离合时比较彻底，故一般都选用喷砂的，以增大摩擦系数。当摩擦片磨损后，喷砂表面被磨掉，摩擦系数就会降低。

（2）摩擦面的对数 m　这是已设计好的，我们无法改变，但有时在轴向尺寸允许的情况下，也可以增加 1~2 片，以增加转矩。

（3）当量摩擦半径 Ru　这也是设计好的，从公式中可以知道，摩擦片的内、外径越大则计算转矩越大。当摩擦片磨损后，Ru 就会变小，这是因为摩擦片在运转时各点的圆周速度是不一样的，其随半径的增加而增加，因而离中心越远则磨损越厉害，所以在磨损后当量摩擦半径就会减小，因而降低了摩擦转矩。当摩擦片磨损到一定程度时就要更换。

（4）摩擦片的压紧力 Q　压紧力 Q 的大小是可以调整的。调整时应掌握下面几个基本原则：

1）离合器接通后，内、外片应完全压紧，没有相对滑动。

2）接通后，操纵机构自锁，不应自动滑落，对于元宝形杠杆和径向杠杆扩力机构，杠杆与滑套接触点应在滑套的圆柱面内；对于切向杠杆扩力机构，滑套中的拨销应滑到杠杆的直面上。接触点都应在表 2-1 中示意图的 *A* 面上。

3）离合器脱开后，内、外摩擦片能全部分离。在使用中，有时需要离合器在半离半合状态。例如，在车螺纹时，为了避免撞刀事故，操作者往往在螺纹头或尾部减慢主轴转速，这时对摩擦片的磨损是较大的。

二、多片摩擦离合器常用的接合机构

作用在摩擦片上的压紧装置在多数情况下采用杠杆接合机构实现扩力，以达到用较小的操纵力产生较大的压紧力的目的。常用的接合机构的类型、特点及应用举例见表 2-1。

表 2-1　常用接合机构及应用

类型	示意图	特　点	应用举例
径向杠杆式	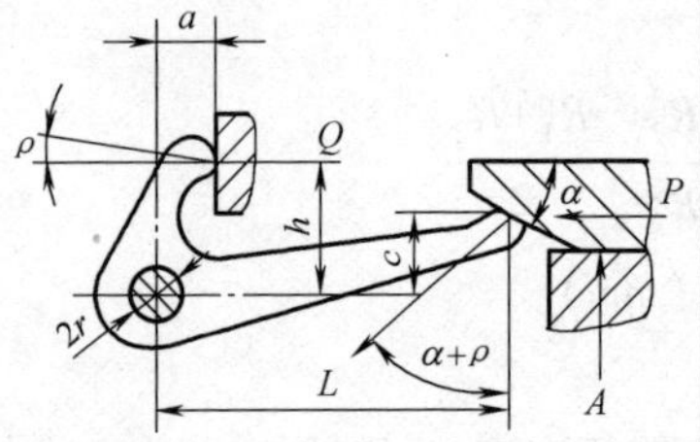	传力比较大，杠杆弹性好，磨损或发热引起的压紧力变化小，接合平稳。但加压环位移较大	C512 型立车工作台主轴通断离合器（见图 2-6） VR2 型摇臂钻床主轴箱离合器
切向杠杆式	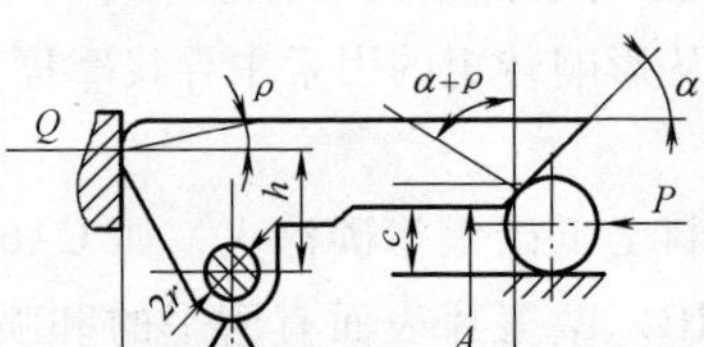	机构紧凑，但杠杆弹性较差，接合时有冲击；杠杆比小，故传力比小；制造安装较复杂；加压环位移小	C2150.6 型卧式自动车床分配轴离合器（见图 2-13） Y2250 弧齿铣齿机驱动机构传动离合器（见图 2-4、2-5）
元宝形杠杆式	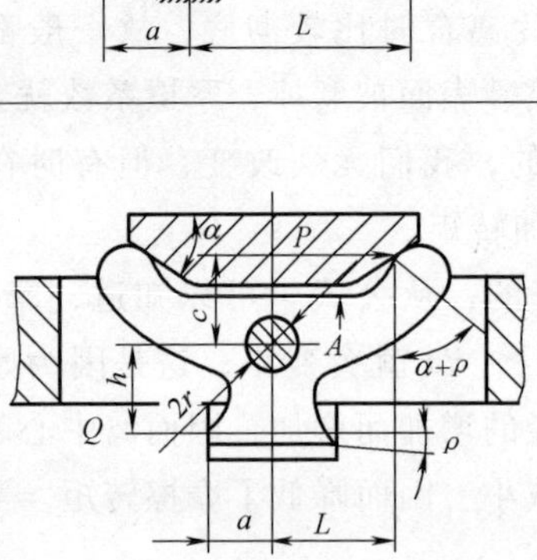	主要供双向离合器用，在一方接合之前，另一方已可靠地脱开；结构简单；加力机构外移，缩短了离合器本身的轴向和径向尺寸。但杠杆弹性较差，传力比较小，不易于动平衡	CA6140 型车床变速箱离合器（见图 2-1）

（续）

类型	示意图	特　点	应用举例
钢球压紧式	Q　α　P　A　β	传力比较大，结构紧凑，制造简单，易于动平衡。但磨损较快，钢球弹性差；接合时有冲击	机床上应用较少，常用于夹紧机构

在调整摩擦片的压紧力时，应注意在压紧状态下接合机构必须自锁，也就是杠杆与滑套（切向杠杆式指的是滑销）的接触点必须位于滑套的直面上（切向杠杆式接触点在杠杆的直面上），图中标注的 A 面上。在这种情况下，撤销对滑套的操纵力，离合器并不会脱开。只有施加与压紧方向相反的力方能将离合器脱开。

三、机床多片摩擦离合器操纵机构及调整方法

1. CA6140 型车床双向多片摩擦离合器操纵机构及调整方法

（1）机构简介　如图 2-1 所示，双向多片式摩擦离合器由内摩擦片 3、外摩擦片 2、止推片 10 和 11、压套 8、调整螺母 9、带叉的并可拨动外片的双联齿轮 1 及与内摩擦片用花键滑连的轴 Ⅰ 等组成。该离合器的接合机构（扩力机构）的类型为元宝形杠杆式，当压套 8 向左通过调整螺母 9a 压紧左摩擦片时，左面内、外摩擦片结为一体，这时双联齿轮 1 便可带动轴 Ⅰ 正转。当压套 8 向右通过调整螺母 9b 压紧右摩擦片时，右面内、外摩擦片结为一体，这样经惰轮传动的空套齿轮 14 便可带动轴 Ⅰ 反转。当压套 8 处于中间位置时，左、右摩擦离合器的内、外摩擦片都处于分离状态，齿轮 1 和 14 空转，动力传不到轴 Ⅰ。

双向多片摩擦离合器的操纵机构如图 2-2 所示。当操纵手柄 7 上提时，通过曲柄 9、拉杆 10、曲柄 11、轴 12，带动扇形齿轮 13 顺时针转动（从上往下看），使齿条轴 14 向右移动，拨叉 15 右移。接下来再看图 2-1，拨叉拨动滑套 13 右移，使羊角形摆块 6（又称元宝形杠杆）绕销轴 12（见图 2-1）顺时针转动，因而带动拉杆 7 向左移，通过圆销 5 使压套 8 左移，从而实现主轴正转。当压下图 2-2 中的手柄 7 时，可实现主轴反转。当手柄 7 处于中间位置时，主轴停止转动，此时齿条轴 14 的凸起部分迫使杠杆 5 摆动拉紧刹车带 6，使主轴刹车。

（2）摩擦离合器的调整　摩擦离合器的松紧必须能达到额定的传递功率，过松易打滑发热，传动功率不够；过紧则操纵费力，而且在内外片分离位置（停止）时仍有摩擦，也会引起发热。

调整的方法有两种：一种方法是先将图 2-2 所示机构的手柄 7 扳到正转或反转位置上，然后将弹簧销（见图 2-3）用螺钉旋具压下，同时拨动螺母 9a 或 9b，直

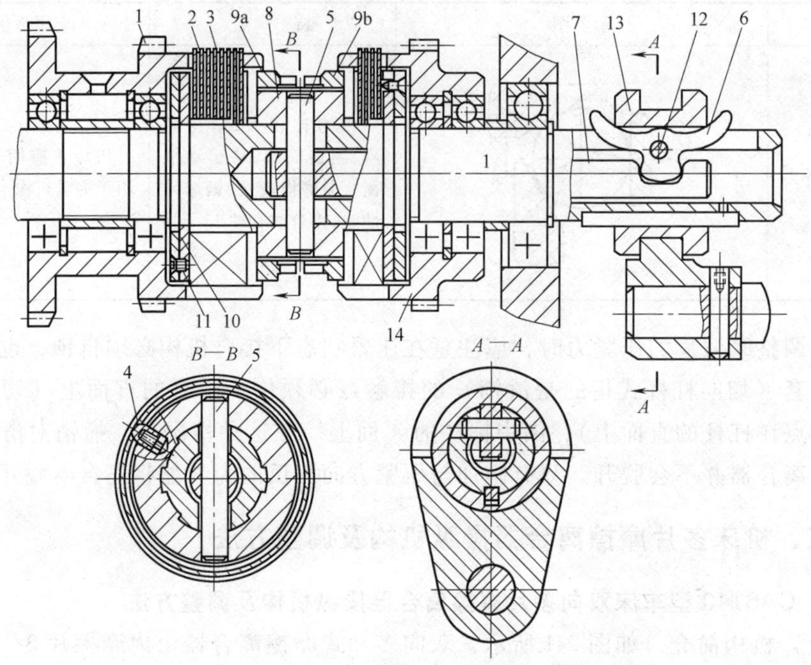

图 2-1　CA6140 型车床双向多片式摩擦离合器机构

1—双联齿轮　2—外摩擦片　3—内摩擦片　4—弹簧销　5—圆销　6—羊角形摆块　7—拉杆　8—压套　9a、9b—螺母　10、11—止推片　12—销轴　13—滑套　14—齿轮

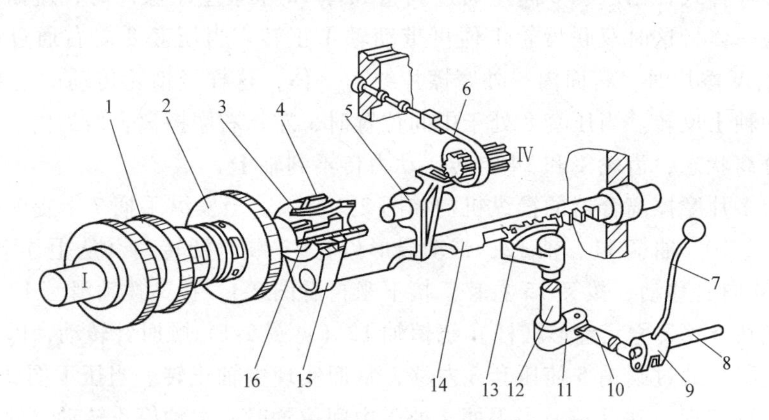

图 2-2　双向多片摩擦离合器的操纵机构

1—双联齿轮　2—齿轮　3—羊角形摆块　4—滑套　5—杠杆　6—制动带　7—手柄　8—操纵杆　9、11—曲柄　10、16—拉杆　12—轴　13—扇形齿轮　14—齿条轴　15—拨叉

至螺母压紧摩擦离合器的摩擦片为止，再将手柄 7 扳到停止位置，然后将螺母 9a 或 9b 向压紧方向拨动 4~7 个缺口，并使弹簧销重新定入螺母 9a 或 9b 的缺口中，

以防螺母松动。另一种方法是根据经验调整，就是通过几次试调整，达到合适的摩擦片松紧程度，直至图 2-2 中的操纵手柄 7 接通正转（或反转）位置时手感稍有点用力，并且不会自动滑落为止，此时说明该摩擦离合器已调整完毕。

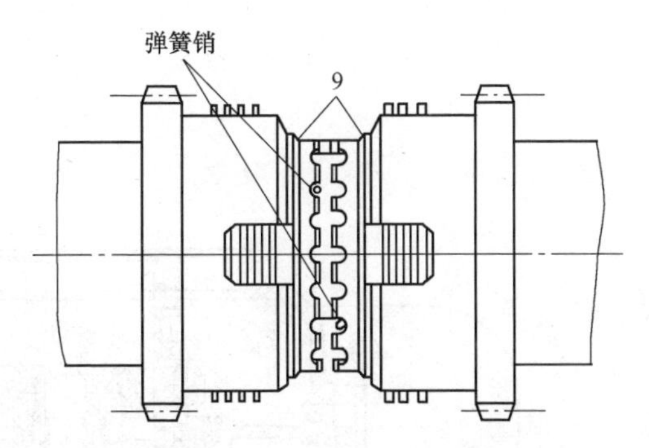

图 2-3　双向摩擦离合器的调整

2. Y2250 型弧齿铣齿机液压操纵的摩擦离合器机构及调整方法

（1）机构简介　Y2250 型弧齿铣齿机的驱动机构如图 2-4 所示。它主要包括主电动机、切削速度交换齿轮箱、摩擦离合器、进给交换齿轮箱、手动旋转刀盘主轴装置和电气联锁装置等。

摩擦离合器由液压-机械联合操纵（见图 2-5），齿轮 19 和 20 由滚动轴承支承并装在摩擦离合器传动轴 3 的两侧，外摩擦片与齿轮 19、20 叉子连在一起，内摩擦片与轴 3 用花键滑动连接。该离合器的扩力机构为切向杠杆式，当滑套 1 处于中间位置时，左右两离合器均脱开，轴 3 不转；当液压缸 B 进油、液压缸 A 回油时，滑套向右移动，滑套内圆周方向均布的三个销轴拨动固定套 4 右侧上的三个杠杆摆动，从而推压右挡套，使右离合器结合，接通齿轮 20 和轴 3，此时左离合器脱开；当液压缸 A 进油、液压缸 B 回油时，滑套向左移动，滑套内圆周方向均布的三个销轴拨动固定套 4 左侧上的三个杠杆 7 摆动，从而推压左挡套 5，使左离合器结合，接通齿轮 19 和轴 3，此时齿轮 20 与轴 3 是空套关系。

离合器的左、右结合是通过进给鼓轮上的扇形板控制的，扇形板 15 通过杠杆 17 操纵滑阀 18，使装在液压缸活塞上的拨叉 10 通过两个滑块 2 拨动滑套 1 向左或右移动，实现离合器的左、右结合。

（2）摩擦离合器的调整　如图 2-5 所示，此摩擦离合器的扩力机构为切向杠杆式。调整时应先将进给鼓轮端面上的扇形板 15 与滚轮 16 脱开，然后按压操纵滑阀 18，液压带动拨叉 10 通过滑块 2 使滑套 1 向左、右两边搭合，此时可分别试调两个定位螺钉 9，当两边的内外摩擦片压紧时，螺钉 9 应顶住拨叉 10，此时切向杠杆应处于自锁状态，因此滑块 2 在滑套 1 的环形槽中是处于不受力状态。如果摩擦片在压紧状态下过松或过紧，应拨出锁紧销 8，调整螺母 6。当内、外摩擦片被压紧时，既能保证有足够的转矩，又能使滑块 2 处于不受力状态。

3. C512 型立式车床主传动摩擦离合器部件及调整方法

（1）传动离合器与制动离合器简介　图 2-6 所示为 C512 型主传动摩擦离合器结构图。当操纵手把带动拨叉轴 5 左移时，通过拨叉 6、件 7、杠杆 1（径向式扩力杠杆），离合器摩擦片被压紧，动力被传出，使工作台旋转。件 7 的右端为一

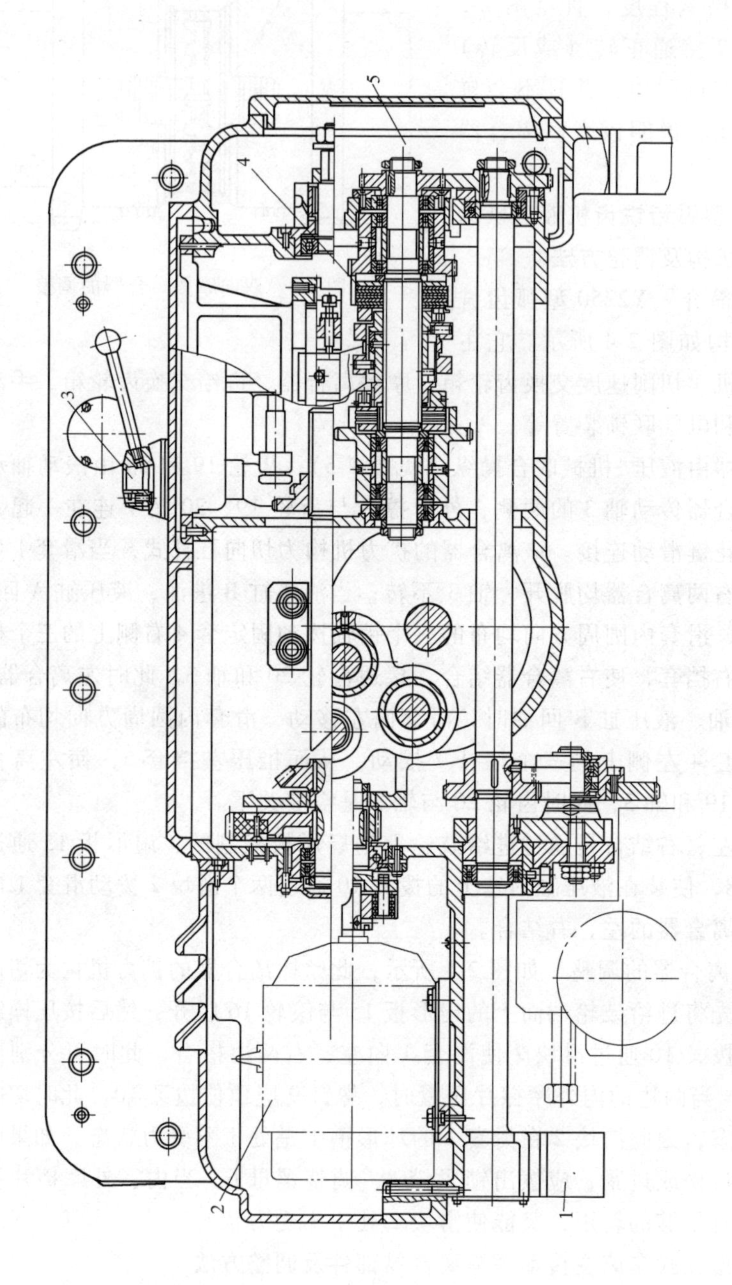

图 2-4 Y2250 型弧齿铣齿机驱动机构

1—支柱 2—主传动电动机 3—手动机构 4—加速行程摩擦离合器 5—进给交换齿轮

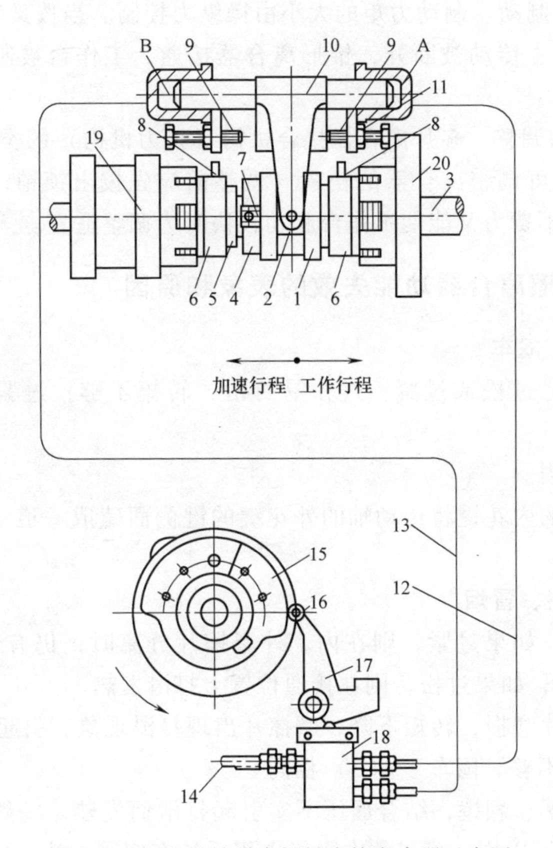

图 2-5　液压-机械联合操纵摩擦离合器示意图

1—滑套　2—滑块　3—传动轴　4—固定套　5—左挡套　6—调整螺母　7—杠杆　8—锁紧销　9—定位螺钉　10—拨叉　11—螺母　12、13、14—油管　15—扇形板　16—滚轮　17—摆杆　18—操纵阀　19、20—齿轮

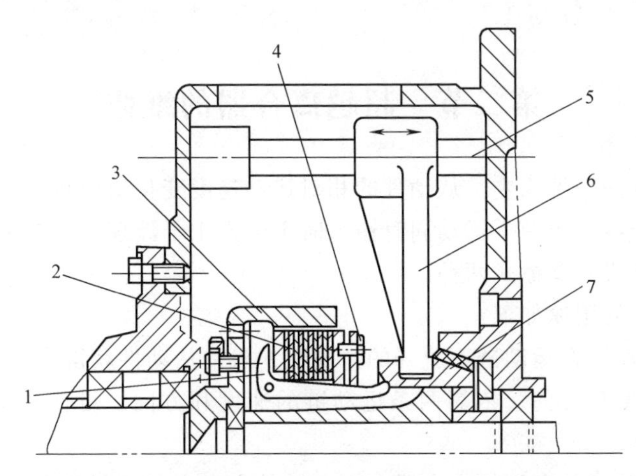

图 2-6　C512 型立式车床主传动摩擦离合器结构示意图

1—杠杆　2—摩擦片　3—离合器　4—调整螺母　5—拨叉轴　6—拨叉　7—锥形离合器

锥形离合器，用于制动。制动力矩的大小由操纵力控制。当拨叉轴5右移时，多片摩擦离合器脱开，主传动被断开，锥形离合器接通，工作台被制动（图示为制动状态）。

（2）离合器的调整　多片离合器接合机构（扩力机构）的类型为径向杠杆式。松、紧调整螺母4可调整离合器的松紧（调整前应先拔出锁销，调整后再将锁销锁住）。当操纵时不费力又能使工作台起动较快时为调整适宜。

四、多片摩擦离合器功能失效的表象和原因

1. 转矩不够、闷车

1）调整不当，过松或过紧。过松易打滑，转矩不够；过紧则没有自锁，易脱开。

2）摩擦片磨损。

3）内摩擦片的内花键将传动轴的外花键的键侧面磕成一道道沟，使内摩擦片轴向移动受阻。

2. 离合器发热、冒烟

1）调整不当。如果过紧，则在内、外摩擦片分离时，仍有部分残留摩擦力，在停止位置上发热；如果过松，则在接通位置上打滑发热。

2）由于摩擦片磨损，转矩下降，摩擦片出现打滑现象，引起发热。

3）与“转矩不够、闷车”的3）相同。

4）摩擦片不平、翘棱，结合面压不实引起打滑而发热。一般要求摩擦面的平面度允差在0.15mm以内，可以放在平板上用手指在四周上按，检查是否翘棱。

判断是调整不当还是摩擦片磨损的方法是，如果经过多次调整后仍无效果，则表明是摩擦片磨损，这时应考虑拆下离合器部件，检查是2）、3）还是4）的原因造成的。

第二节　超越离合器的维修

超越离合器是一种靠主、从动件的相对运动速度变化或回转方向的变换自动结合或脱开的离合器。当两个运动同时输入时不会发生干涉现象。按工作原理，超越离合器分为嵌合式和摩擦式两种。

超越离合器的用途如下：

1）变换速度。在运动链不脱开的情况下，可使从动件获得快、慢两种速度。

2）变换速度和方向。依靠两条运动链的速度和方向，可使从动件获得正反、快慢的不同输出。

3）间歇运动。单向超越离合器在一个转动方向上传递转矩，在另一方向上主动件空转，从动件不转。

4）防止逆转，反向自锁。

一、常见超越离合器的类型和性能比较

表 2-2 中的文字说明比较全面地描述了各类超越离合器的主、从动件的运动关系、特点及应用。在应用举例中，主要列举了其在机床中的应用，其他领域没有涉及。

表 2-2　常见超越离合器的类型、性能和应用举例

类型	名称和结构	运动关系	应用举例
嵌合式	棘爪式超越离合器	棘爪为主动件，仅在一个方向带动从动棘轮转动，反向转动时棘轮不动，实现超越运动	B665 型牛头刨进给机构 磨床进给机构
摩擦滚柱式	无拨爪单向超越离合器	件 1 主动时： 当顺时针转动时离合器嵌合 当逆时针转动时离合器超越 件 2 主动时： 当逆时针转动时离合器接合 当顺时针转动时离合器超越 会在一个方向高速超越	CA6140 型车床溜板箱快慢速转换机构（见图 2-10） C2150.6 型自动车床分配轴超越离合器（见图 2-14）
摩擦滚柱式	带拨爪单向超越离合器	件 1 主动时： 当按顺时针转动时离合器接合，按逆时针转动时离合器超越 件 4 主动时： 不论转向如何，均使件 2 和拨爪一起做超越转动，即可实现一个方向低速转动，两个方向高速超越转动	C730-1 型车床快慢速转换机构（见图 2-11 中 *A—A*）

（续）

类型	名称和结构	运动关系	应用举例
摩擦滚柱式	带拨爪双向超越离合器 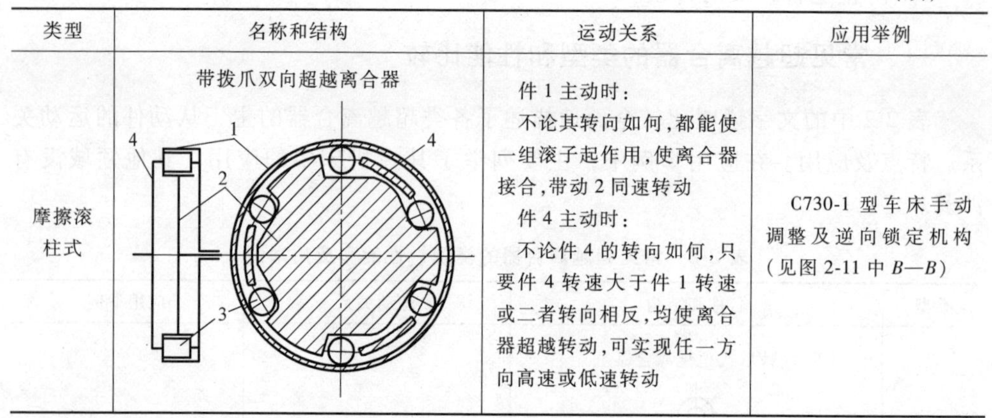	件 1 主动时： 不论其转向如何，都能使一组滚子起作用，使离合器接合，带动 2 同速转动 件 4 主动时： 不论件 4 的转向如何，只要件 4 转速大于件 1 转速或二者转向相反，均使离合器超越转动，可实现任一方向高速或低速转动	C730-1 型车床手动调整及逆向锁定机构（见图 2-11 中 *B*—*B*）

现在，超越离合器已经通用化、系列化了。我国已有专业厂家生产各种类型、不同规格的超越离合器。当需要时，只要按规格选用购买就可以了。图 2-7、2-8 所示分别为标准的不带拨爪和带拨爪的单向超越离合器，其中各部分的尺寸也都标准化了。

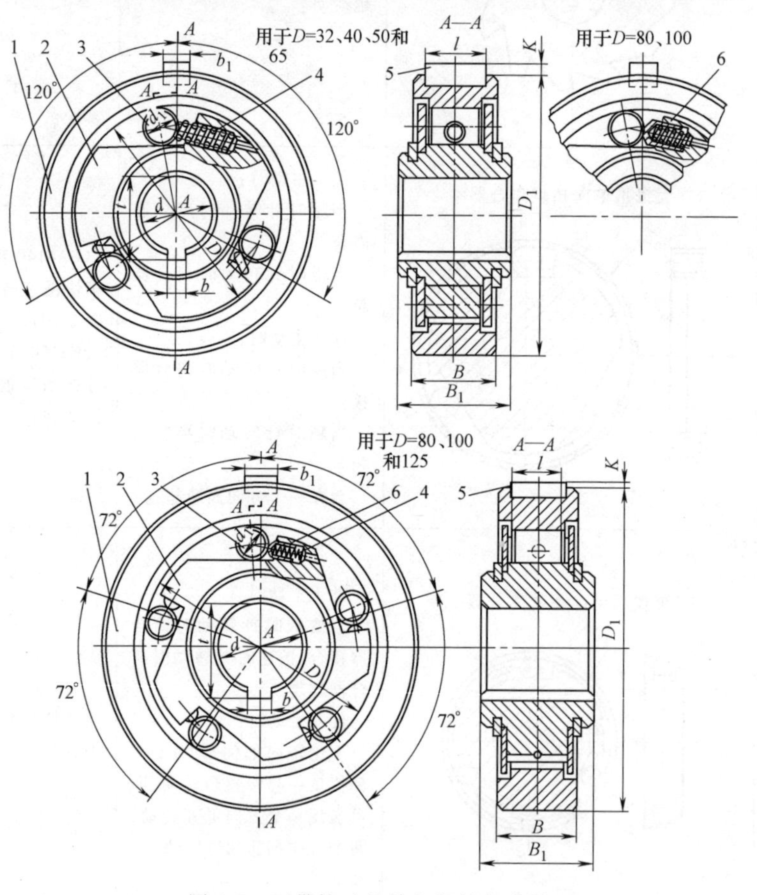

图 2-7　不带拨爪的单向超越离合器

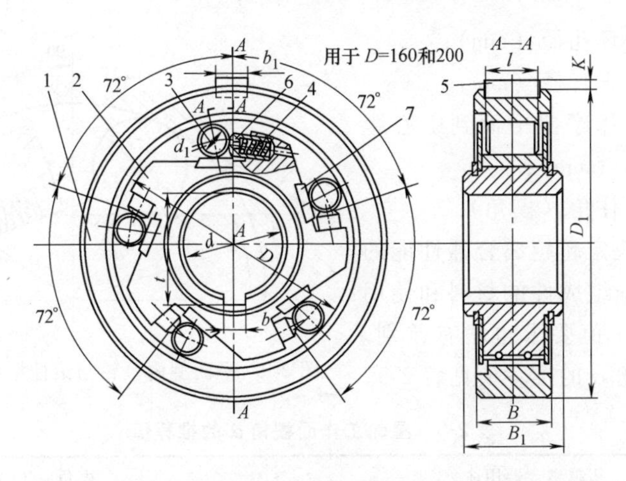

图 2-7　不带拨爪的单向超越离合器（续）

1—外环　2—星轮　3—滚柱　4—弹簧　5—平键　6—顶销　7—镶块

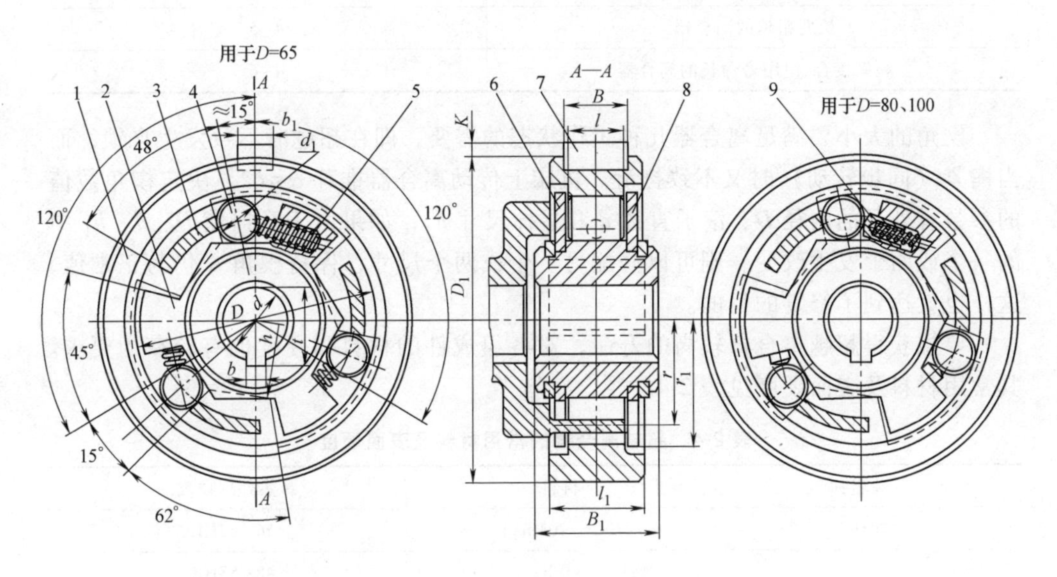

图 2-8　带拨爪的单向超越离合器

1—外环　2—星轮　3—拨爪　4—滚柱　5—弹簧　6—内盖板　7—平键　8—盖板　9—顶销

二、超越离合器各部几何尺寸关系

图 2-9 所示为平面型内星轮与滚柱接触的几何关系。

从图 2-9 可以推算出：

$$\cos\alpha=\frac{2\,h_1+d}{D-d}$$

式中　D——外环孔径（mm）；

d——滚子直径（mm）；

h_1——星体摩擦平面到中心距离（mm）；

α——卡住角（楔角）。

楔角 α 是决定超越离合器性能的重要参数，根据组成件的材料和使用场合不同，对 α 值要求也略有差别。星轮工作面楔角 α 的推荐值见表 2-3。

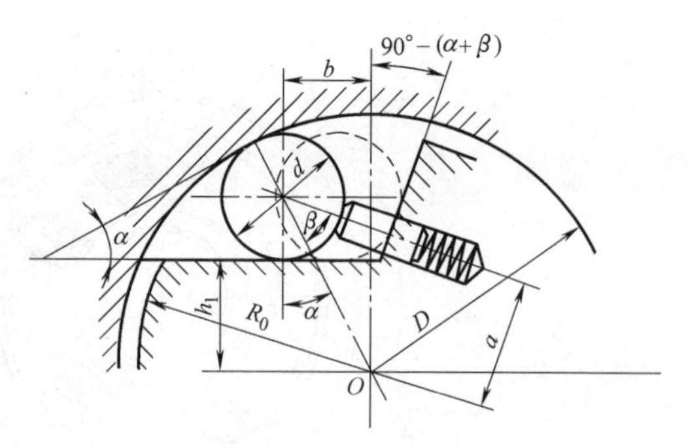

图 2-9　平面型内星轮与滚柱接触的几何关系

表 2-3　星轮工作面楔角 α 的推荐值

超越离合器用途	楔角 α/(°)
夹紧离合器	1
偶然超越、不常接合的离合器	6~8
长期超越的离合器	4~5
频繁接合、使用寿命长的离合器	4~6

楔角的大小要满足离合器几种工作状态的需要，即在超越时不致发生自锁，而当楔紧（同步转动）时又不致打滑。机床上传动离合器推荐 $\alpha=6°$。决定楔角数值的参数有外环的内径 D、滚子直径 d 和星体尺寸 h_1，如果由于磨损使 D、d、h_1 中的一个或两个发生改变，则可以修配另一个或两个尺寸，保持楔角 α 仍为正常值，这样也就达到了修复的目的。

要想获得超越离合器较高的寿命，对各组成件的材料和硬度也有较高的要求。其常用材料及表面硬度见表 2-4。

表 2-4　超越离合器的常用材料及表面硬度

零件名称	材料	热处理硬度
外环	20Cr、20MnVB	56~62HRC
星体	40Cr	48~53HRC
	GCr15	58~64HRC
	T10	56~62HRC
滚柱	GCr15	58~64HRC
	GCr15、CrSiMn	56~62HRC

三、超越离合器在机床中的应用

超越离合器在机床中应用较广，主要用于进给机构的快慢速及方向的转换、逆向传动的自锁及其他辅助功能。

1. CA6140 型卧式车床溜板箱快慢速转换机构

在刀架的进给与快速移动的传动链中装有单向超越离合器，它的作用是当有快速时执行快速，当没有快速时执行慢速（此时快速电动机跟随转动），快慢速的两条传动链互不干扰。

如图 2-10 所示，当光杠带动轴 X X 上的齿轮 $z36$ 转动时，经过轴 X XI 的中间齿轮 $z32$ 传至 $z56$（$z56$ 就是图中 $A—A$ 剖面上的外环 1）。当外环 1 逆时针转动时，三个滚子 3 在弹簧 5 及套销 4 作用下，滚子 3 楔于外环 1 和星形体 2 之间，靠外环 1、星形体 2 和滚子 3 间的摩擦力使星形体 2 也与外环 1 一起同步转动，再通过安全离合器带动蜗杆 $z4$ 转动，这时若进给方向操纵手柄扳到相应的位置，刀架便做相应的纵向或横向进给运动。

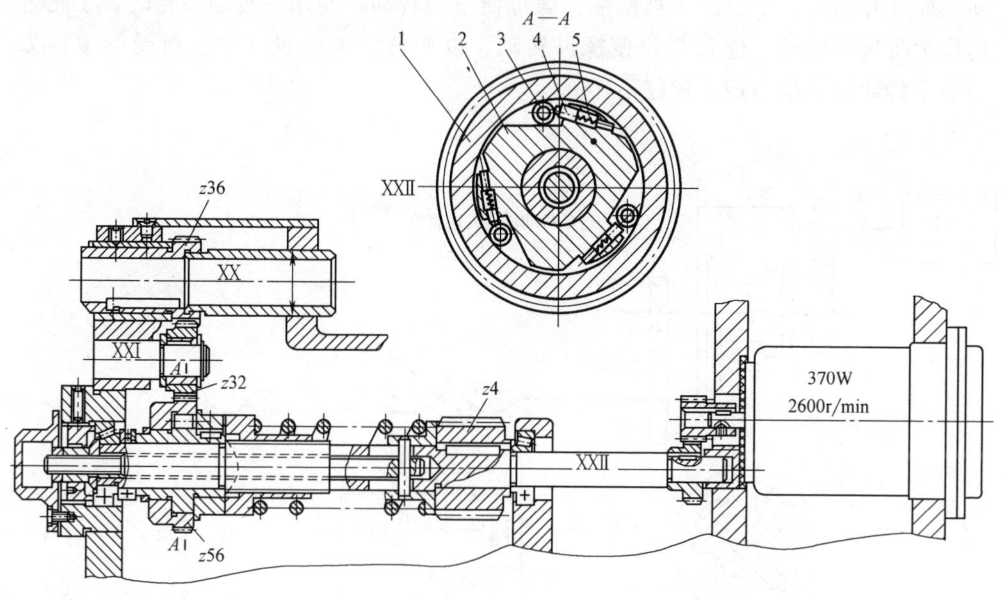

图 2-10　CA6140 型卧式车床溜板箱的结构

1—外环　2—星形体　3—滚子　4—套销　5—弹簧

当按下快速电动机按钮时，电动机的转动可直接通过蜗杆 $z4$ 传出，同时也带动星形体 2 做逆时针转动，由于星形体 2 逆时针转动的速度大于齿轮 $z56$（外环 1）的转速，此时滚子 3 压缩弹簧 5 而滚到楔形槽的大端，从而使星形体 2 与外环 1（齿轮 $z56$）脱开运动联系。这时即使齿轮 $z56$ 仍在转动，也不会将运动传递给星形体 2，也就是说，当刀架快速移动时也无须停止光杠的转动。

2. C730-1 型车床多刀半自动车床溜板箱快慢速转换机构

如图 2-11 所示，进给传动链经一系列齿轮（经挂轮）传动，最终传给超越离合器外环，快速电动机经一对齿轮传动带动单向带拨爪超越离合器的叉子，当快速电动机 1 反时针旋转时，齿轮 3 顺时针转动，叉子拨动星轮（超越进给速度）顺时针转动，通过齿轮 5、6 带动丝杠转动，从而带动溜板箱快速前进；当快速电动机停止时（处自由状态），进给运动链由于始终带动超越离合器外环顺时针转动，则外环通过滚子带动星轮转动，实现溜板箱的进给运动；当快速电动机 1 顺时针旋转时，则叉子将超越离合器中的滚子打入较大空间，外环便处于空套状态，于是溜板箱快速退回。

由此可知，带拨叉的单向超越离合器可以用来做快进—工进—快退的工作循环。

该机床还有一带拨爪的双向超越离合器 8，它的外环与溜板箱壳体固联。它的作用是当丝杠转动时螺母不会因螺纹面的摩擦力而转动，螺母被该离合器锁住，手轮 9 也不会被带动。这是因为一旦螺母转动，则经伞齿轮使该超越离合器的星轮转动，而外环固定，于是滚子被楔住，螺母便不能转动。而用手转动手轮时，手轮带动拨爪将滚子摘开，通过星轮使螺母转动，以调整溜板位置（丝杠所受的摩擦力矩小于传动链的阻力矩，丝杠不转）。

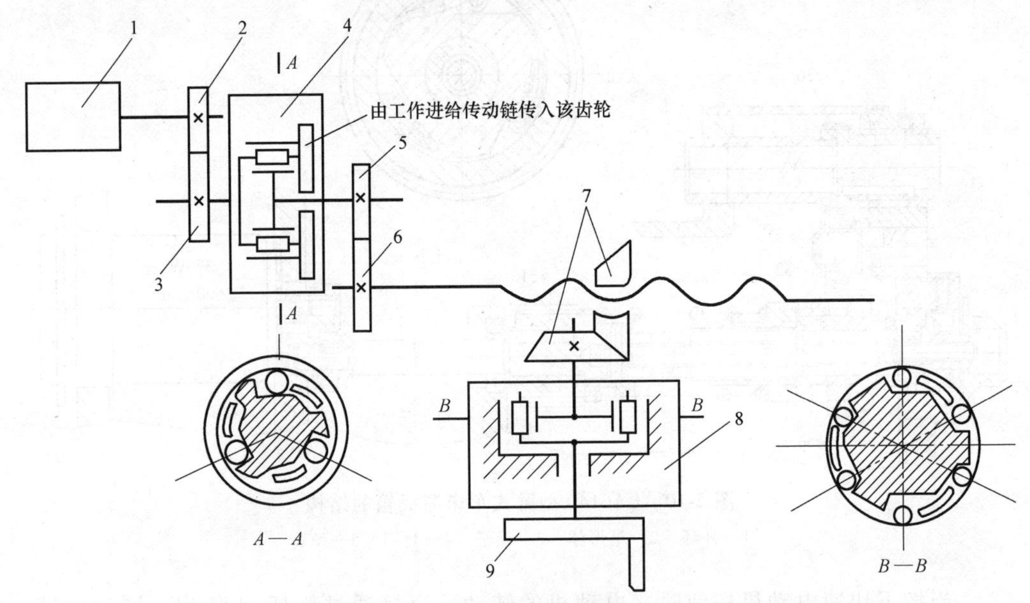

图 2-11　C730-1 型车床多刀半自动车床进给系统传动示意图

1—快速　2、3、5、6—齿轮　4—带拨爪单向超越离合器

7—锥齿轮　8—带拨爪双向超越离合器　9—手轮

3. XA6132 型铣床防止升降台下滑装置

由于垂直进给采用滚珠丝杠副（内循环滚珠丝杠副），不能自锁。该机床设计了一套防止升降台在自重作用下发生下滑的自锁机构，如图 2-12 所示。它装在升降台的Ⅷ轴上（见图 2-13）。实际上此自锁机构是一个超越离合器，离合器外圈 7 与法兰套 1 滑配，离合器内圈 5 与轴Ⅷ键连接，离合器外圈 7 由压盖 6 压紧，其压

紧力由螺母2调整碟形弹簧3实现的，这样压盖6与离合器外圈7的端面就会产生一定的摩擦力。升降台的自重有使轴Ⅷ逆时针旋转的趋势，此时，在滚柱4的作用下，离合器内圈与离合器外圈结合为一体，由于离合器外圈7与压盖6端面的摩擦力阻止外圈转动，因而就防止了升降台的下滑。

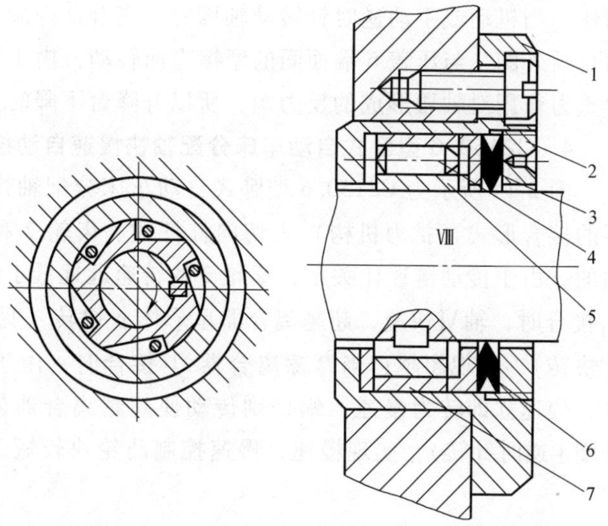

图2-12 XA6132型铣床防止升降台自重下滑自锁机构
1—法兰套 2—调整螺母 3—碟形弹簧 4—滚柱 5—离合器内圈 6—压盖 7—离合器外圈

当机动或手动顺时针转动轴Ⅷ时，离合器内圈与离合器外圈脱离，可直接传动升降丝杠，完成升降台上升

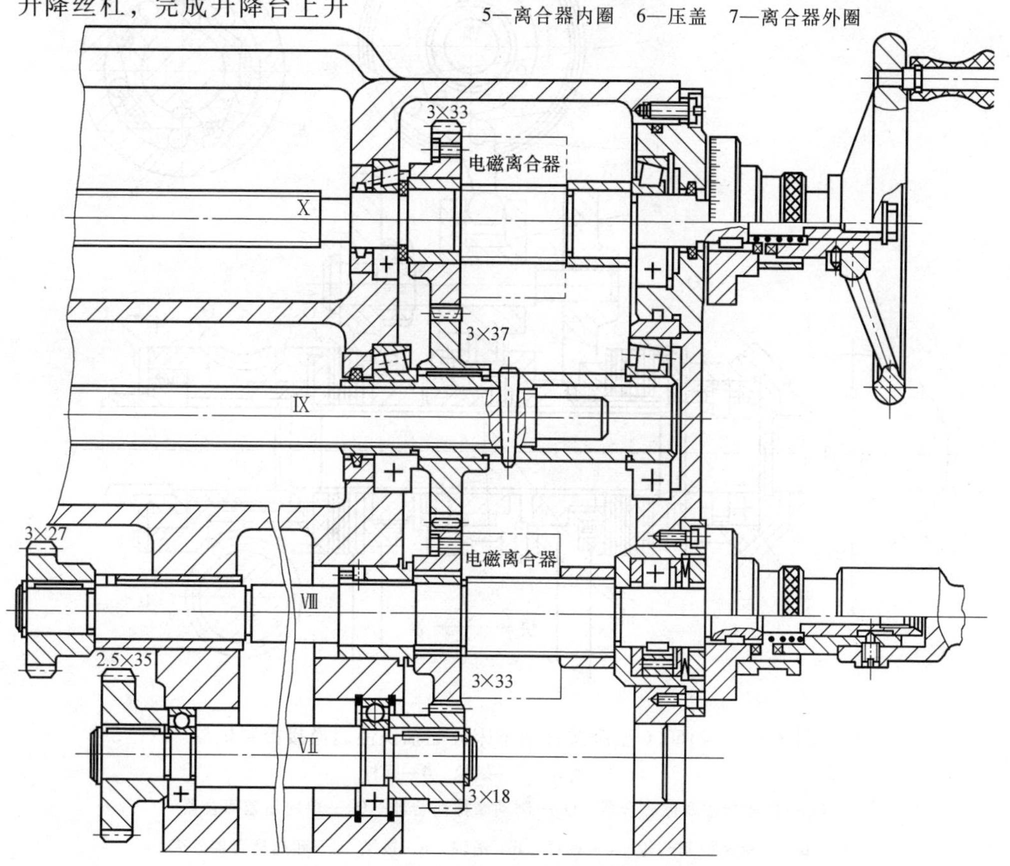

图2-13 XA6132型铣床升降台装配图

动作。当机动或手动逆时针转动轴Ⅷ时，离合器内圈与离合器外圈结合，轴Ⅷ克服离合器外圈7与压盖6端面间的摩擦力而转动，由于摩擦力形成的力矩抵消了升降台重力作用对轴Ⅷ形成的反力矩，所以升降台下降时并不需太大的力矩。

4. C2150.6型卧式自动车床分配轴快慢速自动控制机构

图2-14所示为C2150.6型卧式自动车床分配轴快慢速换接的控制机构。离合器的接合形式（扩力机构）为切向杠杆式。齿轮2和蜗轮3是由同一个动力源带动的，由于传动链速比关系，蜗轮3的转速远远低于齿轮2的转速。当摩擦离合器Q_1接合时，轴Ⅵ快速，超越离合器星形体g快转（见剖视图*A—A*，星形体g逆时针快转），实现超越；当摩擦离合器Q_2接合时，由于蜗杆副自锁，不可能逆向传动，快速立即转为慢速，蜗杆副传动使超越离合器外圈f转动（见剖视图*A—A*，外圈f逆时针转），实现慢速，慢速控制凸轮块较短，杠杆c脱开凸轮后，蜗轮通

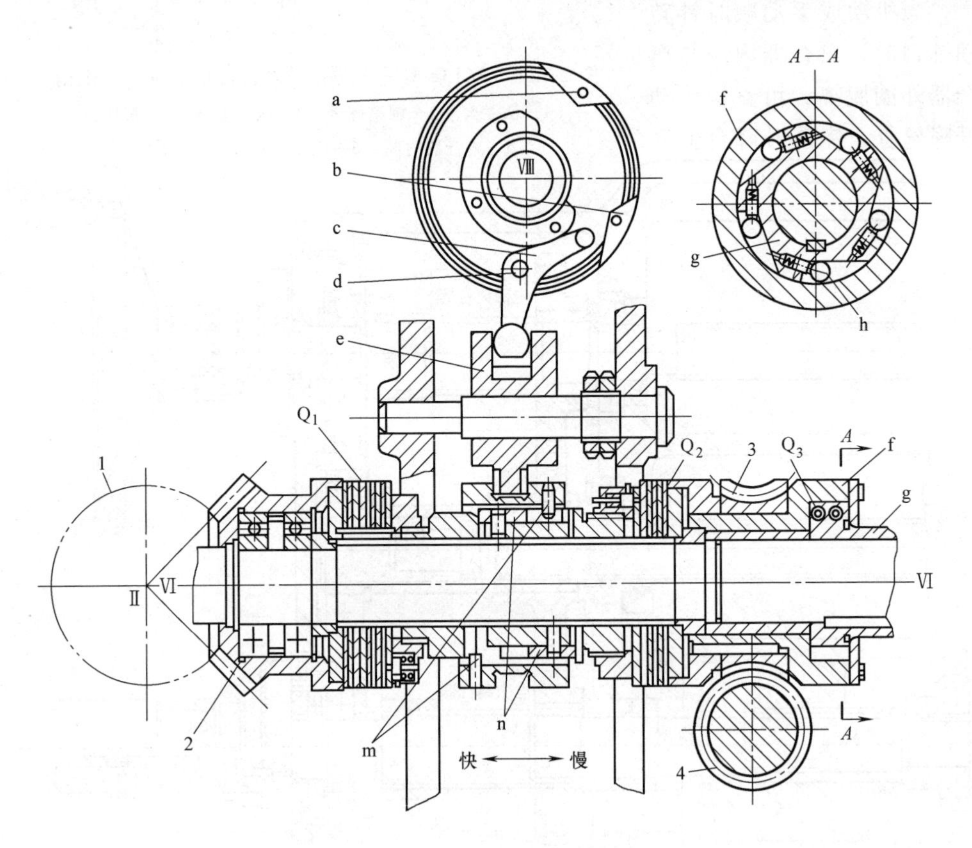

图2-14　C2150.6型卧式自动车床分配轴快慢速换接控制机构

1、2—齿轮　3—蜗轮　4—蜗杆

Q_1—快速行程摩擦离合器　Q_2—制动摩擦离合器　Q_3—单向超越离合器

a、b—慢快速控制凸轮　c—杠杆　d—销轴　e—拨叉　f—超越离合器外壳

g—星形体　h—滚子　m—柱销　n—切向杠杆

过超越离合器使轴Ⅵ慢速。在快速转为慢速的过程中没有过渡期的超越，克服了超越离合器自身存在的快速惯性问题。这里离合器 Q_2起制动作用。

四、超越离合器功能失效的原因

现以带拨叉的单向超越离合器为例说明失效的表现及原因。

这种离合器一般用于快慢速转换、快速反向的场合。例如，实现执行件快进—慢进—快退—停止的工作程序。慢速的主动件为外环，快速的主动件为拨爪，从动件为星体。

现将这种离合器失效的表现及原因简述如下：

（1）没有慢速，离合器打滑：

1）星体与滚子磨损，星体摩擦平面被滚子压磨成一道圆弧形的沟，致使滚子不能被楔住。这时可修磨星体，使 h_1 变小，配做滚子，滚子直径应满足 $\alpha=6°$ 的要求。

2）顶销在缩回的位置上被卡住或弹簧力过小，滚子回不到卡住位置。

3）快速的传动链过紧，拨爪阻挡滚子回到卡住位置。

（2）快进时闷车，快退时咔咔响，执行件不运动：

1）楔角过小，快退时拨爪摘不开滚子，快进时滚子仍被卡住。

2）顶销在伸出位置上被卡住或弹簧力过大。

五、超越离合器存在的问题及解决方法

超越离合器在由快速向慢速转换过程中，由于惯性作用不可能立即转为慢速，只有当快速惯性速度降到低于慢速速度时，慢速方能实现。在这一段过渡期，离合器仍处超越状态（叫作“溜车”），这对使用是十分不利的，因为惯性往往会引起碰撞事故，该慢的时候慢不下来，特别是惯量较大、运行阻力较小时表现更为突出。

图 2-14 所示的 C2150. 6 型卧式自动车床分配轴快慢速换接的控制机构就很好地解决了这一问题。当摩擦离合器 Q_1接合时，轴Ⅵ快速，超越离合器星形体 g 快转（*A*—*A* 剖面，星形体 g 逆时针快转），实现超越；当摩擦离合器 Q_2接合时，由于蜗杆副自锁，不可能逆向传动，快速立即强制转为慢速，蜗杆副传动使超越离合器外圈 f 转动，（*A*—*A* 剖面，f 逆时针转）实现慢速，在快速转为慢速的过程中没有过渡期的超越，克服了超越离合器自身存在的问题。

第三节　电磁离合器的维修

电磁离合器是利用励磁线圈电流产生的电磁力来操纵接合元件，使离合器接合

或脱开。其优点是：

1）起动力矩大，动作反应快，离合迅速。

2）结构简单，便于维修。

3）可远程集中控制。

其缺点是：

1）电磁离合器有剩磁，影响主、从动摩擦片分离的彻底性。

2）易发热。

一、电磁离合器的分类

电磁离合器的分类如图 2-15 所示。

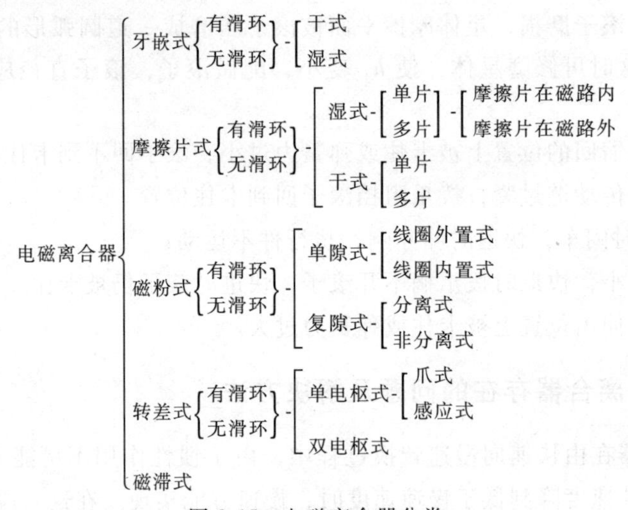

图 2-15 电磁离合器分类

机床中常见的电磁离合器为摩擦片式和牙嵌式，其中摩擦片式更为多见，且多为湿式。

电磁离合器的分类、结构型式、许用转矩、安装及使用条件等用一组字母和数字表示，其表示方法及含义如下：

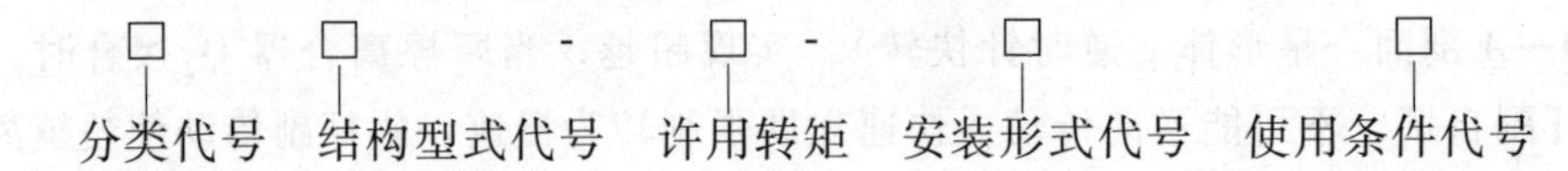

分类代号用汉语拼音字母表示，如 DLM 表示摩擦片式电磁离合器，DLY 表示牙嵌式电磁离合器

结构型式代号用数字表示，如 DLM0 表示摩擦片在磁路内有滑环湿式多片电磁离合器，DLM2 表示摩擦片在磁路外式有滑环、干湿两种快速电磁离合器，DLM3 表示摩擦片在磁路内式无滑环湿式多片电磁离合器，DLM4 表示摩擦片在磁路外式无滑环干式快速电磁离合器，DLM5 表示摩擦片在磁路内式有滑环湿式多片电磁离

合器。

许用转矩用数字表示，单位是10N·m。例如，6.3表示许用转矩为63N·m。

安装形式用字母（或无字母）表示，如，A表示内孔连接为光孔或单键孔，不带字母的为花键连接。

使用条件代号用字母（或无字母）表示，如TH表示湿热带气候，TH/H表示海洋湿热带气候，无字母的为普通型。

例如，C6150车床床头箱变速电磁离合器的型号为DLM0-6.3，表示摩擦片在磁路内式有滑环湿式多片电磁离合器，许用转矩为63N·m，内孔为花键连接；CE7120仿形车床主轴箱变速离合器的型号为DLM3-25，刹车离合器型号为DLM3-10，表示摩擦片在磁路内式无滑环湿式多片电磁离合器，许用转矩分别为250N·m和100N·m，内孔为花键连接。

图2-16、图2-17所示为DLM0型和DLM3型电磁离合器的结构图，这两种电磁离合器在机床上应用较多。

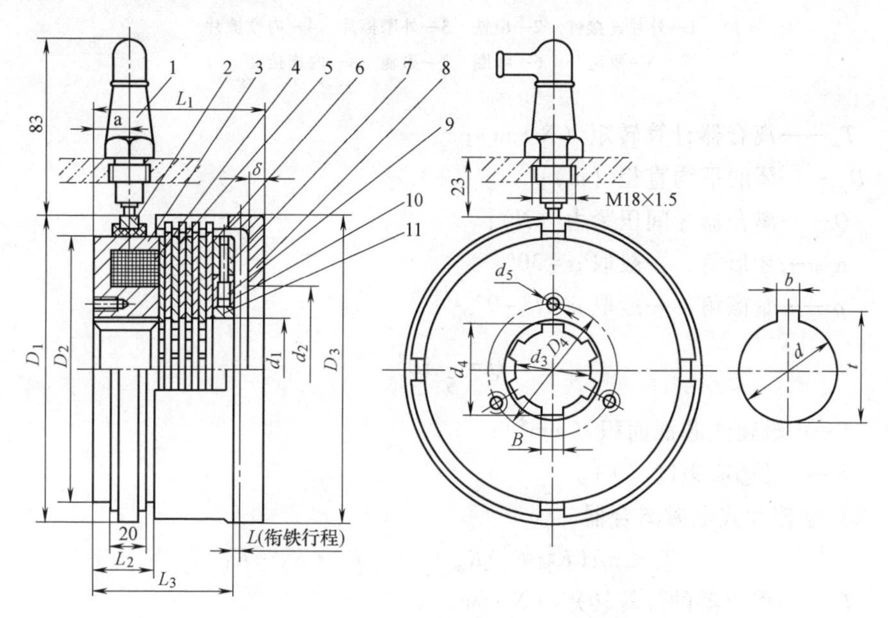

图2-16　DLM0型电磁离合器的结构

1—支件　2—滑环　3—磁轭　4—线圈　5—内摩擦片　6—外摩擦片　7—外环　8—外片连接件　9—阶梯销　10—内环　11—衬套

二、电磁离合器的计算转矩

（1）牙嵌电磁离合器

$$T_e = \frac{QD_m}{2\mathrm{tg}(\alpha-\rho)}$$

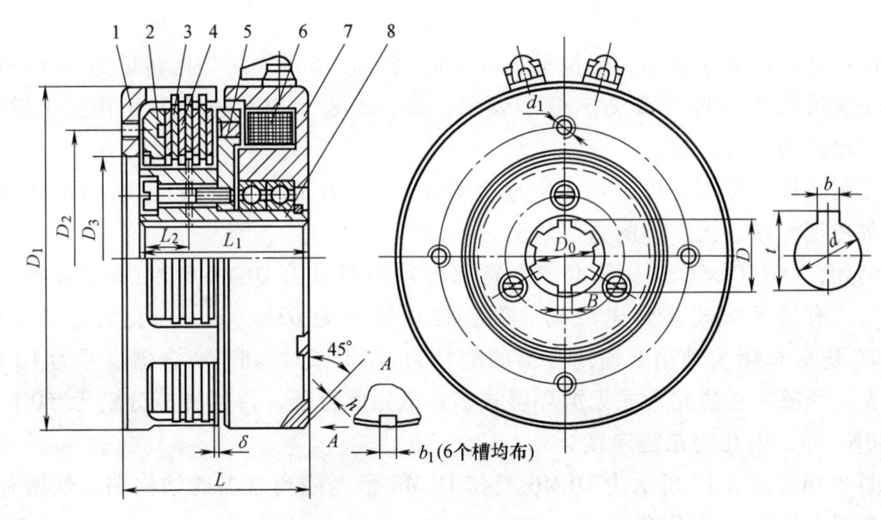

图 2-17　DLM3 型电磁离合器的结构

1—外片连接件　2—衔铁　3—外摩擦片　4—内摩擦片

5—隔磁环　6—线圈　7—磁轭　8—内连接套

式中　T_e——离合器计算转矩（N·m）；

D_m——牙的平均直径（m）；

Q——离合器牙间压紧力（N）；

α——牙形角，一般取 $\alpha=30°$；

ρ——摩擦角，一般取 $\rho=7°\sim9°$。

$$Q=\frac{2}{5}AB^2$$

式中　A——磁轭铁芯截面积（mm^2）；

B——磁感应强度（T）。

（2）摩擦片式电磁离合器

$$T_e\leqslant\pi\mu(R_2^2-R_1^2)R_m\cdot ZP\cdot K_1\cdot K_2\cdot K_3$$

式中　T_e——离合器的计算转矩（N·mm）；

μ——摩擦系数；

R_2、R_1——分别为摩擦片的外、内半径（mm）；

R_m——摩擦面的平均半径（mm）；

Z——摩擦面的数目，$Z=m-1$，m 为摩擦片总数；

P——摩擦面的压力（压强）（N/mm^2）；

K_1——接合频率系数，每小时接合次数≤100 时 $K_1=1$；

K_2——滑动速度系数，摩擦面平均圆周速度为 2.5m/s 时 $K_2=1$；

K_3——摩擦片对数修正系数，对数为 10 时 $K_3=0.79$。

$$P=\frac{F}{\pi(R_2^2-R_1^2)}$$

式中　F——离合器的压紧力（N），

$$F=\frac{4}{5}\cdot B_\partial^2\cdot A_m$$

B_∂——有效磁感应强度（T）；

A_m——内、外磁极的平均截面积（mm^2）。

$$B_\partial=\frac{2.5IW}{\lambda(1+\sigma)}\times10^{-3}$$

式中　W——离合器线圈匝数；

I——线圈电流（A）；

σ——漏磁系数，与 Z 和 R_m 有关；

λ——气隙长度（mm）。

由以上可得

$$T_e\propto\frac{vRmZ\ (IW)^2}{\lambda^2\ (1+\sigma)^2}$$

$$I=\frac{U}{R},$$

式中　U——线圈端电压（V）；

R——线圈电阻（Ω）。

结论：不论是牙嵌式还是摩擦片式电磁离合器，在它们的设计尺寸都已确定的情况下，影响传递转矩的因素中，μ、$I(I=U/R)$、λ（或 σ）是分析离合器转矩下降的主要因素，在使用中只有这几个参数可能发生改变，而其他参数是不会改变的。因此，我们只要找到影响这几个参数改变的原因，也就找到了转矩下降的原因。

三、电磁离合器在机床中的应用

电磁离合器在机床中应用越来越广，随着自动化水平的提高，电磁离合器将取代手动操纵的多片摩擦离合器。它主要用于机床的自动变速、自动刹车、快慢速转换及接通断开传动等。现举例说明它在机床中的应用。

1. CE7120 机床的主轴箱电磁离合器变速

CE7120 型液压仿形车床主轴箱的展开图如图 2-18 所示。

机床主轴可以通过三个电磁离合器自动地改变三种转速（当电磁离合器Ⅰ接通，Ⅱ、Ⅲ断开时的转速为 n_1，当Ⅱ接通，Ⅰ、Ⅲ断开时的转速为 n_2，当Ⅲ接通，Ⅰ、Ⅱ断开时的转速为 n_3），相邻转速比值近似为 1.41，高低转速之比近似为 2（如 $n_3/n_1=250/125=2$），适用于对工件最大直径与最小直径之比值在 1.41 或 2 左

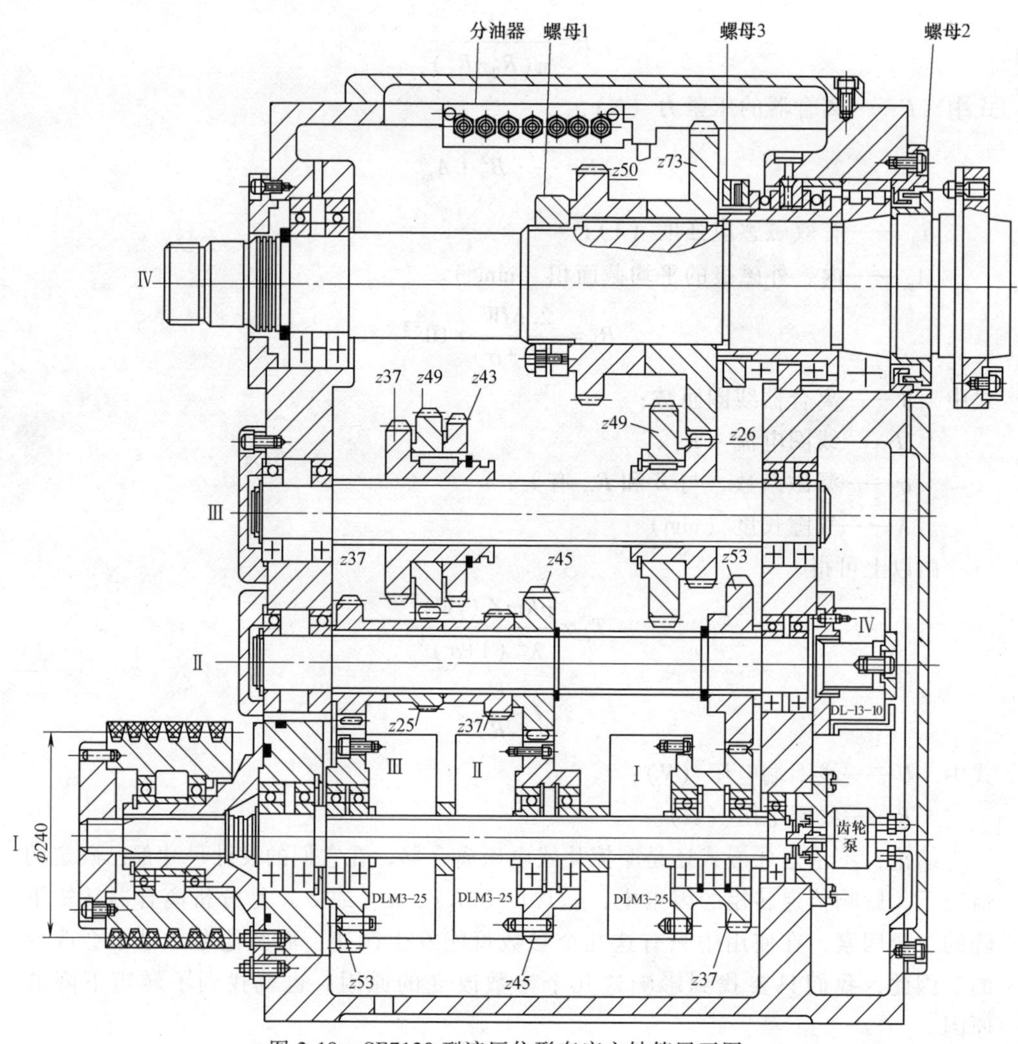

图 2-18　CE7120 型液压仿形车床主轴箱展开图

右时的车削，可以得到理想的表面粗糙度。

主轴转速通过轴Ⅰ上三个电磁离合器及轴Ⅲ上的两组滑移齿轮可获得八级不同的转速，12 种负荷变速组。主轴变速手柄位置见表 2-5。

表 2-5　主轴转速　　（单位：r/min）

手柄位置						
n_1	125	180	250	355	500	710
n_2	180	250	355	500	710	1000
n_3	250	355	500	710	1000	1400

当Ⅰ轴上的三个电磁离合器全都断电，Ⅱ轴上的电磁离合器Ⅳ通电时，实现主轴制动，此时主电动机继续转动。

Ⅰ轴右端装有用于润滑床头箱的齿轮泵，床头箱下面（左床腿前半部）是一个油箱，贮油量为80L，齿轮泵输出的油经分配器至各部润滑，然后流回油箱。

主轴前端由NN30124K/P5（D3182124）双列滚柱轴承支承，承载径向负荷；由51126/P6（E8126）推力球轴承承载轴向负荷。主轴后端由6310（310）支承，承载径向负荷。螺母1和2调整轴承径向间隙，螺母3调整轴承轴向间隙。

主轴前端可安装卡盘和拨盘，以外锥面与端面为定位面。主轴锥孔可安装顶尖。主轴后端可安装液压（或气动）卡盘液压缸部件，它与装在前端的液压卡盘配套使用。

2. XA6132型铣床进给变速箱快慢速转换机构

轴Ⅵ上有两个电磁离合器M_2和M_3，它们分别用来实现工作进给和快速运动，经齿轮1输出。M_2和M_3只能有一个接合。

进给电动机上的齿轮经惰轮传动至齿轮2（见图2-19），经平键传动至花键套4、17、19，再传至电磁离合器M_3内片，当M_3断电时，内摩擦片空转。当M_3吸合时（同时M_2断电），运动传至外摩擦片—磁轭7—花键套5，经平键传至轴Ⅵ，再由齿轮1传至升降台，使工作台得到快速移动。

当M_2吸合（M_3断电）时，工作进给传入宽齿轮8，通过螺钉9—磁轭13—外摩擦片—内摩擦片—花键套14—平键—轴Ⅵ—齿轮1输出，工作台得到18种进给

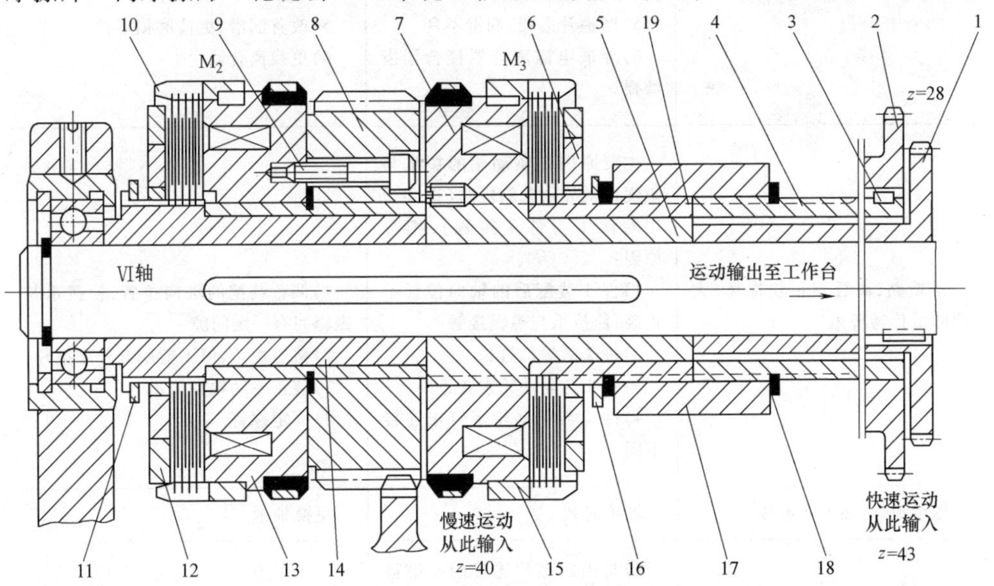

图2-19　XA6132型铣床进给变速箱Ⅵ轴的结构

1、2—齿轮　3—平键　4、5、14、17、19—花键套　6、12—衔铁　7、13—磁轭　8—宽齿轮　9—螺钉　10、15—外摩擦片外套　11、16—调整环　18—挡圈

速度（慢速）。

3. XA6132 型铣床工作台横向与垂直进给的结合机构

图 2-13 所示为 XA6132 型铣床升降台装配图，在升降台内安装有两套电磁离合器，分别接通工作台横向和垂直进给。两套离合器的动作由电气控制互锁，当横向结合时，竖向断开；反之亦然。

四、电磁离合器的常见故障与排除方法（见表 2-6）

表 2-6 电磁离合器的常见故障与排除方法

故障现象	产生原因	排除方法
不能起动	电压为零或线圈断路	1)检查电压是否为 24V,并确保电压稳定 2)检查线圈电阻值是否在规定范围内,并修复或更换线圈
起动不稳定	电压不稳	稳定电压
工作时打滑	1)电压低 2)线圈短路 3)线圈绝缘差 4)带滑环的电磁离合器电刷磨损,滑动面进脏物使电阻增大;电刷未固定好 5)摩擦片磨损;润滑不良 6)牙嵌电磁离合器接合牙齿磨损	1)确保规定电压 2)更换离合器 3)更换离合器 4)更换电刷,并固定好 5)改善润滑,更换磨损零件 6)更换离合器
磁短路,离合器很快损坏,大幅降低传递转矩	主要原因是驱动轮的拨爪与磁轭接触导致磁路短路(图 2-17 中的件 1 与件 7 接触),细分原因: 1)件 1 装配后的轴向位置不正确,使拨爪与磁轭接触 2)件 1 的拨爪过长 3)件 1 与驱动轮未装正 4)件 1 与驱动轮螺钉未连接牢固	1)调整装配的轴向位置,使拨爪与磁轭间有一定间隙 2)截短拨爪,但不能脱开外摩擦片 3)装正驱动轮和拨爪 4)固定螺钉
轴承损坏,轴卡死不转	轴承研死	更换轴承
摩擦片压合或脱离不灵活	1)与内摩擦片连接的花键被摩擦片磕出沟,使摩擦片动作不灵活 2)摩擦片磨损	更换离合器

第四节　安全离合器的维修

安全离合器是一种用来精确限定传递转矩的装置。当转矩超过限定值时离合器分离，从而保护机件不受损害。当传递的转矩未超过限定值时其作用相当于联轴器。

安全离合器应具备以下几个特性：

1）工作可靠，保证过载时能及时脱开而不发生故障。

2）对转矩变化反应灵敏，动作准确，工作精度高。

3）有调节限定转矩的可能性。

安全离合器的性能可用灵敏度系数、精度系数、剩余转矩系数和动作时间等参数表示。

安全离合器按结构可分为破坏元件式、嵌合式和摩擦片式三种。它们的性能比较见表 2-7。

表 2-7　安全离合器性能比较

类型	结构简图	保护原理
破坏元件式	剪切销式	过载时通过破坏某一限定元件（销）来中断传动，限制传递转矩
嵌合式	弹簧牙嵌式	调节弹簧力限定传递转矩，过载时牙面产生的轴向分力大于弹簧压力而退出嵌合，中断传动
	弹簧滚珠式	利用钢珠代替牙嵌，过载时，钢珠接触点上的轴向分力大于弹簧力时退出嵌合，中断传动

（续）

类型	结构简图	保护原理
摩擦片式	摩擦片式	调节弹簧压力限定摩擦片传递的转矩，过载时摩擦片打滑，离合器空转

一、安全离合器在机床中的应用

现举例说明安全离合器在机床中的应用。

1. Z535 型立式钻床进刀安全离合器

（1）结构简介　图 2-20 所示为 Z535 型立式钻床进刀机构安全离合器结构图。它是钢球式安全离合器，杠杆 1 在弹簧 3 的弹力下使离合器结合，当传递转矩达到额定值时，离合器打滑，起到安全作用。

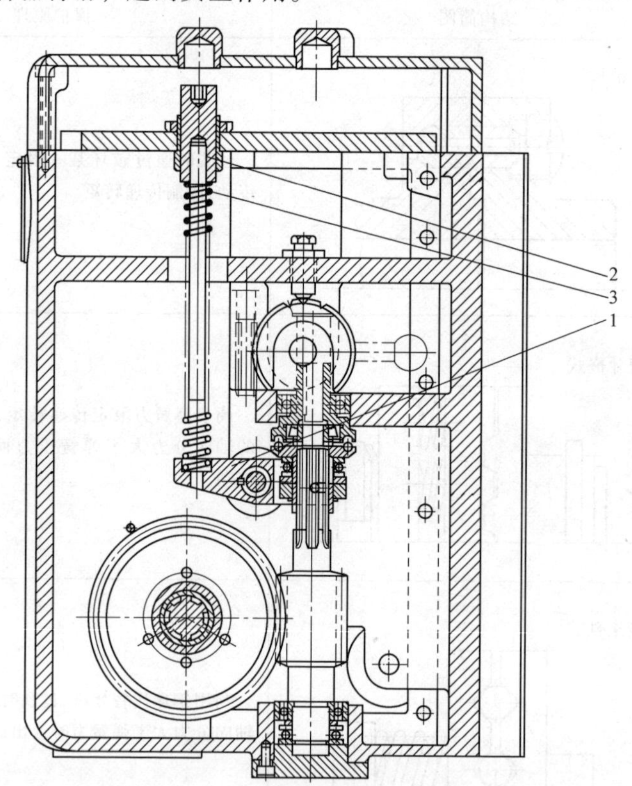

图 2-20　Z535 型立式钻床进刀机构安全离合器

1—杠杆　2—调整螺钉　3—弹簧

（2）安全离合器的调整　取下进刀箱上部罩盖上的小盖帽，用内六角扳手拧动调整螺钉 2 就可调整弹簧 3 的弹力，从而调整安全离合器的进刀抗力。主轴的许用进刀抗力为 16000N，安全离合器调整到 16000N。可以用千斤顶测定进刀抗力，即将液压千斤顶放在工作台上，在千斤顶上装上压力表，在主轴孔中安装活顶尖，顶尖顶到千斤顶中心上，主轴转速及进刀量均定在中等数值上，开动机床并自动进刀，查看压力表的压力并换算成进刀抗力，根据进刀抗力调整弹簧压力，直到经过几次调整达到 16000N 时，离合器打滑即调整完毕。

2. CA6140 型卧式车床溜板箱安全离合器（过载保险装置）

（1）结构简介　当刀架的进刀抗力过大或遇到意外阻挡时，为了避免机件的损坏，在溜板箱中装有安全离合器，如图 2-10 所示。当运动从 $z56$ 传入时，经过超越离合器带动星形体 2 转动，星形体 2 的右端通过键与安全离合器的左半部相连，安全离合器的右半部通过滑键与轴 XXⅡ 连接，左右两部分通过螺旋形端面接合。两半的螺旋面在转矩超过一定数值时，右半部在轴向分力的作用下克服弹簧压力使螺旋面打滑而向右移，这样动力就不能传到轴 XXⅡ 上，使刀架移动停止，因而保护了传动机件。当过载现象消失时，由于弹簧的压力，则使安全离合器自动地恢复到正常的进给状态。

（2）安全离合器的调整　如图 2-10 所示，安全离合器的左右两半螺旋面的接合压力决定了能承载的进给抗力的大小，而接合压力的大小由弹簧的压缩量决定。压缩量调整方法如下：拆除左侧端盖，拧进或拧出螺母即可调整弹簧压缩量，从而调整安全离合器的承载转矩。承载转矩调整过大不起安全作用，过小则会在正常载荷下打滑。

3. C512 型立式车床进给保险离合器

1）C512 型立式车床进给保险离合器如图 2-21 所示。保险销的材料和尺寸都有严格要求，如果材料无法严格控制，可以改变保险销的沉割直径进行试调，从小到大，要求满负荷时销钉不断，当负荷达到满负荷的 125%时立即破断，这样的保险销为合格，依此作为保险销的备件图，并做备件储备。

2）装配时要保证保险销的沉割与两片离合器接触面对齐，如有错位则不起保险作用，进给容易发生闷车，甚至出现机械事故。

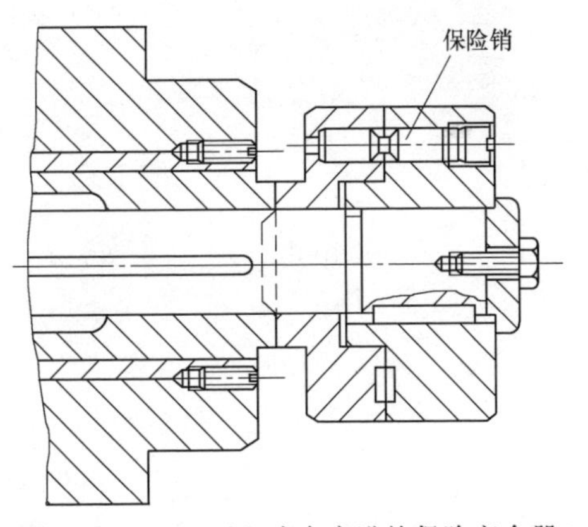

图 2-21　C512 型立式车床进给保险离合器

二、安全离合器的常见故障

1. 剪切销式安全离合器超载时销未被剪断的原因：

1）有的剪切销是开槽的，剪切应发生在开槽处的小径，由于剪切销轴向装配位置不对，开槽处未对准离合器的剪切面，因此超载时也未将销剪断。

2）销套孔大了，剪切销变形。

3）剪切销材料不对，剪切强度极限过大。

2. 嵌合式和摩擦片式安全离合器超载时不脱开的原因：

1）弹簧压力过大。

2）滑动半离合部分与轴配合的滑动面研死，使离合器不能脱开。

3. 嵌合式和摩擦片式安全离合器承载能力低，达不到极限转矩就打滑的原因：

1）弹簧压力过小。

2）离合器齿、钢球、摩擦片磨损。

第三章

变速操纵机构的维修

机床齿轮变速通常采用滑移齿轮变速、离合器变速、交换齿轮（挂轮）变速、塔轮—摆移齿轮变速、塔轮—拉键机构变速、回曲机构—滑移齿轮变速、液压操纵变速等。

机床变速的操纵机构通常包括单独变速操纵机构和集中变速操纵机构。单独变速操纵机构就是每个变速元件（例如：二联齿轮、三联齿轮）各有一套操纵机构，通常是杠杆、齿轮齿条、拨叉等，机构比较简单。集中变速操纵机构就是将几个变速元件集中由一套机构操纵，结构较复杂，但是操作过程简化。本章主要介绍几种变速操纵机构。

第一节　凸轮集中变速操纵机构

一、CW6163 型车床主轴变速机构

图 3-1 所示为 CW6163 型车床主轴凸轮操纵变速机构原理图。圆盘凸轮 7 的一条曲线槽操纵两个三联齿轮 1 和 3，获得 9 种转速。转动手轮 9，带动轴 10、圆盘

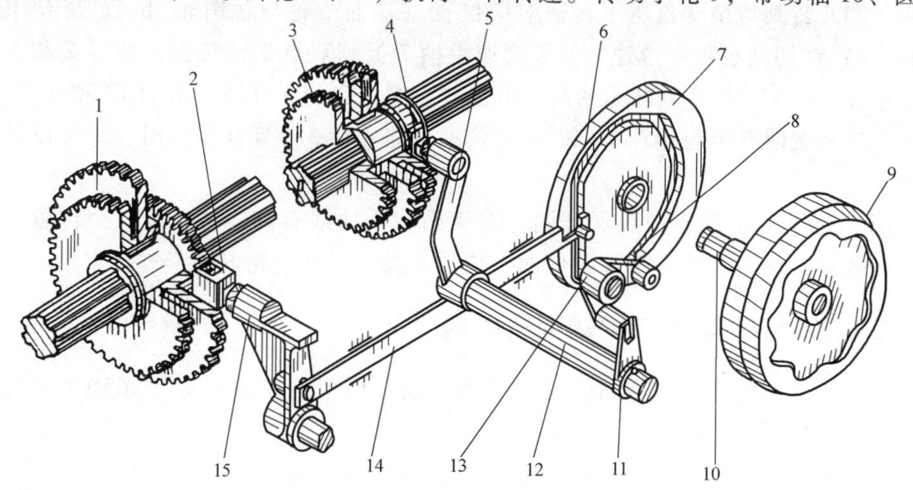

图 3-1　CW6163 型车床主轴凸轮操纵变速机构原理图

1、3—三联齿轮　2—拨叉　4—滑块　5、11、13、15—摆杆

6、8—滚子　7—圆盘凸轮　9—手轮　10、12—轴　14—杠杆

凸轮 7、滚子 8、摆杆 13 和 11、轴 12、摆杆 5、滑块 4，使三联齿轮 3 沿轴向滑动；滚子 6 通过杠杆 14、摆杆 15、拨叉 2，使三联齿轮 1 沿轴向移动，手轮每转 40°有一级转速。

凸轮的曲线槽形状是按一定的变速顺序设计的，不能跳档超越变速，操纵时间长，但是结构比较简单。

图 3-2 所示为 CW6163 型车床主轴 9 级传动和转速图。

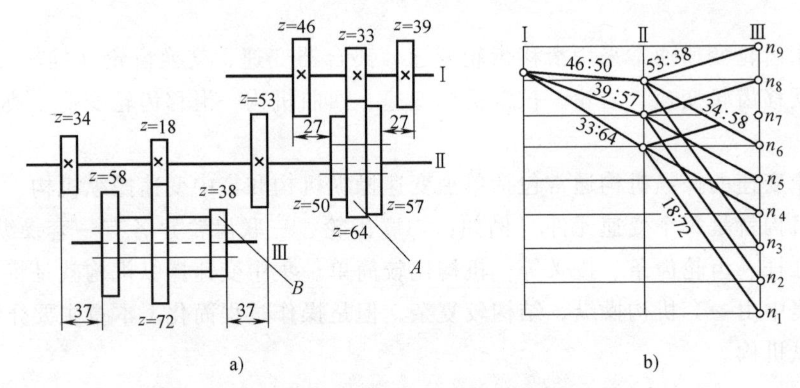

图 3-2　CW6163 型车床主轴 9 级传动和转速图
a）传动图　b）转速图

二、C336M-1 型车床主轴变速机构

图 3-3 所示为 C336M-1 型车床主轴变速操纵机构原理图。它由两个端面凸轮 1 和 4 控制预选变速。变速时，转动预选盘 8，通过螺旋齿轮 6、7 和轴 10，使端面凸轮 1 和 4 转到与预选盘所示转速对应位置（端面凸轮与触销 a、b、a′及 b′不接触)，可以在切削过程中选速。如果变速手柄 3 扳到双点划线位置，拨杆 2 和 5 上的触销 a、b、a′、b′碰到凸轮的高、低位置，摆杆 2 和 5 分别绕销轴 12 和 9 摆动，摆到相应位置时有定位钢珠 13 和 14 定位，变速手柄 3 在实线位置时，又可以预选转速。

图 3-3b 为端面凸轮曲线展开图。端面凸轮 1 曲线有高、中、低三个位置，操纵三联齿轮；端面凸轮 4 有高、低两个位置，操纵双联齿轮。

三、X63WT 型铣床主轴变速机构

除凸轮变速之外，还有凸轮与其他机构联合使用的变速机构，X63WT 型铣床主轴变速采用的就是联合变速机构。

图 3-4 所示为 X63WT 型铣床主轴变速操纵机构。

变速箱作为一个单独部件装在床身内，它与装在床身上的Ⅲ、Ⅳ轴（图 3-4 中未画出）构成一个主传动系统。Ⅰ轴由床身主电动机通过弹性联轴器直接传动。

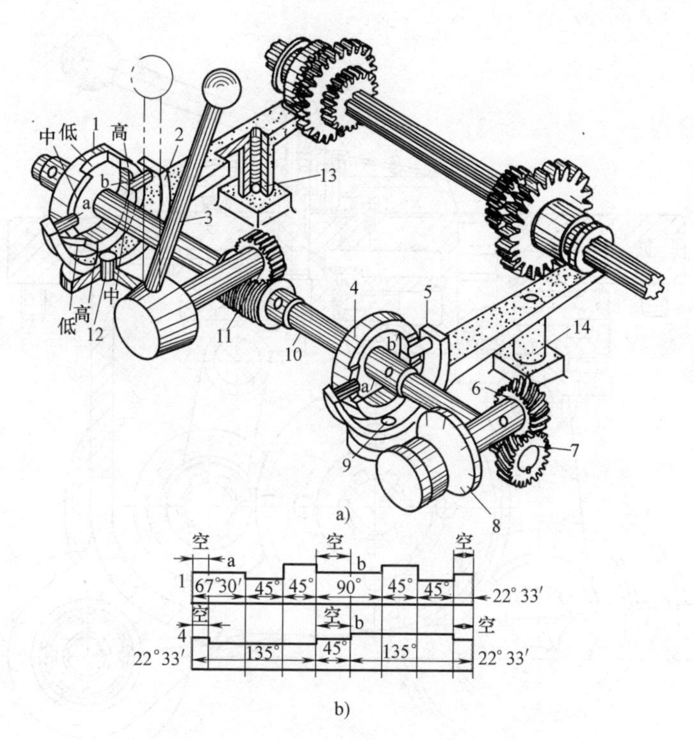

图 3-3　C336-1 型车床主轴变速操纵机构原理图

a）变速机构原理图　b）端面凸轮曲线展开图

1、4—端面凸轮　2、5—拨杆　3—变速手柄　6、7—螺旋齿轮　8—预选盘　9、12—销轴

10—轴　11—齿轮、环形齿条　13、14—定位弹簧、钢珠

这种结构对拆卸检修比较方便，变速箱可同操纵机构整体拆出。

变速操纵机构是利用端面凸轮和间歇齿轮机构通过四个拨叉来移动滑移齿轮，每个端面凸轮控制两个拨叉。四个拨叉在滑移齿轮不同的啮合位置上，主轴可得到 20 种不同的转速（第Ⅰ轴上有两个拨叉分别控制两个双联滑移齿轮，第Ⅲ轴上有两个拨叉分别控制一个双联齿轮和一个三联齿轮，但三联齿轮只有两个位置，变速级数为 4×4+4＝20）。

变速时用单手柄顺序操作，变速轴带动下面的凸轮转动，由左端面的凸轮槽推动两个拨叉移动轴Ⅰ上两个双联滑移齿轮。变速轴还通过不完全齿轮传动，带动圆柱齿轮使上面凸轮转动，其左端面凸轮直接带动拨叉拨动轴Ⅲ上的双联滑移齿轮，而右端面的凸轮通过杠杆、连杆推动拨叉使轴Ⅲ上另一滑移齿轮（三联滑移齿轮移动两个不同位置）移动。不完全齿轮右端四瓣形凸轮曲线用作定位机构，弹簧（通过摆杆）将滚子压入它的凹部（图 3-4 中未画出），保持凸轮的准确定位。不完全齿轮的齿数可保证手柄转 1 周时圆柱齿轮转 1/5 周。

变速机构中还设计了转速计算盘。它是一个行星齿轮传动装置。当手柄转动

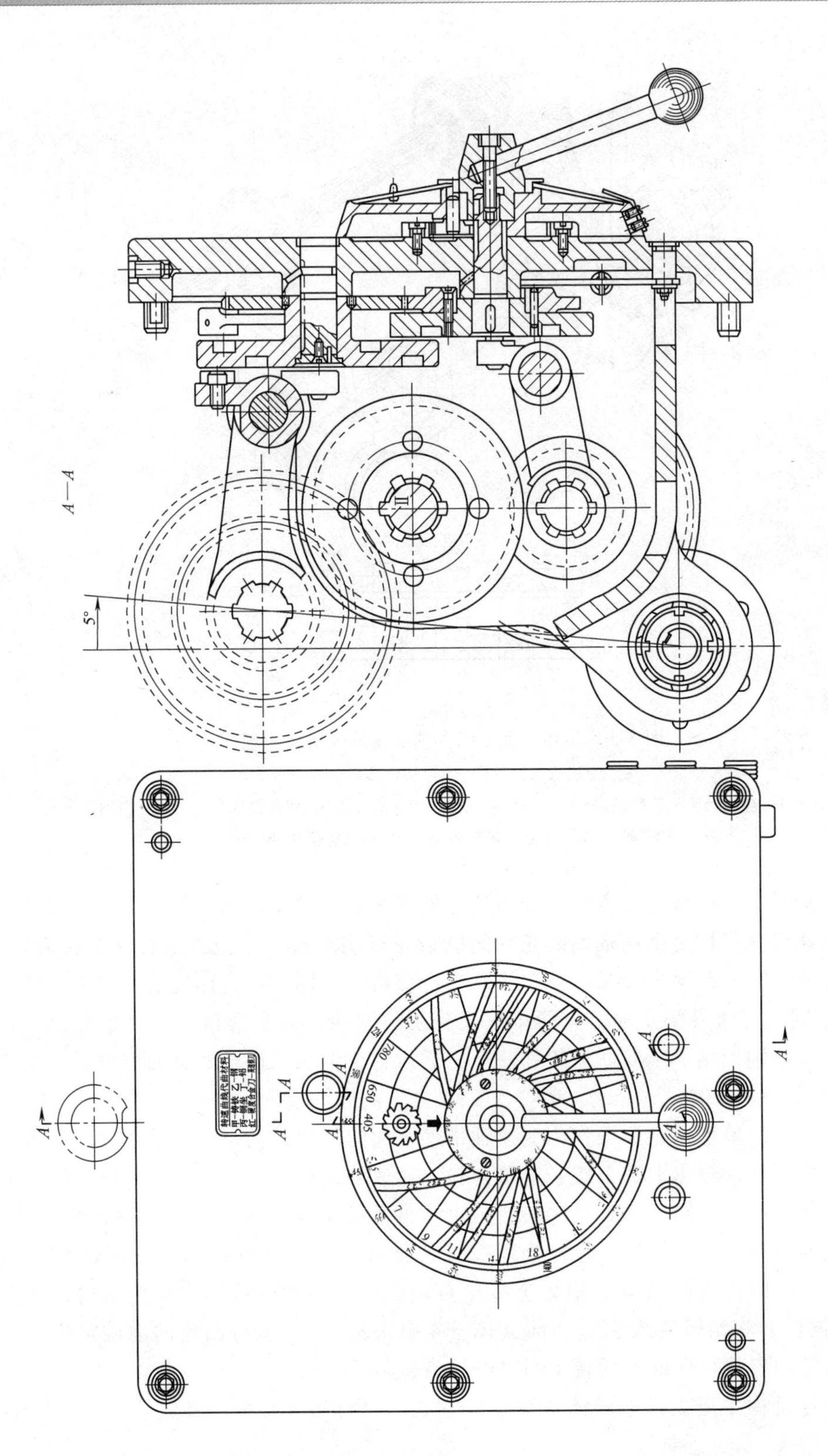

图 3-4　X63WT 型铣床主轴变速操纵机构

变速时，变速齿轮轴（中心轮）带动行星轮转动，行星轮又与固定于箱体上的内齿圈啮合，行星轮自转的同时又有公转，此公转即为转速盘的转动。手轮转 5 转时转速盘转 1 转。中盘和内盘可根据铣刀直径、工件材料和表面粗糙度确定合理的主轴转速。

四、凸轮变速机构的常见故障与排除方法

1）在运转过程中掉档：定位钢珠因弹簧压力小而未定住位，需要调紧弹簧。

2）啮合齿轮轴向偏移：由于操纵机构各件间的间隙过大或拨叉磨损所引起，应对操纵机构做全面检查，然后针对检查结果进行处理。

3）变速操纵费力：① 滑移齿轮倒角变形（由于变速时齿轮端面碰撞所引起），啮合困难。可以用角磨机（或手动砂轮）修复齿轮倒角。② 定位装置因弹簧力调节过大，操纵费力。应合理调节弹簧力。③ 操纵件运动不畅，需要检查处理。

第二节　塔轮—拉键变速机构的常见故障与排除方法

图 3-5 为 Z535 型立式钻床进给变速机构。进刀箱的动力由主轴花键套传入，经由齿轮 1 传至装在轴Ⅱ上的空套双联齿轮 2，齿轮 2 把回转运动借助齿轮 3 传给带有拉键的轴套 4（轴Ⅲ），带有键槽的三个齿轮空套在轴套 4 上，当拉键进入其中一个齿轮键槽内时，该齿轮便与轴套 4 连为一体，并通过与之相啮合的齿轮带动轴Ⅳ转动，轴Ⅳ上的五个齿轮与轴Ⅳ一起回转，带有键槽的四个齿轮空套在轴套 5（轴Ⅴ）上，当拉键进入其中一个齿轮的键槽内时，该齿轮便与轴套 5 连为一体，并通过与轴Ⅳ上相啮合的齿轮将运动传至轴Ⅴ，然后经安全离合器传入送刀机构。拉键（见图 3-5a）装在带有环形齿条轴的槽中，用销轴与齿条轴连接，拉键可绕销轴自由转动，并用弹簧（见图 3-5a）将拉键弹入齿轮键槽中。

当变换进刀量时，扳动手柄 6 和 7，把相应的转盘箭头对到所选择的送刀量上，手柄 6 和 7 分别带动轴和轴套上的齿轮转动，其中一个齿轮直接与轴Ⅲ上的环形齿条轴啮合，另一个齿轮经过三对齿轮副传动，带动轴Ⅴ上的环形齿条轴做轴向移动。环形齿条轴轴向移到不同位置，拉键进入不同齿轮键槽中，就获得不同的送刀量。

可以用专用四方套筒摇把调整进刀箱在床身立柱上的位置。它是通过蜗杆副和齿轮齿条副传动的。调整时应将楔铁压板松开，调整完后再予以紧固。

进刀箱的润滑由装在进刀箱上部的柱塞泵供油。柱塞泵的结构与主轴箱中的泵相同。

塔轮—拉键变速机构的常见故障与排除方法如下：

1）挂不上档，没有进刀：① 拉键弹簧（扭簧）弹力小，正常时每变一档能

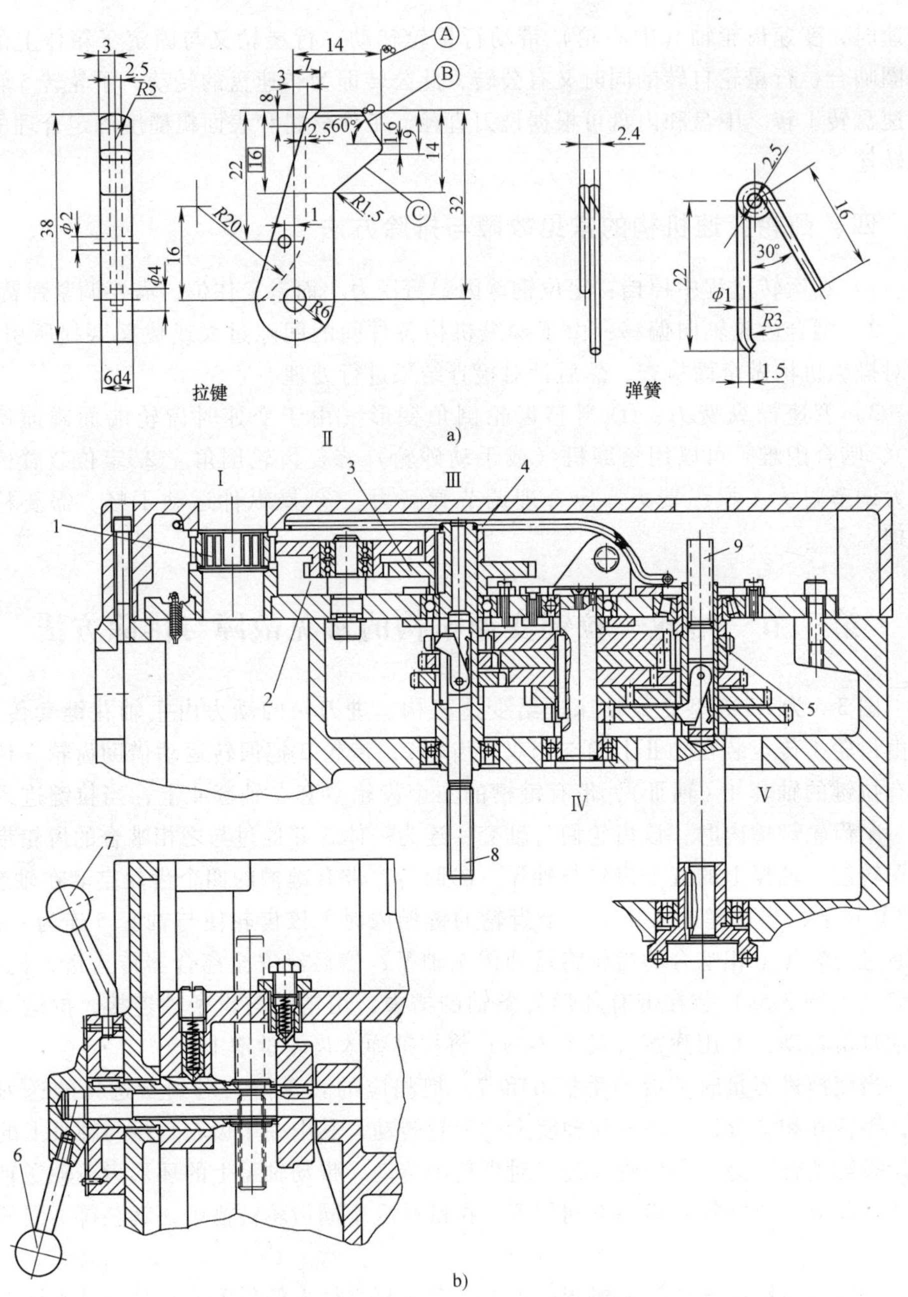

图 3-5　Z535 型立式钻床进给变速机构

a）拉键零件图　b）进给箱塔轮-拉键变速机构

1、3—齿轮　2—双联齿轮　4、5—轴套　6、7—手柄　8、9—环形齿条轴

听到“嘎哒”一声（在主轴转动时变速），若不是这样，应考虑更换弹簧。② 拉键或齿轮键槽磨损，需要检查后修复。

2）进刀量与刻度值不符：如果在拆装该机构时没有恢复原位，齿轮与环形齿条、拉键与刻度盘对应位置错位就会引起此类问题，需要重新正确装配（最好在拆卸前对各件相对位置做一记号，以便于装配时恢复原位）。

3）变速时没有定位感觉：变速定位弹簧松，需要用调整螺钉调整弹簧力（见图 3-5b 中的下图），如果弹簧过软或折断，应更换弹簧。

第三节　孔盘操纵变速机构

孔盘操纵变速机构是一个很成熟的机构，该机构曾获得斯大林奖。

一、XA6132 型铣床主轴变速操纵机构

图 3-6 所示为该铣床主轴变速操纵机构的示意图。它是由一个孔盘集中操纵越

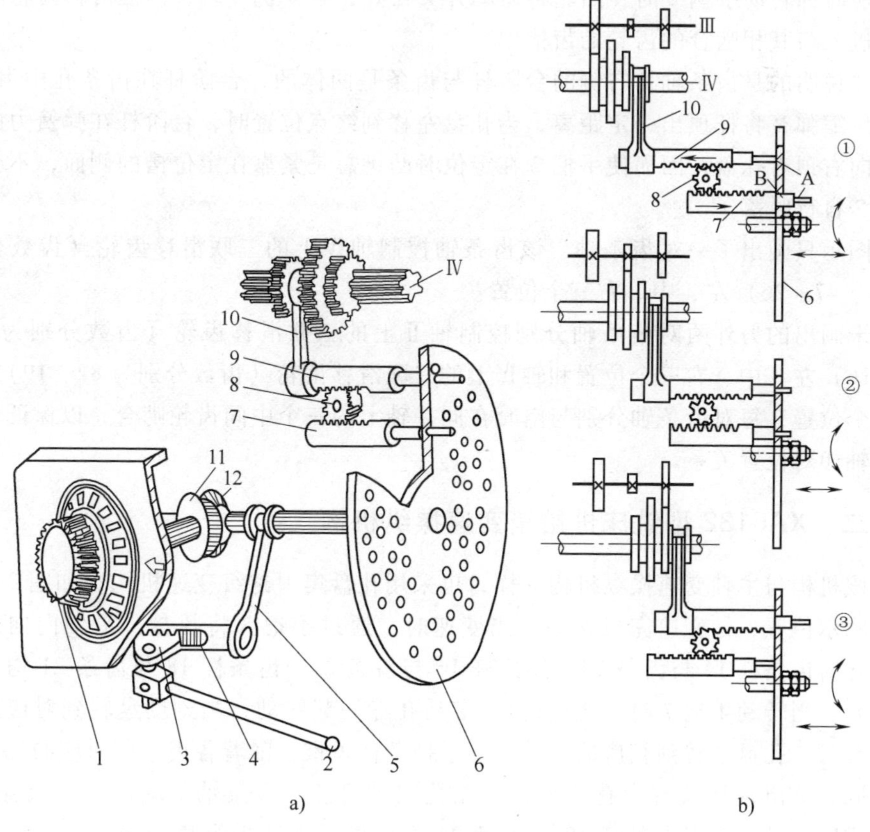

图 3-6　XA6132 型铣床主轴变速机构示意图

a）变速操纵机构结构　b）变速操纵示意图

1—变速选择旋钮　2—变速操纵手柄　3—扇形齿轮　4—齿条　5—连杆

6—变速孔盘　7、9—齿条轴　8—齿轮　10—拨叉　11、12—锥齿轮

级的变速机构。当需要变速时，先压下变速操纵手柄2，使其上的凸键脱开定位槽（图中未画出），然后顺时针（从上往下看）转动手柄2，扇形齿轮3也随着顺时针转动，齿条4带动连杆5及变速孔盘6向右移动，齿条轴7和9及其他的齿条轴都脱开孔盘。变速选择旋扭1通过锥齿轮11、12将孔盘转到选择速度对应的位置，再将变速操纵手柄2反时针转动，到位后，将手把定位端的凸键嵌入定位槽中，此时孔盘左移至固定位置处。由于各齿条轴所对应的孔盘位置不同，故会出现孔盘上的大孔、小孔和无孔三种可能。齿条轴端部设计成阶梯轴，孔的大小和有无就决定了齿条轴在孔盘的插入量，从而决定了其在轴向的移动量，最终决定每对齿条轴上拨叉的移动量，从而达到变速要求。当孔盘在变速结束的定位位置上时，每对齿条轴都借助于阶梯由孔盘定位，齿条轴被固定，此时拨叉所拨动的滑移齿轮恰好处在正确的啮合位置。

在压下手柄2并顺时针转动时，转轴上的凸轮（图中未画出）将微动开关压上；逆时针转动手柄2时，凸轮将微动开关松开，电动机寸动，以便滑移齿轮的齿顺利进入与其相啮合的齿轮的齿槽中。

要说明的是齿条轴7右侧的台阶杆与齿条是两体的，台阶杆在齿条孔中滑动，并有压缩弹簧将杆顶出一定距离，当孔盘左移到终点位置时，台阶杆在弹簧力的作用下向右顶着孔盘，因而使手柄2在定位时凸键总是紧靠在定位槽的侧面，不会使手柄2自行脱落。

图示只画出了一对齿条轴，该齿条轴控制轴Ⅳ上的三联滑移齿轮（齿数分别为37、47、26）左、中、右三个位置。

未画出的另外两对齿条轴分别控制轴Ⅱ上的三联滑移齿轮（齿数分别为19、22、16）左、中、右三个位置和轴Ⅳ上的二联滑移齿轮（齿数分别为82、19）左、右两个位置，每对齿条轴分别与空套在同一轴上的三个中间齿轮啮合，以保证每对齿条轴相对位置关系。

二、XA6132型铣床进给箱变速操纵机构

该机构与主轴变速操纵机构一样，也采用孔盘集中越级变速机构，如图3-7所示。图示位置，是变速完成状态。当变速时，通过手把7将孔盘1沿轴向向外拉出，此时齿条杆14与齿条24、齿条杆16与齿条23、齿条杆18与齿条21均与孔盘脱开。当转动手把7时，通过销13带动孔盘一起转动，当刻度盘转到对应速度的位置时，孔盘也转到相应的位置。将手把7往里推，随着各齿条所对应的孔盘位置不同，会出现孔盘有大孔、小孔或无孔三种可能。齿条轴的端部（即齿条杆）设计成阶梯轴。现以齿条杆18与齿条21为例说明变速操纵机构原理。当齿条杆18插入大孔，齿条21对应孔盘无孔时，则拨叉处最左端；当齿条杆18和齿条21对应的孔盘均为小孔时，则拨叉处于中间位置；当齿条杆18对应孔盘无孔，齿条21对应孔盘为大孔时，则拨叉处于最右端。只要孔盘的大、小孔设计合适，就可

按照要求变速。齿条杆14与齿条24靠近孔盘中心位置，该处的孔盘设计成凸、凹两部分，各在圆周上占180°，当齿条杆14对应凸起部分时，齿条24则对应凹下部分，反之亦然。这样就使拨叉25有左、右两个位置，从而实现双联滑移齿轮变速。

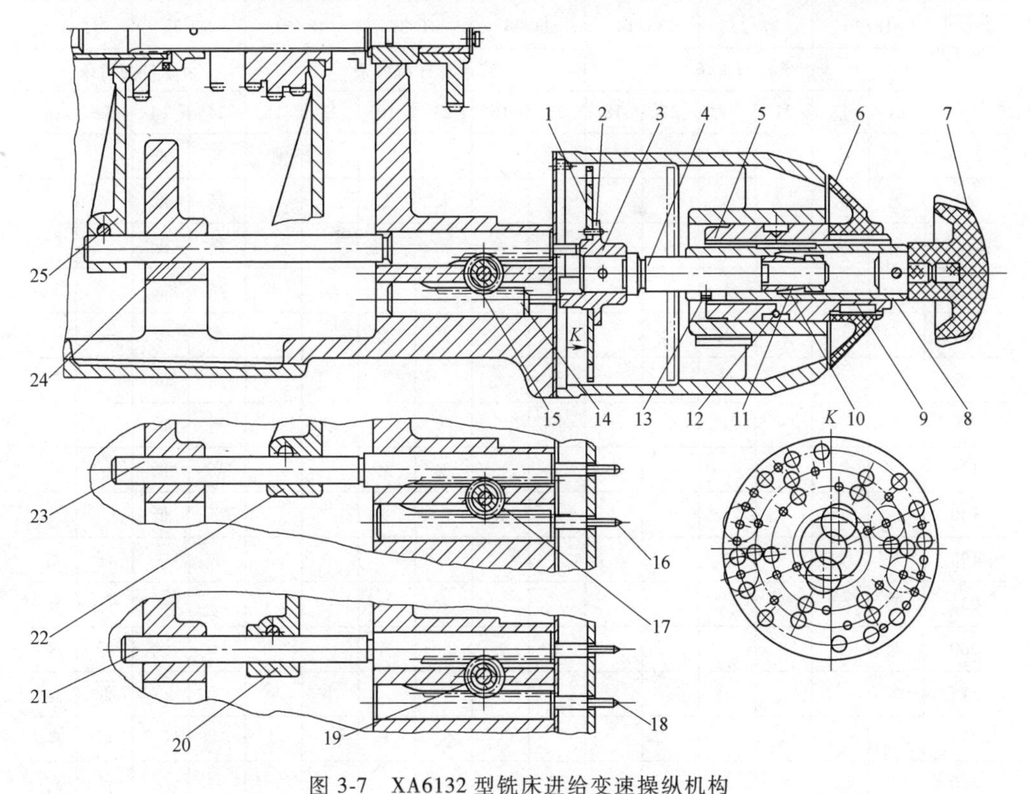

图3-7 XA6132型铣床进给变速操纵机构

1—孔盘 2—圆销 3—端面凸轮 4—轴 5—定位套 6—速度指示盘 7—手把 8—轴套 9—平键 10、12—钢球 11—锥套 13—销 14、16、18—齿条杆 15、17、19—齿轮 20、22、25—拨叉 21、23、24—齿条

注：K向图中的6个大圆表示齿条杆。

孔盘的轴向在变速完成后始终受齿条杆一个向右的推力，这是因为齿条杆与齿条是两体的，齿条杆装在齿条孔中并可轴向滑动几毫米，齿条杆与齿条间有压缩弹簧，齿条杆在弹簧的弹力下使孔盘受向右的推力，轴4上的锥套11便推压钢球10径向外移，使钢球10被楔住。同时轴4也被轴向定位。

孔盘的周向定位是借助于定位套5周向均布的凹坑和钢球12来实现的。当钢球12在弹簧力作用下进入定位套上的凹坑时，就实现了圆周定位。

在手把7向外拉时，孔盘通过压杆压合微动开关（图中未画出），使进给电动机停止，准备变速。当手把7向里推动时，放松微动开关，进给电动机寸动，各齿轮因惯性缓慢转动，以便滑移齿轮顺利进入啮合状态。

进给变速孔盘、滑移齿轮与进给量的关系见表3-1。

表 3-1　进给变速孔盘、滑移齿轮与进给量的关系

进给量 mm/min	Ⅲ轴三联滑移齿轮齿数比						Ⅴ轴三联滑移齿轮齿数比						Ⅴ轴双联滑移齿轮			
	左 18/36		右 27/27		中 36/18		左 24/34		右 21/37		中 18/40		左 M1 开		右 M1 合	
	齿条杆与齿条						齿条杆与齿条						齿条杆与齿条			
	21	18	21	18	21	18	23	16	23	16	23	16	24	14	24	14
23.5	无	大									小	小	高	低		
30	无	大							大	无			高	低		
37.5	无	大					无	大					高	低		
47.5			大	无							小	小	高	低		
60			大	无					大	无			高	低		
75			大	无			无	大					高	低		
95					小	小					小	小	高	低		
118					小	小			大	无			高	低		
150					小	小	无	大					高	低		
190	无	大									小	小			低	高
235	无	大							大	无					低	高
300	无	大					无	大							低	高
375			大	无							小	小			低	高
475			大	无					大	无					低	高
600			大	无			无	大							低	高
750					小	小					小	小			低	高
950					小	小			大	无					低	高
1180					小	小	无	大							低	高
孔的位置	Ⅳ	Ⅳ	Ⅳ	Ⅳ	Ⅳ	Ⅳ	Ⅱ	Ⅲ	Ⅱ	Ⅲ	Ⅱ	Ⅲ	Ⅰ	Ⅰ	Ⅰ	Ⅰ

注：1. 21、18、23、16、24、14 为齿条或齿条杆件号。

2. Ⅰ~Ⅳ为孔盘上四圈孔，Ⅳ表示孔所在的圆直径最大，Ⅰ表示孔所在的圆直径最小。

3. “大”表示大孔，“小”表示小孔，“无”表示无孔，“高”表示凸轮高点，“低”表示凸轮低点。

三、XA6132 型铣床孔盘变速操纵机构的调整

该机床的主轴箱与进给箱均采用孔盘变速操纵机构。当该机构被拆卸后，只有正确地装配方能使机构正常工作。现以进给箱变速操纵机构为例说明其正确的装配方法。

如图 3-7 所示，变速操纵机构可分成两大部分，即件号 1~13 及外壳等右半部

分和件号 14~25 及壳体等左半部分，这两部分用螺钉、定位销连接，可以拆分。

1. 右半部分的修复调整

通常情况下，这部分不需检修和调整，只有当钢球 10 与锥套 11 卡不住，造成手把 7 滑出时或者变速操纵机构不能定位时才进行拆修和调整。

当出现手把 7 经常滑出而引起掉档时，应更换锥套 11 或钢球 10，方法是拆下左侧的钢板罩及手把 7 与轴套 8 的连接销，拆下手把 7，向左抽出轴 4，将轴套一起抽出，钢球 10 脱落，即可检查锥套 11 的磨损状况，从而确定更换钢球还是锥套。

如果速度指示盘定位定不住时，可抽出定位套 5，检查钢球 12 和弹簧，视其状态进行修复或更换，然后装回原位。

轴套 8、锥套 11、钢球 10、轴 4 都装回原位后装上钢板罩和手把 7，即完成修复与调整。

2. 左半部分的调整

按 750mm/min 进给量的要求，调好齿条轴与选速盘的对应位置。此位置即为图 3-7 所示的位置。

将已整体拆下的右半部分变速到 750mm/min 位置上，并操纵手把 7 到变速完成的位置上（检查轴套 8 的轴向位置，确定变速完成的位置），测量壳体左端面至孔盘端面距离（注意测量时孔盘应消除轴向间隙），假设所测结果为 A。然后再调整左半部分，测量齿条杆 18 与齿条 21、齿条杆 16 与齿条 23 的小台阶端面到壳体右端面的距离也应为 A，否则应调整齿条与齿轮 19 或 17 的相对位置，直至达到要求为止。对于齿条杆 14 和齿条 24 的调整应根据端面凸轮 3 的端面至左端面的距离进行。

将左、右两部分组装完毕后，在每档速度上检查齿条杆变速完成后是否有轴向窜动，如果有窜动，说明装配有问题，应重新装配。

四、铣床孔盘操纵变速机构的常见故障与排除方法（见表 3-2）

表 3-2　铣床孔盘操纵变速机构的常见故障与排除方法

（表中所列机床型号的主轴和进给变速全部使用孔盘操纵机构）

机床型号	常见故障	故障原因	排除方法
X6132、X6132A、XA6132 型立铣床	主轴变速操纵手柄自动脱落	1）齿条杆内的弹簧松弛 2）变速操纵手柄上的定位键和键槽磨损	1）更换弹簧 2）焊后修磨，达到要求

（续）

机床型号	常见故障	故障原因	排除方法
X6132、X6132A、XA6132 型立铣床	主轴变速操纵手柄合上定位时发生干涉，扳不动	1）变速盘未定位	1）检查定位弹簧是否松弛，若松弛应更换
		2）寸动开关失效	2）检查变速时是否有寸动，若无应查找电气故障
		3）齿轮端面齿倒角变形，孔盘变形	3）根据具体原因进行修复
	主轴箱滑移齿轮啮合的宽度不够	1）如果孔盘机构修理或调整过，应考虑齿条轴装配是否正确	1）正确装配齿条轴，并消除轴向间隙
		2）变速箱齿轮轴向位置不对	2）检查齿轮或轴是否窜动并消除窜动
		3）拨叉磨损严重	3）修复或更换拨叉
XA6132 型立铣床	啮合齿轮齿宽方向偏	1）拨叉磨损	1）更换拨叉
		2）齿轮轴向尺寸不对	2）按图样尺寸核对
	进给变速手把轴自行滑出，没有工作进给	1）钢球 10 或锥套 11（见图 3-7）磨损使轴 4 未被锁住	1）更换钢球和锥套
		2）齿条轴中的弹簧失效	2）更换弹簧

第四节　回曲机构变速

回曲机构变速容易获得等比的传动比，操纵机构简单，机构较紧凑。但是回曲齿轮空套在轴上，不宜传动大转矩，所以一般用于进给变速。

一、X6132 型铣床进给传动系

图 3-8 所示为 X6132 型铣床传动系统。在Ⅸ轴、Ⅷ轴间的进给传动中有一回曲传动装置，可实现三种不同速度的转换，传动比分别为：$\frac{40}{49}$、$\frac{18}{40}\times\frac{18}{40}\times\frac{40}{49}$、$\frac{18}{40}\times\frac{18}{40}\times\frac{18}{40}\times\frac{18}{40}\times\frac{40}{49}$。

进给运动由进给电动机（1.5kW、1450r/min）驱动。电磁离合器 M_1、M_2 分别接通工作台进给和快速移动，电磁离合器 M_3、M_4、M_5 分别接通垂直、横向及纵向进给，进给运动的方向由电动机的正反转完成。工作台进给量的计算式为

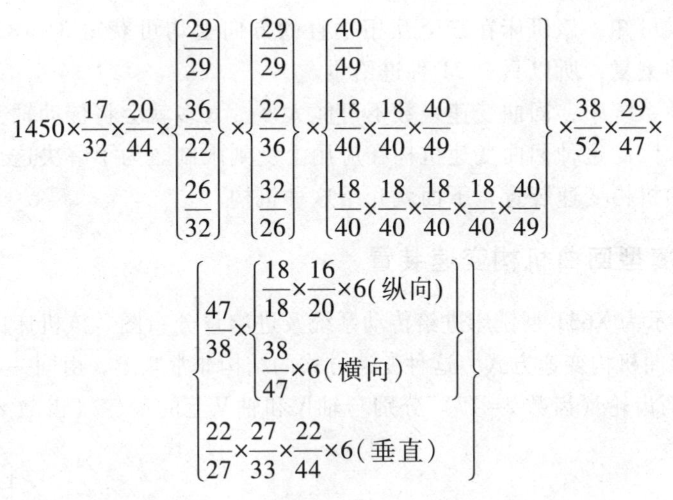

$$1450\times\frac{17}{32}\times\frac{20}{44}\times\begin{Bmatrix}\frac{29}{29}\\ \frac{36}{22}\\ \frac{26}{32}\end{Bmatrix}\times\begin{Bmatrix}\frac{29}{29}\\ \frac{22}{36}\\ \frac{32}{26}\end{Bmatrix}\times\begin{Bmatrix}\frac{40}{49}\\ \frac{18}{40}\times\frac{18}{40}\times\frac{40}{49}\\ \frac{18}{40}\times\frac{18}{40}\times\frac{18}{40}\times\frac{18}{40}\times\frac{40}{49}\end{Bmatrix}\times\frac{38}{52}\times\frac{29}{47}\times$$

$$\begin{Bmatrix}\frac{47}{38}\times\begin{Bmatrix}\frac{18}{18}\times\frac{16}{20}\times6(\text{纵向})\\ \frac{38}{47}\times6(\text{横向})\end{Bmatrix}\\ \frac{22}{27}\times\frac{27}{33}\times\frac{22}{44}\times6(\text{垂直})\end{Bmatrix}$$

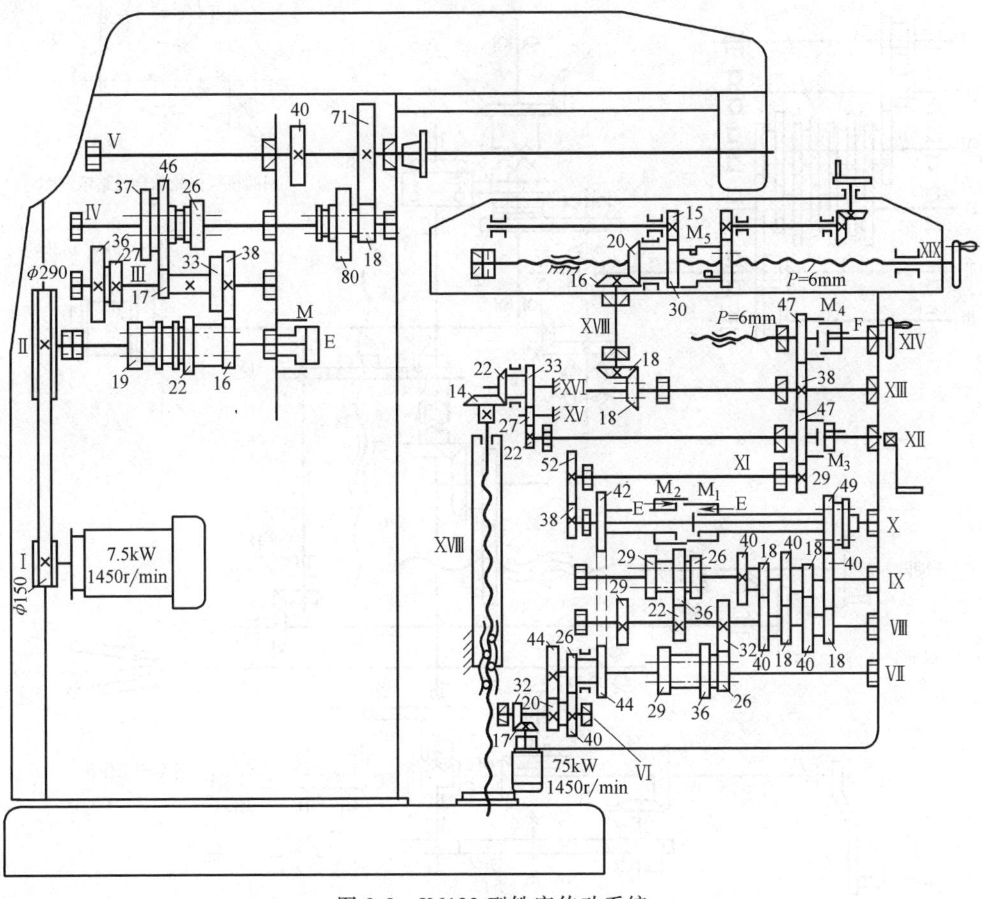

图 3-8　X6132 型铣床传动系统

M—制动电磁离合器　M_1—慢速进给电磁离合器　M_2—快速电磁离合器

M_3、M_4—工作台移动电磁离合器　M_5—工作台纵向结合子

由计算式可知，该机床在三个互相垂直的方向上均可获得 3×3×3 = 27 种进给量，因有 7 种重复，所以只有 21 种进给量。

在该传动系统中，回曲变速级数不可能太多，太多就会将传动轴变得很长，进刀箱会很大，因此这种回曲变速机构在应用上受到限制。为了解决这个问题，出现了紧凑型回曲机构变速装置，下面就介绍这种机构。

二、紧凑型回曲机构变速装置

图 3-9 所示为 X63T 型铣床进给传动系统及进给量分布图。该机床的进给传动变速系统采用回曲机构变速方式，这种变速方式的结构非常紧凑，由同一拨叉拨动的轴Ⅱ和轴Ⅲ上的两齿轮（齿数 $z=17$）分别与轴Ⅳ和轴Ⅴ上的齿轮（齿数 $z=24$）啮合，

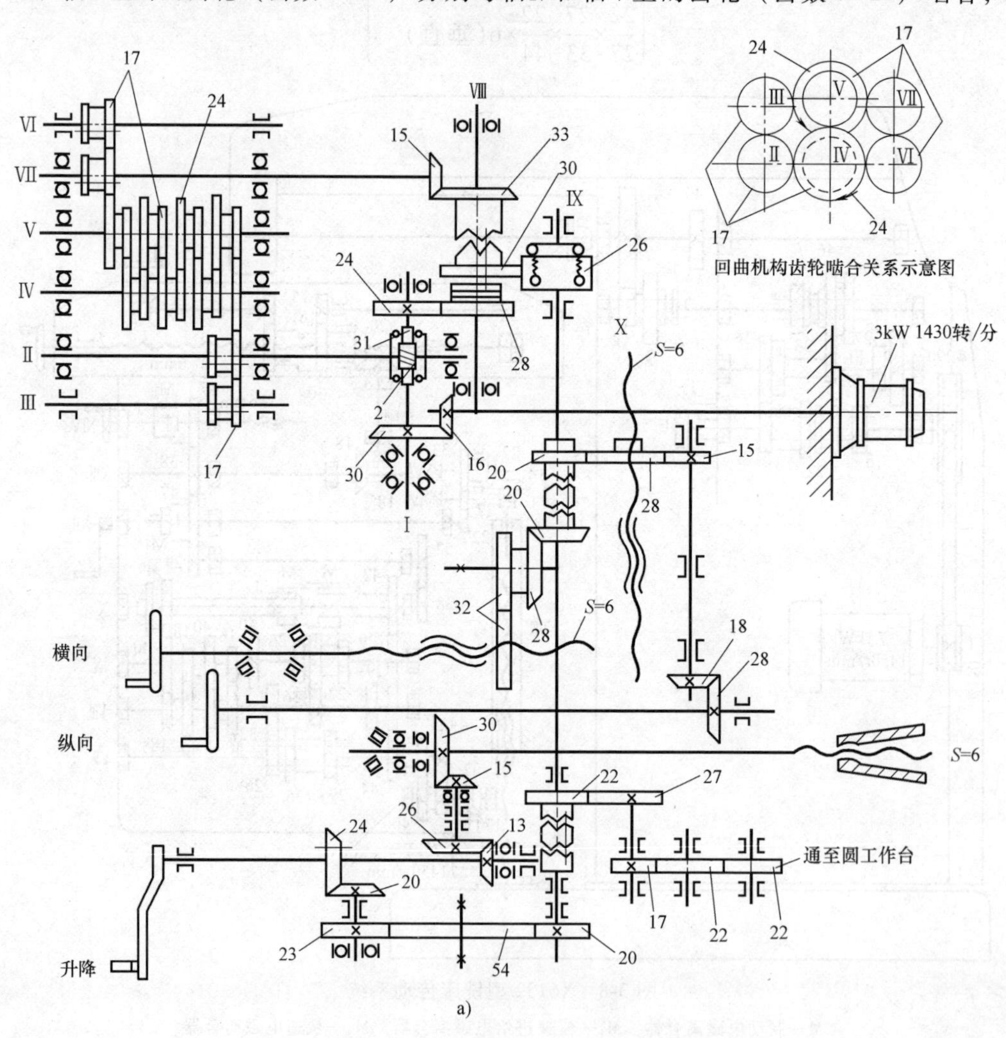

a）

图 3-9 X63T 型铣床进给传动系统及进给量分布图

a）进给传动系统图

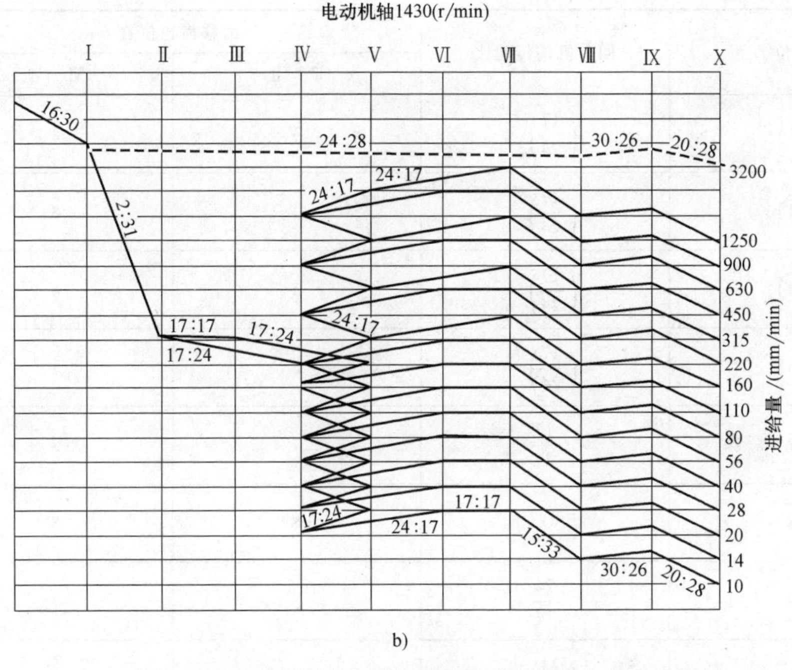

b)

图 3-9　X63T 型铣床进给传动系统及进给量分布图（续）

b）进给量分布图

由另一拨叉拨动的轴Ⅵ和轴Ⅶ上的两齿轮（齿数 $z=17$）也分别与轴Ⅳ和轴Ⅴ上的齿轮（齿数 $z=24$）啮合，移动两拨叉相对位置，可得到16种输出转速，其中一种速比为1的转速重复，故有15种转速。下面计算回曲机构的传动比及滑移齿轮所在位置。

我们按回曲机构传动路线从档位〔1〕~档位〔15〕逐个计算其传动比。Ⅱ、Ⅲ轴的滑移齿轮（齿数 $z=17$）由同一拨叉拨动，Ⅵ、Ⅶ轴的滑移齿轮（齿数 $z=17$）由另一拨叉拨动。在Ⅳ、Ⅴ轴上的齿轮轴向方向共有8列，我们规定最左一列编号为1，向右依次为2、3、4、5、6、7、8列，轴Ⅱ上的滑移齿轮记作Ⅱ，轴Ⅲ上滑移齿轮记作Ⅲ，轴Ⅵ上的滑移齿轮记作Ⅵ，轴Ⅶ上的滑移齿轮记作Ⅶ。回曲机构各档的传动比及滑移齿轮位置见表3-3。

表 3-3　回曲机构各档的传动比及滑移齿轮位置

档位	回曲机构传动比	滑移齿轮位置	
		Ⅲ　Ⅱ	Ⅵ　Ⅶ
〔1〕	$\left(\frac{17}{24}\right)^7$	1	8
〔2〕	$\left(\frac{17}{24}\right)^6$	2	8

（续）

档位	回曲机构传动比	滑移齿轮位置	
		Ⅲ Ⅱ	Ⅵ Ⅶ
〔3〕	$\left(\frac{17}{24}\right)^5$	3	8
〔4〕	$\left(\frac{17}{24}\right)^4$	4	8
〔5〕	$\left(\frac{17}{24}\right)^3$	5	8
〔6〕	$\left(\frac{17}{24}\right)^2$	6	8
〔7〕	$\frac{17}{24}$	7	8
〔8〕	1	8	8
〔9〕	$\frac{24}{17}$	8	7
〔10〕	$\left(\frac{24}{17}\right)^2$	8	6
〔11〕	$\left(\frac{24}{17}\right)^3$	8	5
〔12〕	$\left(\frac{24}{17}\right)^4$	8	4
〔13〕	$\left(\frac{24}{17}\right)^5$	8	3
〔14〕	$\left(\frac{24}{17}\right)^6$	8	2
〔15〕	$\left(\frac{24}{17}\right)^7$	8	1

由表可知：只要变换两个拨叉的相对位置，就可得到 15 种成等比数列的传动比，其公比为$\frac{24}{17}$。

图 3-10 所示为 X63T 型铣床进给箱装配图。进给箱作为一个单独部件，安装在升降台左侧位置并与中拖板紧固，由单独的电动机驱动。它利用回曲机构能实现 15 种不同的进给量，并用圆柱凸轮 12 带动两个拨叉 11、13 移动滑移齿轮 1、2 和 9、10 进行进给量的变换。如图 3-10 所示，齿轮 1 和 9 可与轴Ⅳ上的齿轮（齿数 $z=24$）相啮合，齿轮 2 和 10 可与轴Ⅴ上的齿轮（齿数 $z=24$）相啮合。

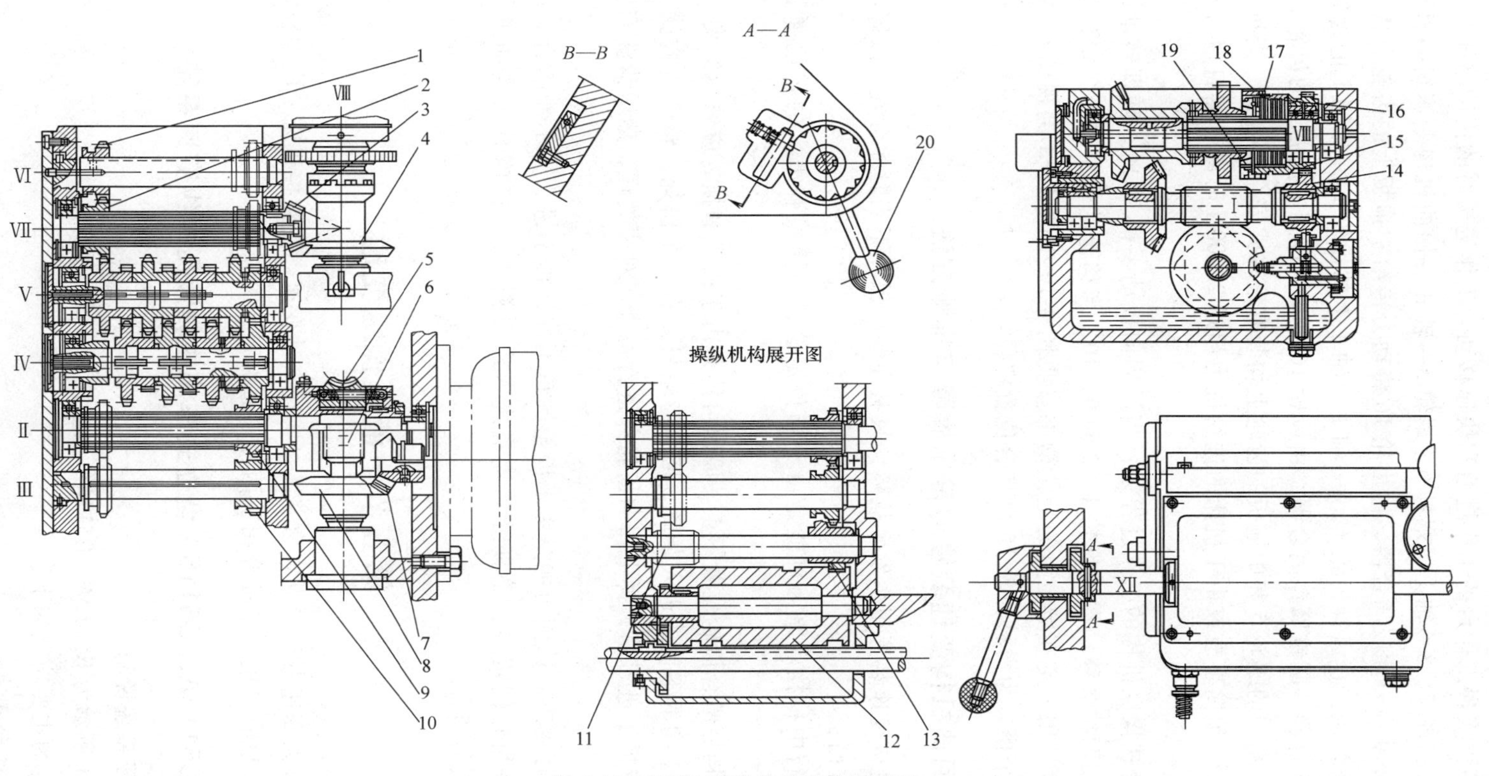

图 3-10 X63T型铣床进给箱装配图

1、2、9、10—滑移齿轮 3、4、7、8—锥齿轮 5—蜗轮 6—蜗杆 11、13—拨叉 12—圆柱凸轮 14、15、16—齿轮
17—压盖 18—多片摩擦离合器 19—摩擦锥 20—手柄

进给箱可实现工作台的工作进给和快速移动。工作进给时的传动路线是：电动机→直齿锥齿轮7、8→轴Ⅰ、蜗杆6、蜗轮5→轴Ⅱ→回曲机构变速组→直齿锥齿轮副3、4→轴Ⅷ→牙嵌离合器，由齿轮16将动力传给中拖板上的齿轮。快速移动时的传动路线是：直齿锥齿轮7、8→轴Ⅰ→轴Ⅰ上的齿轮14→轴Ⅷ上的齿轮15→多片摩擦离合器→圆锥摩擦离合器，由齿轮16将动力传到中拖板上的齿轮。

在进给箱中的蜗轮5和中拖板的齿轮上均装有滚珠式安全离合器，当机床由于操作不当发生顶撞事故或由于机床的进给抗力超过22500N时离合器打滑，自动保护各机件。

回曲变速操纵机构的工作过程是：当沿周向扳动手柄20时，随即转动圆柱凸轮12，带动两拨叉移动滑移齿轮1、2和9、10，当移至啮合位置时，定位机构的销子在弹簧作用下定在定位盘的定位槽中（见图4-10中的*A*—*A*剖视图），定位盘上共有15个槽，为滑移齿轮15个啮合位置定位。

三、回曲机构变速装置的常见故障与排除方法

回曲机构变速装置很少发生故障，只有在维护保养不当时才会发生故障，主要有以下几方面：

1）运行中掉档。原因可能是由于档位定位松，更换弹力大的定位弹簧即可解决。

2）挂档后啮合齿轮位置不正。原因可能是由于拨叉磨损，应修换拨叉。

3）由于润滑不良或进入杂质，回曲齿轮只要有一个研死，整个机构就全部瘫痪。此时应拆下进刀箱，拆下回曲齿轮并进行检查，对症处理，然后清洗安装，换油试车。

4）挂档困难。原因可能是由于齿轮倒角不好，推不进去，不能啮合。应拆下进刀箱，将齿轮倒角（注意防止将磨屑进入进刀箱中）。挂档时需点动进给电动机，以便顺利啮合。

第五节　液压操纵变速

液压操纵变速由于操纵省力，又可实现自动变速，在数控机床上应用较多，在普通机床上也有应用。下面介绍在两种普通机床上的应用。

一、C5112A、C5116A型立式车床主轴液压操纵变速系统

1. 液压系统说明

图3-11所示为C5112A、C5116A型立式车床液压系统。

该系统的主要功能如下：

1）工作台变速。

2）横梁夹紧与放松。

3）垂直刀架与侧刀架的重力平衡。

4）工作台导轨、变速箱与工作台传动机构的润滑。

5）丝杠放松装置（图 3-11 中为丝杠放松机构）。

（1）工作台变速　固定于四个推拉杆上的四个拨叉 A、B、C、D 分别控制四个双联滑移齿轮做轴向滑动，推拉杆分别与液压缸Ⅰ、Ⅱ、Ⅲ、Ⅳ活塞固联，每个推拉杆上开有两个环形槽，当滑移齿轮处于正确啮合位置时，环形槽正好对准锁杆，此时液压缸活塞处于左或右的极限位置。锁杆开有四个槽（见图 3-11 中的侧视图），推拉杆可以在槽中自由滑动，只有推拉杆的环形槽对准锁杆时，锁杆才能向下移动。锁杆下移后，锁杆上的凸起部分将推拉杆锁住，滑移齿轮在啮合位置上定位。

手动转阀转到不同位置，可得到 16 级变速所对应的不同的液压通道。变速时，旋转手动转阀至需要的转速，然后按悬挂按钮盒的变速按钮，电磁阀 YV1 通电，液压油经 YV1 至变速箱定位锁杆液压缸（锁杆定位阀），推动锁杆至松开位置（图 3-11 的图示位置），压合行程开关 SQ1，主电动机脉冲转动，以便于变速齿轮啮合。液压油经锁杆定位阀分成两路：一路至各液压缸右腔，另一路经手动转阀再分配至各液压缸左腔。液压缸为差动液压缸。各液压缸按转速配油，通过推拉杆使滑移齿轮变速。待各齿轮处在啮合位置后，主电动机脉冲转动停止，YV1 断电，定位锁杆在弹簧作用下向下移动，锁杆上的凸起部分使推拉杆锁住并定位。

（2）横梁夹紧与放松　按住横梁升降按钮时，电磁阀 YV2 通电，液压油进入夹紧液压缸的大腔，小腔中的油经阀 YV2 回油箱，这样横梁便被放松，此时限位开关接通升降电动机，横梁开始升降。如果放松横梁升降按钮，电动机停止，升降便停止，同时 YV2 断电，液压油进入夹紧液压缸的小腔，大腔中的油经 YV2 回油箱，横梁被夹紧。

（3）垂直刀架及侧刀架的重力平衡　液压泵输出的液压油打开单向阀 8 后直接进入垂直刀架及侧刀架的重力平衡液压缸中。为了防止平衡液压缸之压力在其他液压缸动作时发生波动，在泵停止工作时，仍能保持平衡力。系统中设有单向阀 8、液控单向阀 10 及蓄能器 9。平衡缸的压力由溢流阀 6 调节。

（4）工作台导轨、变速箱与工作台传动机构的润滑　工作台导轨、变速箱与工作台传动机构的润滑如图 3-11 所示，其压力由溢流阀 7 调节。工作台齿圈的润滑是由溢流阀 7 的溢流来实现的。

（5）丝杠放松装置　垂直刀架的移动装置为滚珠丝杠副。丝杠与滑枕固联不转，为了防止在机床停止时滑枕自行滑落（因滚珠丝杠副无自锁），因此在丝杠传动链中装有丝杠放松装置。当机床停止后，该装置将丝杠刹住；在机床开动后，液压系统通过放松液压缸将丝杠放松。

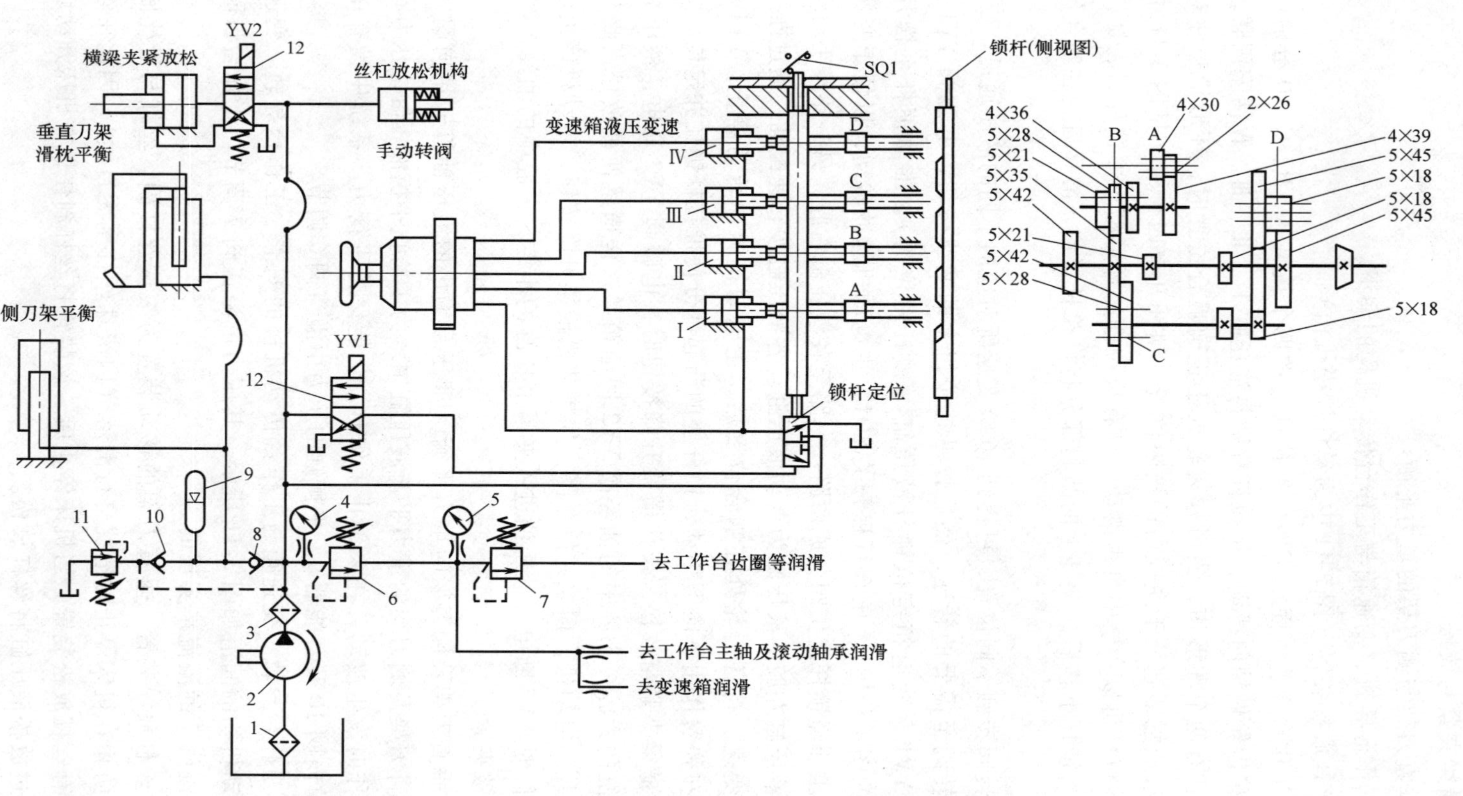

图 3-11　C5112A、C5116A 型立式车床液压系统

1—网式过滤器　2—齿轮泵　3—线隙式过滤器　4、5—压力表　6、7、11—溢流阀
8—单向阀　9—蓄能器　10—液控单向阀　12—电磁滑阀

<table>
<tr><td>C5112A</td><td rowspan="2">转数</td><td>6.3</td><td>8</td><td>10</td><td>12.5</td><td>16</td><td>20</td><td>25</td><td>31.5</td><td>40</td><td>50</td><td>63</td><td>80</td><td>100</td><td>125</td><td>160</td><td>200</td></tr>
<tr><td>C5116A</td><td>5</td><td>6.3</td><td>8</td><td>10</td><td>12.5</td><td>16</td><td>20</td><td>25</td><td>31.5</td><td>40</td><td>50</td><td>63</td><td>80</td><td>100</td><td>125</td><td>160</td></tr>
<tr><td rowspan="4">变速液压缸</td><td>Ⅰ</td><td>+</td><td>–</td><td>+</td><td>–</td><td>+</td><td>–</td><td>+</td><td>–</td><td>+</td><td>–</td><td>+</td><td>–</td><td>+</td><td>–</td><td>+</td><td>–</td></tr>
<tr><td>Ⅱ</td><td colspan="2">–</td><td colspan="2">+</td><td colspan="2">–</td><td colspan="2">+</td><td colspan="2">–</td><td colspan="2">+</td><td colspan="2">–</td><td colspan="2">+</td></tr>
<tr><td>Ⅲ</td><td colspan="4">+</td><td colspan="4">–</td><td colspan="4">+</td><td colspan="4">–</td></tr>
<tr><td>Ⅳ</td><td colspan="8">–</td><td colspan="8">+</td></tr>
<tr><td rowspan="5">啮合齿轮</td><td>A</td><td>26/39</td><td>30/36</td><td>26/39</td><td>30/36</td><td>26/39</td><td>30/36</td><td>26/39</td><td>30/36</td><td>26/39</td><td>30/36</td><td>26/39</td><td>30/36</td><td>26/39</td><td>30/36</td><td>26/39</td><td>30/36</td></tr>
<tr><td>B</td><td colspan="2">21/42</td><td colspan="2">28/35</td><td colspan="2">21/42</td><td colspan="2">28/35</td><td colspan="2">21/42</td><td colspan="2">28/35</td><td colspan="2">21/42</td><td colspan="2">28/35</td></tr>
<tr><td>C</td><td colspan="4">21/42</td><td colspan="4">35/28</td><td colspan="4">21/42</td><td colspan="4">35/28</td></tr>
<tr><td colspan="17">18/45</td></tr>
<tr><td>D</td><td colspan="8">18/45</td><td colspan="8">45/18</td></tr>
<tr><td>注释</td><td colspan="17">“+”表示通高压油,“–”表示通回油</td></tr>
</table>

图 3-11　C5112A、C5116A 型立式车床液压系统（续）

机床的液压装置位于机床的后侧，可以很方便地拆装检查和调整各液压元件。

2. 液压系统各溢流阀压力的调整（见图 3-11）

压力调整应在各液压缸活塞不动作时进行。溢流阀 6（Y1-25B）压力调整的大小主要是由平衡缸所需之压力决定的，应调整在 2～2.5MPa 较为合适，其读数可由压力表 4 读出。调整溢流阀 6 前，应拧紧溢流阀 11。去工作台导轨、主轴及其轴承、变速箱润滑油的压力由溢流阀 7（Q_1P_1-B30B）调整，应调整为 0.15～0.5MPa，由压力表 5 显示。溢流阀 11（P-B25）的调整方法是：当溢流阀 6 调整完毕后，逐渐放松阀 11 的调整螺钉，直到刚刚有溢流为止，再拧动调整螺钉，使阀 11 的调整压力略高于阀 6 的调整压力。

要注意的是，压力表 4 显示的压力应为阀 6 和阀 7 的调整压力之和，压力表 5 显示的压力为阀 7 的调整压力。

3. 变速箱

变速箱由四个双联滑移齿轮实现 16 级变速。变速箱的展开图如图 3-12 所示。

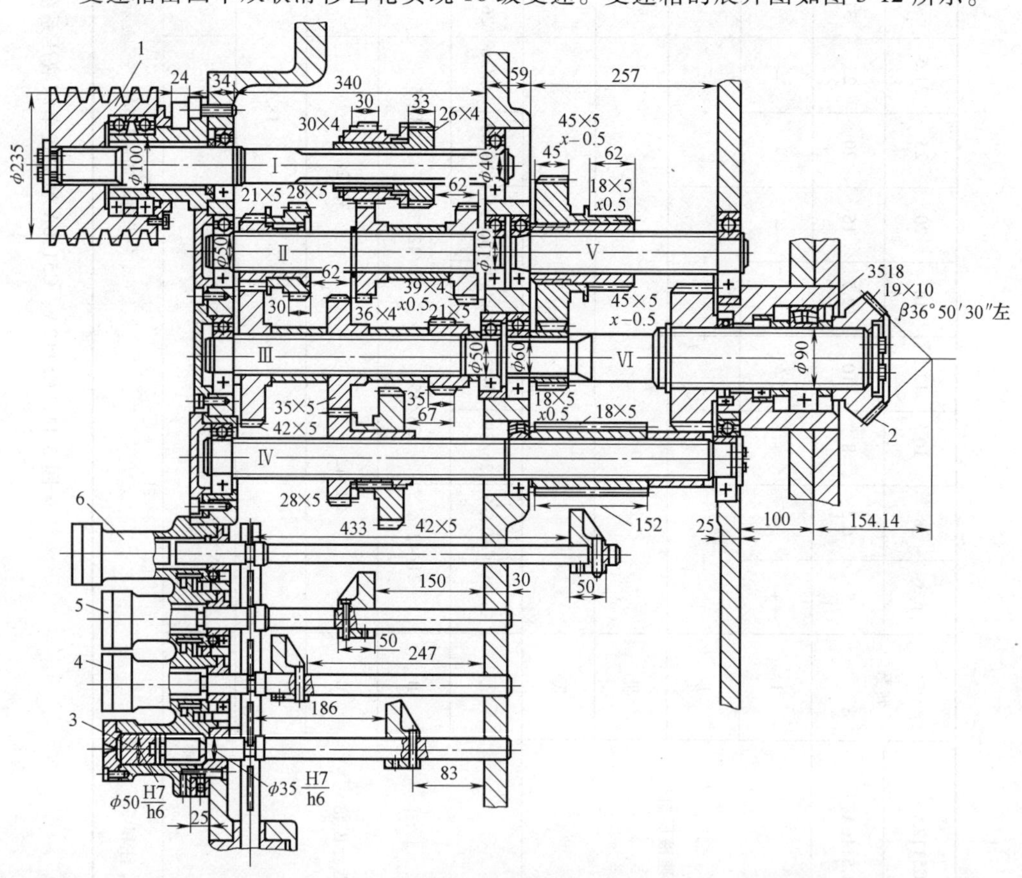

图 3-12 变速箱展开图

1—带轮 2—锥齿轮 3、4、5、6—液压缸

变速箱的传动路线为：Ⅰ轴→齿轮$\left(齿数比为\frac{30}{36}、\frac{26}{39}\right)$→Ⅱ轴→齿轮$\left(齿数比为\frac{28}{35}、\frac{21}{42}\right)$→Ⅲ轴→齿轮$\left(齿数比为\frac{35}{28}、\frac{21}{42}\right)$→Ⅳ轴→齿轮$\left(齿数比为\frac{18}{45}\right)$→Ⅴ轴→齿轮$\left(齿数比为\frac{45}{18}、\frac{18}{45}\right)$→Ⅵ轴。然后经一对锥齿轮和一对斜齿圆柱齿轮传至工作台。工作台的变速是通过液压缸 3～6（对应于图 3-11 中的液压缸Ⅰ、Ⅱ、Ⅲ、Ⅳ）的活塞杆运动实现的，其工作原理如前所述，在这里不再复述。

二、Z3050 型摇臂钻床主轴箱与进给箱液压变速

图 3-13 所示为 Z3050 型摇臂钻床主轴与进给变速的操纵系统液压原理图。

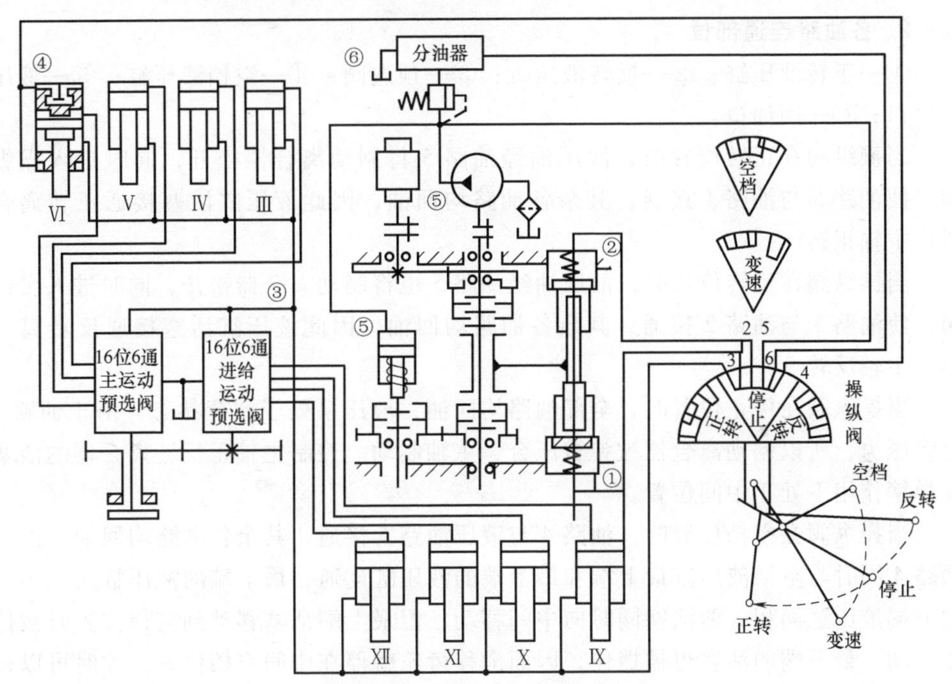

图 3-13　Z3050 型摇臂钻床主轴与进给变速的操纵系统液压原理图

注：①～⑥为油路号。

1. 变速操纵系统液压工作原理

液压油从插在主轴箱底部过滤器中的吸油管吸入，液压油经油路 5 进入制动离合器液压缸与操纵阀，操纵阀为五位六通转阀，用十字操纵手柄控制。手柄在水平位置时有三个位置，为三位转阀，控制主轴正转、主轴反转、主轴停止和制动动作。转阀处于主轴停止位置时，手柄上下扳动，使操纵阀轴向滑动得到空档和变速的两个位置。

操纵阀每个位置的油路状态见表 3-4。

表 3-4 操纵阀每个位置的油路状态

主轴动作	油路号					
	1	2	3	4	5	6
正转	+	−	−	−	+	−
反转	−	+	−	−	+	−
停止	−	−	−	−	−	−
空档	−	−	−	+	+	−
变速	+	+	+	−	+	−

注：1. “+”表示高压油，“−”表示低压油。

2. 各油路连通部位

①—正转液压缸；②—反转液压缸；③—预选阀；④—空档液压缸；⑤—液压泵出口；⑥—回油口。

当操纵阀在正转位置时，液压油经油路 5 将制动离合器松开，同时进入操纵阀，使油路 5 与油路 1 接通，其余各油路均回油，因此液压缸活塞接通正转离合器，主轴正转。

当操纵阀在反转位置时，液压油经油路 5 也将制动离合器松开，同时进入操纵阀，使油路 5 与油路 2 接通，其余各油路均回油，因此液压缸活塞接通反转离合器，主轴反转。

当操纵阀在停止位置时，全部油路均回油，液压泵处于卸荷状态，由于油路 5 也无压力，所以制动离合器被弹簧压合，主轴制动。控制主轴正反转离合器的活塞在弹簧作用下处于中间位置。

当操纵阀在空档位置时，油路 4 与液压油路 5 接通，其余各油路均回油，由于油路 4 同时与空档液压缸最上端和最下端的液压缸连通，最下端的液压缸面积小于最上端液压缸面积，两活塞同时向中间移动，但最上端活塞移动到空档位置时被挡住不动，最下端的活塞也被挡住，因而滑移齿轮就停在中间空档位置。此时可以自由地扳动主轴转动，方便地装卸刀具。

当操纵阀在变速位置时，油路 4 与 6 连通并回油，其余油路均为液压油，其中油路 3 通往各变速液压缸下端和两个十六位六通预选阀，为变速提供液压油。

油路 1 和油路 2 分别与主轴正转、反转离合器液压缸连通，由于主轴正转离合器液压缸活塞面积稍大于反转离合器液压缸活塞面积，所以正转离合器处在不完全压紧状态，传动齿轮在慢速转动，这就有利于滑移齿轮的变速（避免滑移齿轮与相啮合的齿轮相互顶齿而不能进入啮合）。

十六位六通预选阀分别控制主轴 4 个变速液压缸和 4 个进刀变速液压缸的动作。因为各变速液压缸均为差动液压缸，小腔在变速时经操纵阀与液压油路相通，

所以预选阀只要控制大腔进液压油还是通回油就可控制各缸活塞的移动方向，从而控制对应的滑移齿轮的移动方向，实现变速。

各变速液压缸大腔油路变换情况见表 3-5，其中罗马数字为与轴号一致的滑移齿轮和控制液压缸号，“+”号表示液压缸大腔通液压油，“-”号表示液压缸大腔通回油。

表 3-5　各变速液压缸大腔油路变换表

转速/(r/min)	液压缸号				进给量/mm	液压缸号			
	Ⅲ	Ⅳ	Ⅴ	Ⅵ		Ⅸ	Ⅹ	Ⅺ	Ⅻ
2000	+	+	-	+	3.20	+	+	-	-
1250	-	+	-	+	2.00	+	-	-	-
800	+	+	+	+	1.25	-	+	-	-
630	+	-	-	+	1.00	+	+	+	-
500	-	+	+	+	0.80	-	-	-	-
400	-	-	-	+	0.63	+	-	+	-
320	+	+	-	-	0.50	+	+	-	+
250	+	-	+	+	0.40	-	+	+	-
200	-	+	-	-	0.32	+	-	-	+
160	-	-	+	+	0.25	-	-	+	-
125	+	+	+	-	0.20	-	+	-	+
100	+	-	-	-	0.16	+	+	+	+
80	-	+	+	-	0.13	-	-	-	+
63	-	-	-	-	0.10	+	-	+	+
40	+	-	+	-	0.06	-	+	+	+
25	-	-	+	-	0.04	-	-	+	+

3. 变速机构的调整

（1）主轴变速箱与进刀箱滑移齿轮啮合位置定位松紧的调整　主轴变速箱与进刀箱滑移齿轮在啮合位置上定位时，钢球进入轴上定位坑中。钢球的压力是由调整螺钉调整弹簧的压力决定的，旋动调整螺钉便可调整压紧力，调整后用锁圈锁住。

（2）操纵机构液压系统压力的调整　操纵机构液压系统的压力不应在操纵手柄处在停止位置时调整，最好在空档位置时调整。调整时打开主轴箱上盖，起动主轴，调节弹簧松紧即可调整压力，压力值应调整在 1.6~2.0MPa 之间。

三、液压操纵变速系统的常见故障与排除方法（见表3-6）

表3-6 液压操纵变速系统的常见故障与排除方法

故障表现	故障产生原因	排除方法
操纵机构液压系统无压力，主轴起动不了(Z3050)	1)油管脱落。操纵机构液压系统采用尼龙管，易脱落，虽然厂家提供一种专用扩口器，可提高扩口质量，但时间一长还是会脱落	1)建议改为金属管连接
	2)压力调节阀在开启状态下卡死	2)清洗压力阀并正确调整压力
	3)液压泵吸油管插入过滤器的深度不够或接头处漏气	3)增加插入深度，拧紧接头
	4)液压油不足	4)加足油
工作台不能变速或变速后指示灯不亮(C5112A)	1)电磁阀YV1滑阀换向不灵	1)用一细棍手动按压滑阀检查滑阀是否灵活，若不灵活可拆下清洗。用灌油或吹烟的方法检查各通口的通断状况
	2)限位开关SA1接触不良，锁杆在变速位置时未压到开关，在变速锁紧时未脱开开关，因而指示灯不亮	2)调整并固定限位开关位置
	3)锁杆动作不灵活	3)修理调整锁杆

第六节　数控机床主轴变速及操纵机构

一、数控机床主轴变速及控制方法

数控机床主轴变速有有级变速、无级变速及分段无级变速三种形式。

有级变速适用于经济型数控机床，只有若干个档位可选，通常有以下几种形式：①滑移齿轮手动变档；②手动变档+电磁离合器自动变档；③电磁离合器与双速电动机的联合自动变档；④手动变档+电磁离合器与双速电动机的自动变档。主轴电动机为普通异步交流电动机。

无级变速适用于主轴转速范围要求不太宽的数控机床，通常有以下几种形式：①交流或直流伺服电动机经带传动带动主轴实现无级变速；②伺服电动机与主轴直联；③电动机与主轴做成一体称为电主轴；④普通电动机（或专用变频电动机）+变频器调速。

分段无级变速适用于主轴转速范围要求较宽的数控机床，通常有以下几种变档形式：①液压操纵滑移齿轮自动换档；②电磁离合器自动换档；③上述两种并用。所用电动机为伺服电动机或普通电动机+变频器调速。

1. 有级变速

现以 CAK6150 型数控车床主轴变速系统为例说明主轴变速原理。

CAK6150 型数控车床主轴有级变速传动系统如图 3-14 所示。

该机床属于经济型数控车床，主轴传动系统为 12 级有级传动，采用双速电动机和两套电磁离合器完成 4 种自动变速，采用三联滑移齿轮手动变速，这样主轴可以得到 12 种转速。

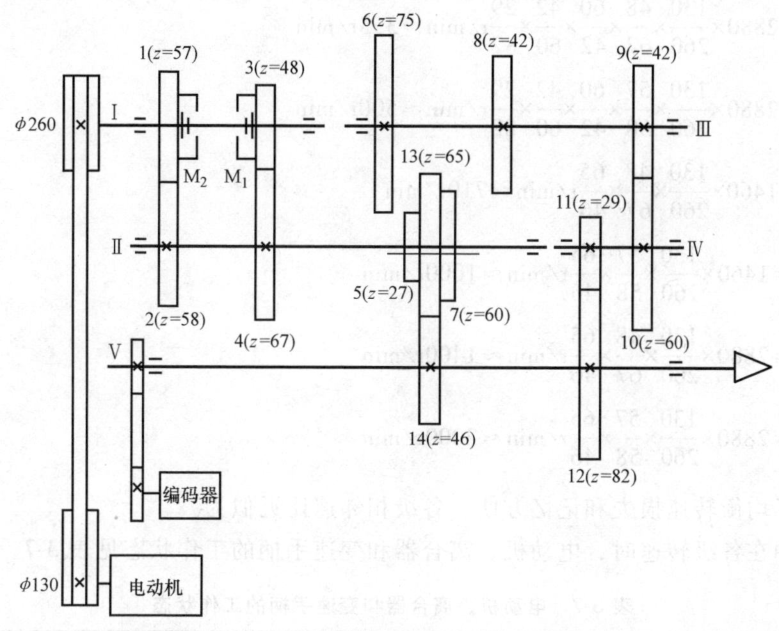

图 3-14　CAK6150 型数控车床主轴有级变速传动系统

主轴各级转速计算如下：

$$电动机转速\times\frac{130}{260}\times\begin{Bmatrix}\frac{z3}{z4}\\\frac{z1}{z2}\end{Bmatrix}\times\begin{Bmatrix}\begin{Bmatrix}\frac{z5}{z6}\\\frac{z7}{z8}\end{Bmatrix}\times\frac{z9}{z10}\times\frac{z11}{z12}\\\frac{z13}{z14}\end{Bmatrix}=主轴转速$$

电动机转速为 1460r/min 或 2880r/min，则

$$n_1=1460\times\frac{130}{260}\times\frac{48}{67}\times\frac{27}{75}\times\frac{42}{60}\times\frac{29}{82}\text{r/min}\approx45\text{r/min}$$

$$n_2=1460\times\frac{130}{260}\times\frac{57}{58}\times\frac{27}{75}\times\frac{42}{60}\times\frac{29}{82}\text{r/min}\approx63\text{r/min}$$

$$n_3=2880\times\frac{130}{260}\times\frac{48}{67}\times\frac{27}{75}\times\frac{42}{60}\times\frac{29}{82}\text{r/min}\approx90\text{r/min}$$

$$n_4 = 2880 \times \frac{130}{260} \times \frac{57}{58} \times \frac{27}{75} \times \frac{42}{60} \times \frac{29}{82} \text{r/min} \approx 125 \text{r/min}$$

$$n_5 = 1460 \times \frac{130}{260} \times \frac{48}{67} \times \frac{60}{42} \times \frac{42}{60} \times \frac{29}{82} \text{r/min} \approx 180 \text{r/min}$$

$$n_6 = 1460 \times \frac{130}{260} \times \frac{57}{58} \times \frac{60}{42} \times \frac{42}{60} \times \frac{29}{82} \text{r/min} \approx 250 \text{r/min}$$

$$n_7 = 2880 \times \frac{130}{260} \times \frac{48}{67} \times \frac{60}{42} \times \frac{42}{60} \times \frac{29}{82} \text{r/min} \approx 355 \text{r/min}$$

$$n_8 = 2880 \times \frac{130}{260} \times \frac{57}{58} \times \frac{60}{42} \times \frac{42}{60} \times \frac{29}{82} \text{r/min} \approx 500 \text{r/min}$$

$$n_9 = 1460 \times \frac{130}{260} \times \frac{48}{67} \times \frac{65}{46} \text{r/min} \approx 710 \text{r/min}$$

$$n_{10} = 1460 \times \frac{130}{260} \times \frac{57}{58} \times \frac{65}{46} \text{r/min} \approx 1000 \text{r/min}$$

$$n_{11} = 2880 \times \frac{130}{260} \times \frac{48}{67} \times \frac{65}{46} \text{r/min} \approx 1400 \text{r/min}$$

$$n_{12} = 2880 \times \frac{130}{260} \times \frac{57}{58} \times \frac{65}{46} \text{r/min} \approx 2000 \text{r/min}$$

为了均衡转速损失和记忆方便，各级相邻速比近似为$\sqrt{2}$。

主轴在各级转速时，电动机、离合器和变速手柄的工作状态见表3-7。

表3-7 电动机、离合器和变速手柄的工作状态

电动机转速/(r/min)	离合器M1通电为“+”	离合器M2通电为“+”	变速手柄位置			指令
			Ⅰ	Ⅱ	Ⅲ	
1460	+		45	180	710	M41
		+	63	250	1000	M42
2880	+		90	355	1400	M43
		+	125	500	2000	M44

若要完成主轴换档，应先将变速手柄扳到所在的档位位置上，然后在程序中输入M代码M41、M42、M43和M44中的与转速相对应的代码。例如，加工程序要求主轴的转速为250r/min，应首先将变速手柄扳到“Ⅱ”的位置（程序中应有M00代码，以便于手动变档），然后在程序中输入M42代码就可以获得主轴250r/min的转速。

2. 分段无级变速

分段无级变速是指有级变速与无级变速相结合，以扩大变速范围。有级变速通

常采用液压操纵滑移齿轮自动变速或电磁离合器变速，如果采用液压操纵三联滑移齿轮变速，为了简化液压系统，可用三位液压缸带动拨叉实现变速。如图 3-15 所示，改变不同的通油方式可使三联齿轮获得 3 个不同的变速位置。该机构除液压缸和活塞外，增加了套筒 4。当液压缸 1 通入液压油，液压缸 5 回油时，三联齿轮处于左端；当液压缸 1 和 5 同时通入液压油时，三联齿轮处于中间位置；当液压缸 5 通入液压油，液压缸 1 回油时，三联齿轮处于右端。三个位置都设有变速结束开关，以发出变速完成信号。

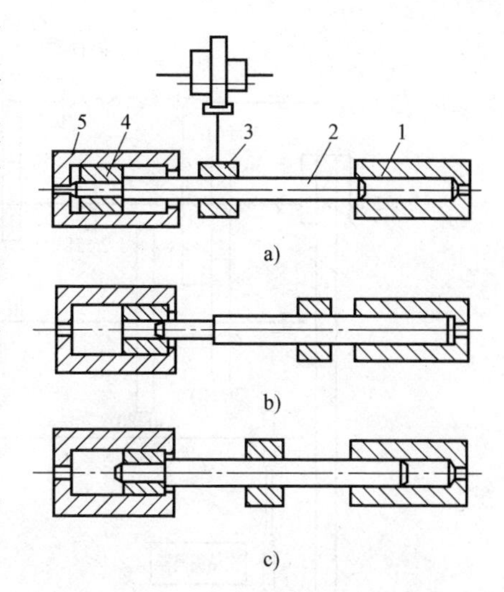

图 3-15　三位液压缸拨叉工作原理图
a）三联齿轮处于左端　b）三联齿轮处于右端
c）三联齿轮处于中间
1、5—液压缸　2—活塞杆　4—套筒

为了实现三联滑移齿轮的三个移动位置，可用中间机能为“P”型 PAB 连接的三位四通电磁阀控制。两个电磁铁都不通电时，三联齿轮处于中间位置。

齿轮变速时，为了避免“顶齿”现象，主电动机在设定的低转速下运行（或者抖动运行），以实现齿轮的顺利啮合。

3. 分段无级变速的控制过程

数控系统接收到主轴速度指令后，首先判断是否需要变档，若需要变档则进入自动换档模块，若不需要换档则电动机变速（通过对应电压变速），然后检测转速，若未达到设定速度则反馈并调节转速，若达到设定速度则变速结束。

自动换档模块的工作流程：当判断需要换档时，电动机开始降速，若未降至换档时的设定转速（一般低于 8r/min）则继续降速，若降至设定转速则给 PLC 发出换档指令。经延时，变速电磁阀动作并进行换档，经过延时后若检测到到位信号则结束自动换档，进行下一流程；若未检测到到位信号，此时电动机应冲动再延时一段时间，如果检测到到位信号则结束自动换档进行下一流程，如果仍未检测到到位信号则发出报警信号。

图 3-16 所示为 CAK6150Di 型数控车床分段无级变速主轴箱传动系统示意图。该机床采用 Fanuc0i 系统。主轴电动机用普通电动机+变频器调速，通过加工程序指令自动换档。

自动换档是由轴Ⅲ上的双联滑移齿轮 3、4 及与滑杆轴Ⅴ轴向一起移动的滑移齿轮 5、7 实现换档。

主轴各档的最高转速如下：

高档：$2920\times\frac{130}{260}\times\frac{56}{52}\times\frac{47}{38}\text{r/min}=2198\text{r/min}$

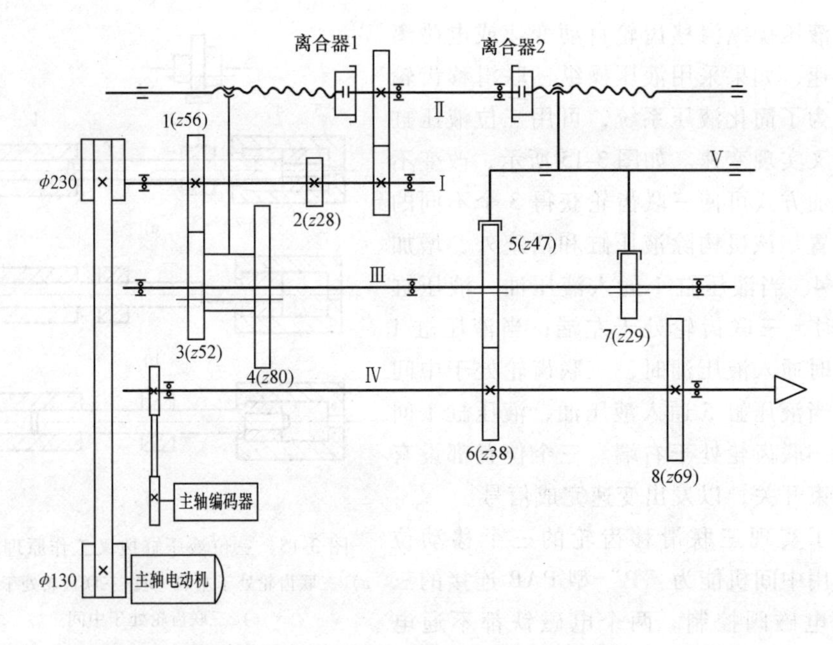

图 3-16 CAK6150Di 型数控车床分段无级变速主轴箱传动系统示意图

1~8—齿轮

注：电动机的最高转速为 2920r/min，带轮直径为 130mm 和 230mm。

中档：$2920\times\frac{130}{230}\times\frac{56}{52}\times\frac{29}{69}\mathrm{r/min}=747\mathrm{r/min}$ （取消）

$2920\times\frac{130}{230}\times\frac{28}{80}\times\frac{47}{38}\mathrm{r/min}=715\mathrm{r/min}$

低档：$2920\times\frac{130}{230}\times\frac{28}{80}\times\frac{29}{69}\mathrm{r/min}=243\mathrm{r/min}$

由于中档中的两档转速相近，故取消 747r/min 的档。

变档时，电动机以变档速度（由参数设定）慢速正转或反转以便于齿轮顺利啮合，控制轴Ⅱ也随之转动。电磁离合器接通时，通过丝杠螺母副带动滑移齿轮向左或向右移动，实现挂档。电磁离合器 1 或 2 的接通（或断开）与电动机的正转或反转带动控制轴正反转的不同组合，就可实现高、中、低、空各档位的变换。每个档在齿轮正确啮合位置时都有相应的到位开关发出到位信号。

假设装配时按高档装配，即齿轮 1 与 3 啮合，齿轮 5 与 6 啮合，现在我们用表 3-8 说明变档时，电动机的正反转与离合器的通断情况。

该机床主轴还有一个空档。当滑杆轴 V 向左或右移动在中间位置时（此位置滑移齿轮 5 和 7 都与相啮合的齿轮脱开），空档开关接通，离合器 2 断电，完成空档控制，此时可用手扳动主轴转动，以便装卸或测量工件尺寸。

表 3-8　变档时电动机转向与离合器的通断状态

档位转换工况	变档时电动机转向	变档时离合器 1 工况（通电为+，断电为-）	变档时离合器 2 工况（通电为+，断电为-）
高档变中档	正转	+	-
高档变低档	正转	+	+
中档变高档	反转	+	-
中档变低档	正转	-	+
低档变高档	反转	+	+
低档变中档	反转	-	+

注：换档过程中，若滑移齿轮到达所要啮合的正确位置，则到达开关发出信号，该离合器立即断电，然后发出换档完成信号。

CAK6150Di 数控车床变档控制机构为沈阳一机床的设计专利，它的优点：一是减少了变速电磁离合器的数量，如果用常规的电磁离合器变档需要五套离合器，而现在只用两套；二是电磁离合器（离合器的尺寸较小）不参与主传动的动力传递，而只是带动变档丝杠的转动，转矩很小，只有 10N·m；三是与液压操纵滑移齿轮变档比较，不需要复杂的液压控制系统的支持，降低了成本。

这种离合器在不通电时应彻底脱开，所以离合器与吸盘间应保持 0.3~0.5mm 的间隙，用 0.4mm 的间隙隔套来保证。当间隙小于 0.3mm 时，容易出现自行换档现象，造成齿轮打齿。当间隙超过 0.5mm 时，离合器未完全接合，无法实现主轴变档。当丝杠螺母副过紧时，摩擦扭矩大于离合器转矩，也无法变档。

二、Fanuc0i 系统换档的类型及相关参数

下面以 Fanuc0i 系统为例，阐述在分段无级变速情况下，电动机运行速度与主轴速度间的关系。

Fanuc0i 系统的换档方式分为 M 型和 T 型两种，其中 M 型又分为 A 方式和 B 方式两种。M 型 A 方式或 B 方式换档时序的过程如下：系统根据 S 代码的计算速度，当速度不在当前档位速度时发出换档指令，然后电动机被钳制在参数 3732 变档时的电动机速度转动（正转或反转），经延时后，发出指令进行换档动作（液压电磁阀或电磁离合器动作），换档完成后，接到换档到位信号时再经延时则换档结束，程序进入下一程序段。

T 型换档需有程序指令 M 代码才能实现换档。由 M41、M42、M43 和 M44 代码指令哪个档位。

M 型齿轮换档 A 方式（参数 3705 的 2#=0）如图 3-17 所示。横坐标为主轴转速，纵坐标为主轴电动机转速。

参数 3741~3743 为主轴 1~3 档各档的最高转速（对于 CAK6150Di 型数控车床

来说，分别为243r/min、715r/min、2198r/min）。

参数3735为主轴电动机最低钳制速度，设定值$=\dfrac{\text{主轴电动机最低钳制速度}}{\text{主轴电动机最高转速}}\times 4095$

参数3736为主轴电动机最高钳制速度，设定值$=\dfrac{\text{主轴电动机最高钳制速度}}{\text{主轴电动机最高转速}}\times 4095$

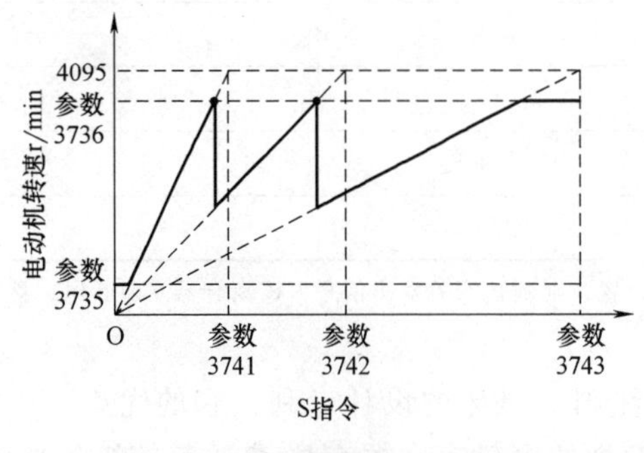

图3-17　M型齿轮换档A方式

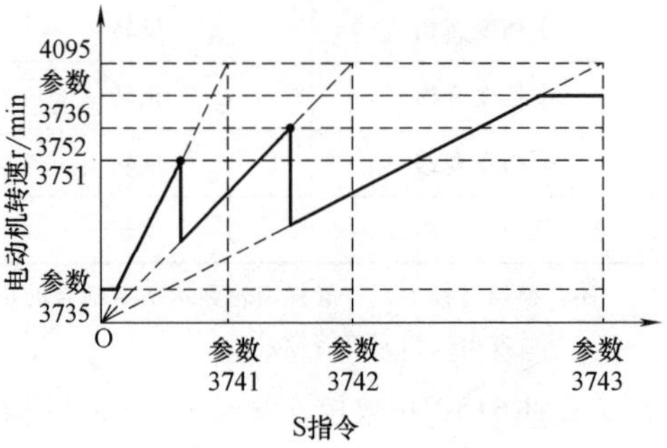

图3-18　M型齿轮换档B方式

各档主轴的最高转速和电动机最高转速之比为各档的传动比，它的倒数即为各档的直线斜率。A方式换档时主轴电动机处在最高钳制速度。

M型齿轮换档B方式（参数3705的2#=1）如图3-18所示。这种方式在换档时，主轴电动机在特定的转速下进行，由参数3751和3752确定。

参数3751为从低档到中档转换时的主轴电动机界限转速。

参数3752为从中档到高档转换时的主轴电动机界限转速。

3751，3752的设定值$=\dfrac{\text{主轴电动机的界限转速}}{\text{主轴电动机的最高转速}}\times 4095$

T型齿轮换档如图3-19所示，需要设定的参数为3741～3744（如CAK6150Di数控车床，3741=243r/min，3742=715r/min，3743=2198r/min）。

此时主轴电动机的设定值为4095。

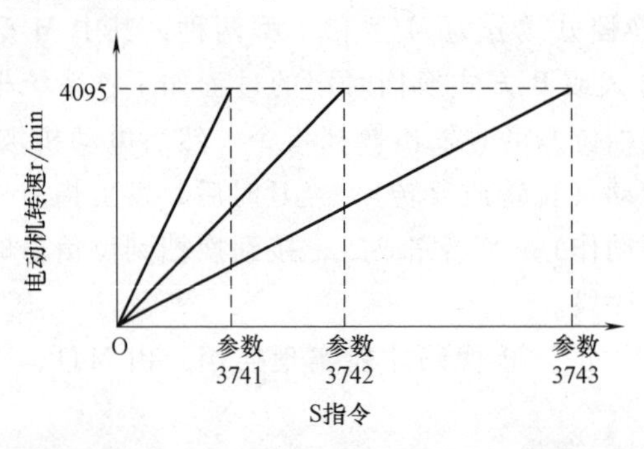

图3-19　T型齿轮换档

M型齿轮换档编程时执行S指令（如M03S200），系统可自行判定在哪个档位自动换档。

T 型齿轮换档编程时，如果只输入 S 指令，系统不能根据 S 指令自动输出档位信号，还应输入 M 代码选择齿轮档位，例如：M42；

M03S300；

这时齿轮挂在中档上，主轴转速为 300r/min。

辅助功能：M40——空档，M41——低档，M42——中档，M43——高档，M44——最高档。

T 型齿轮换档具有表面恒线速度切削功能，G 代码为 G96。

三、数控机床主轴变速的常见故障与排除方法（见表 3-9）

表 3-9　数控机床主轴变速的常见故障与排除方法

序号	故障现象	故障产生原因	排除方法
1	主轴不转	1）信号未发现	检测有关信号开关，修理或更换
		2）主轴倍率为零	检查处理
		3）主轴刀柄夹紧未发信号	检查夹紧松开开关，对症处理
		4）变档完成，变档信号未发出	检查变档开关，对症处理
		5）变档未完成，报警	检查液压系统，对症处理
		6）主轴传动带松脱或断损	张紧或更换传动带
		7）经济型手动变档机床，主轴编程错误，导致主轴报警（如程序为 SXXM03 误写成 M03SXX）	改写程序
		8）主轴（过电流）报警	降负荷，轴承过紧时应调整轴承间隙
		9）主轴七段显示管所显示的故障	按机床说明书提示处理
2	主轴无变速或变速未完成	1）变档完成开关失灵	调整或更换开关
		2）液压系统（如压力、电磁换向阀等）故障	调整压力，修复电磁换向阀
		3）拨叉磨薄、致滑移齿轮不到位	修复或更换拨叉
		4）换档时齿轮顶齿	变档速度调整不正确，应按机床说明书调整参数
			齿轮倒角被变形，应修复倒角
3	三联齿轮变速无中间位置	1）三位四通电磁阀中位机能不对	查看电磁阀标牌，中间位置应为 PAB 通路，否则应予以更换
		2）电磁铁未断电	检查电路，排除故障

第四章

液压传动系统的维修

本章将阐述各类磨床、仿形车床、组合机床、液压牛头刨床、拉床、数控机床等液压系统的工作原理及常见故障的处理方法，以及液压系统故障诊断的理论基础和故障检查方法。

第一节　M1432B 型万能外圆磨床液压系统的维修

一、M1432B 型万能外圆磨床液压系统的工作原理

1. 液压系统工作原理

图 4-1 所示为 M1432B 型万能外圆磨床液压系统原理图。

该机床可完成下列液压动作：

1）工作台往复运动。

2）砂轮架快速进退。

3）砂轮架周期进给。

4）尾架顶尖伸缩、导轨润滑及其他。

起动液压泵电动机 M3 后，液压泵 B 运转并输出液压油。主系统压力由溢流阀 P 调节（调到 0.9～1.1MPa），润滑系统压力由润滑稳定器 S 调节（调至 0.1～0.15MPa），各点的压力可由压力表座 K 上的压力表显示。

（1）工作台往复运动　工作台往复运动由液压操纵箱控制。操纵箱装于床身前面。置开停阀于“开”的位置（图 4-1 所示位置）时，来自液压泵的液压油至手摇机构液压缸 G5，手摇机构的传动齿轮与工作台齿条脱开啮合，工作台可液压驱动。工作台向右移动至预定位置时，固定于工作台上的撞块撞到换向杠杆，带动先导阀向左移动，先导阀移动到图 4-1 所示位置，液压泵的液压油经先导阀、换向停留阀 L_2 的单向阀推动换向滑阀左移，换向阀左腔的液压油经停留阀 L_1 的节流阀，再经先导阀回油箱，换向阀处于图 4-1 所示位置。换向的快慢由停留阀中的节流阀控制。此时，经换向阀的液压油进入工作台液压缸的左腔，右腔的液压油经换向阀、先导阀、开停阀和节流阀后回油箱，工作台向左移动，其移动速度由节流阀控制。

当工作台向左移动使撞块撞到换向杠杆时，带动先导阀向右移动，随之换向阀也移动至右端位置，工作台向右移动。

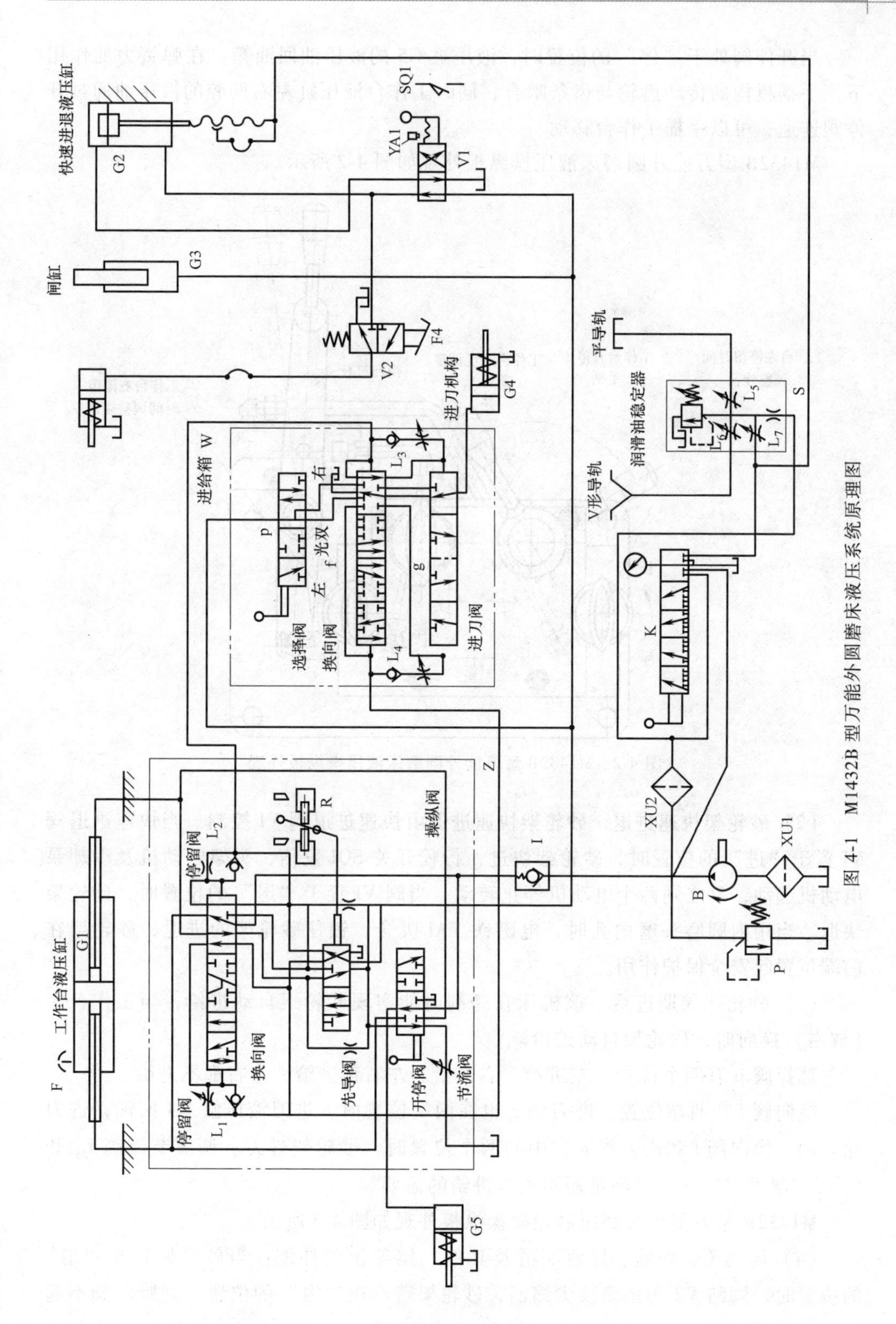

图 4-1 M1432B 型万能外圆磨床液压系统原理图

当开停阀处于“停”的位置时，液压缸 G5 的液压油回油箱。在弹簧力的作用下，手摇机构的传动齿轮与齿条啮合，同时工作台液压缸左右两腔的液压油通过开停阀连通，可以手摇工作台移动。

M1432B 型万能外圆磨床液压操纵板外观如图 4-2 所示。

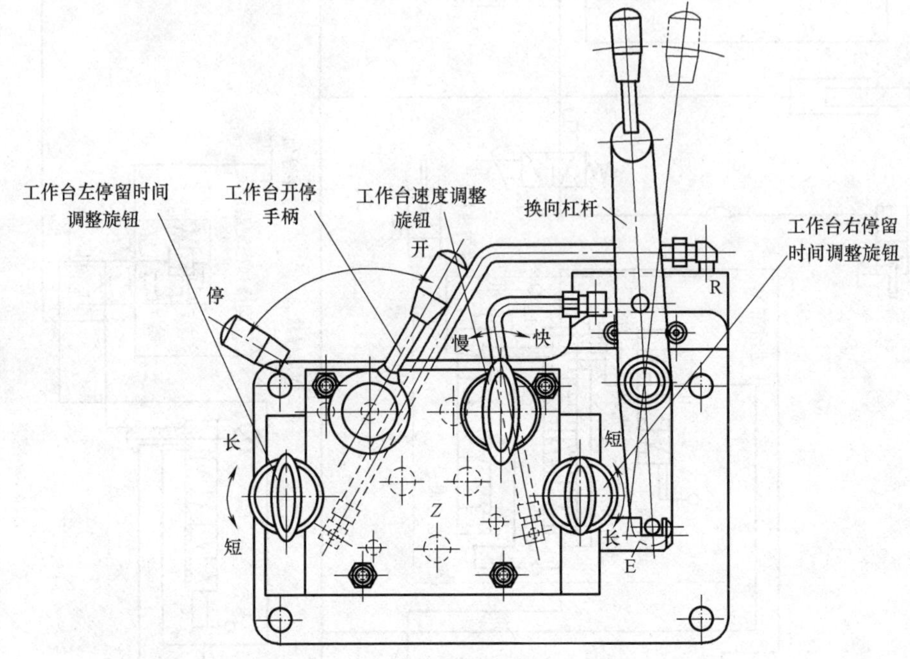

图 4-2　M1432B 型万能外圆磨床液压操纵板外观

（2）砂轮架快速进退　砂轮架快速进退由快速进退阀 VI 控制。当快速进退阀 VI 置于“进”的位置时，砂轮架快进，行程开关 SQI 发信，头架电动机及冷却泵电动机起动，反之则两个电动机停止转动。当阀 VI 置于“退”的位置时，砂轮架快退。当用内圆磨头磨内孔时，电磁铁 YAI 吸合，锁住砂轮架的进退，砂轮架在前端位置起安全保护作用。

（3）砂轮架周期进给　该机床在磨削时能实现砂轮架自动进给，当工作台左（或右）换向时，砂轮架自动进给。

选择阀 p 有四个位置：左进给、右进给、左右都进给、左右都不进给。

换向阀 f 在两端位置，进刀阀 g 也在两端位置时，进刀液压缸 G4 回油，进刀轮不动；换向阀 f 和进刀阀 g 在中间两个位置时，砂轮架进刀。调节节流阀 L_3 和 L_4 可控制进刀速度，以满足短距离双进给的需要。

M1432B 型万能外圆磨床砂轮架操纵板外观如图 4-3 所示。

（4）尾架顶尖伸缩、导轨润滑及其他　尾架顶尖伸缩：当砂轮架置于“退”的位置时，脚踏 V2 阀尾座顶尖缩回，砂轮架若不在“退”的位置，则脚踏阀不起

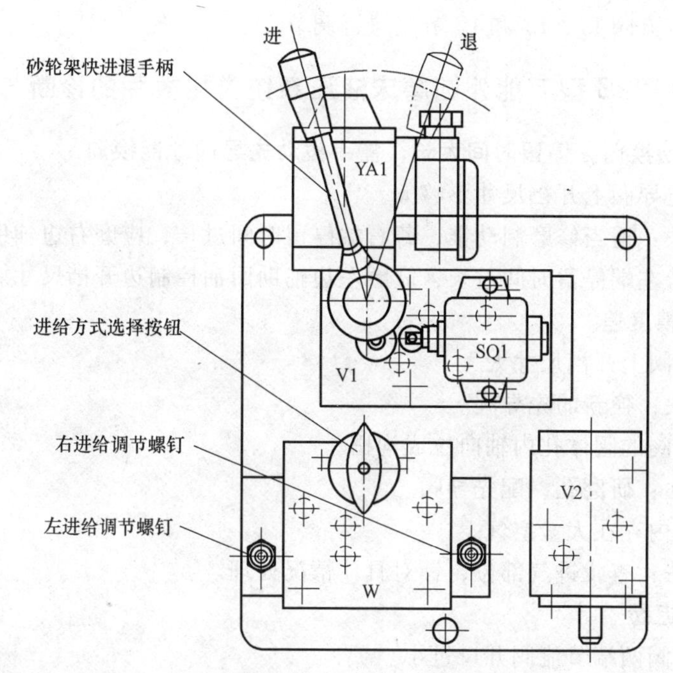

图 4-3　M1432B 型万能外圆磨床砂轮架操纵板外观

作用，这样可保证磨削时不发生掉件事故。

导轨润滑油经过滤器 XU2 进入润滑油稳定器 S，节流阀 L_5、L_6 和 L_7 可分别调整工作台平导轨、V 形导轨及丝杠螺母副的润滑油量。

放气阀 F 用来排除液压缸中的空气。打开放气阀，工作台全程往复运动数次，即可排除空气，排气完成后关闭放气阀。

压力表开关在不同位置可测得液压泵压力（由溢流阀 P 调整）、进入润滑稳定器的压力及润滑系统压力（由稳定器上的溢流阀调整）。

2. 液压系统的调整

（1）主系统压力的调整　起动液压泵，开停阀置于“停”的位置，由于润滑油稳定器进油三角沟的阻尼较大，不会产生多大的泄压，故溢流阀 P 可调整系统压力。调整前将压力表开关 K 置于对应位置，则压力表显示系统压力。此压力调整值为 0.9~1.1MPa。

（2）润滑系统压力的调整　要通过润滑油稳定器 S 上的溢流阀调节润滑系统压力。压力表开关置于相应检测位置，压力表显示值为 0.1~0.15MPa。

（3）工作台换向停留时间的调节　左、右换向停留时间分别调节，可由换向停留阀中的节流阀调节，即图 4-2 中的工作台左（或右）停留时间调整旋钮。

（4）砂轮架进给速度的调节　左、右进给速度分别调节，可由节流阀 L_3 和 L_4 调节，即图 4-3 中的左（或右）进给调节螺钉。

（5）各部位润滑油量的调节　平导轨、V 形导轨、横向进给螺母副分别由稳定器 S 上的节流阀 L_5、L_6 和 L_7 节流螺钉调节。

二、M1432B 型万能外圆磨床液压系统常见故障的诊断与检修

1. 无自动换向，停留时间太长，需手拨动先导阀才能换向

原因：先导阀上开裆尺寸不够大。

排除方法：适当修磨制动锥，若右端停留时间过长，应磨右边辅助回油控制边开裆尺寸；若左端停留时间过长，应磨左边辅助回油控制边开裆尺寸。

2. 换向精度差

1）先导阀上开裆尺寸太大。

排除方法：换新的先导阀。

2）先导阀的阀体孔内轴向拉成沟槽。

排除方法：研磨孔，配先导阀。

3）系统内存在大量空气。

排除方法：查找进气部位，针对具体情况处理。

3. 起步迟缓

1）换向阀两端节流阀开口过小。

排除方法：调整节流阀，适当增大开口量。

2）换向阀两环形槽距端面尺寸不对。

排除方法：将换向阀两端环形槽向端部方向去掉一点，这样可提前接通第二次和第一次快跳孔，加快起步速度。

4. 换向停留不稳定

1）换向阀两端单向阀封油不良，使停留时间短。

排除方法：检查钢球和阀座后处理。

2）停留阀与阀体孔配合间隙过大，使停留时间过长。

排除方法：重配停留阀。

3）停留阀开口被污物堵塞。

排除方法：清洗开停阀。

4）停留阀开口太小，使停留时间长。

排除方法：适当修大开口。

5）油液黏度太大。

排除方法：更换黏度小的油液。

5. 工作台移动时爬行

在压力调整合适的情况下，做以下几方面检查：

1）观察液压系统是否进入空气，如果有空气进入则油池中油的颜色发黄，有泡沫。这时应检查油箱中的油量是否加够，过滤器是否堵塞，液压泵吸油口是否漏气。逐一解决后，再打开工件台液压缸放气旋钮，起动液压缸，往复移动工作台，

可将液压缸中的空气排出。

2）观察工作台液压缸活塞杆在运行中是否顺畅。若不顺畅应调整修正。

3）若油封过紧或与活塞杆不同心，应加以调整。

4）若导轨与活塞杆运动方向不平行，导致导轨严重拉伤，应修复导轨，调整活塞杆与导轨的平行度。

6. 起动液压泵时，工作台有冲击

当液压泵关闭时，液压泵与电动机反转。压油口瞬间变吸油口，使液压系统中进入空气。当再次起动液压泵时，由于液压缸回油腔中存有空气，缺少背压，因而产生冲击。该现象运行一段时间就可消除。

7. 工作台往复运动速度相差较大

1）液压缸两端的密封松紧程度不一致，或一端密封不严，泄漏量太大，管接头漏油等。应对症处理。

2）放气阀在工作台正常工作时没有关闭。应在工作台往复数次后关闭放气阀。

8. 砂轮架快速进退时产生冲击

1）液压缸前后端单向阀密封不严，回油不经三角沟节流槽缓冲，而从单向阀直接回油箱。应修研单向阀阀座或更换圆度不良的钢球，使之封油良好。

2）砂轮架快进终点定位调整不当，致使活塞未进入缓冲位置时，定位头已顶上定位螺钉。应当重新调整定位螺钉。

3）液压缸内的活塞紧固螺母松动。应拆下液压缸后盖，拧紧活塞紧固螺母。

9. 切入法批量磨削时尺寸不稳定

1）砂轮架快进终点定位调整不当。正确的调整方法如下：拧松床身上的定位螺钉，操纵横向进给液压缸到终点（活塞顶紧液压缸盖），将千分表架固定在工作台上，表头触在砂轮架体上，保持一定压量，此时拧入定位螺钉，观察表针读数，当表针反转 0.01~0.02mm 时，用锁紧螺母将定位螺钉锁紧，然后反复进退几次，在砂轮前进终点时，若每次表针读数差在 0.005mm 以内即为合格，否则应查找其他原因。

2）活塞杆与丝杠连接轴承松动或轴承精度差。应调整或更换轴承。

3）闸缸失效。应进行检查，对症处理。

第二节　M2110 型内圆磨床液压系统的维修

一、M2110 型内圆磨床液压系统工作原理

图 4-4 所示为 M2110 型内圆磨床液压传动系统。

该机床的液压传动系统用于工作台的往复进给、快速趋近与快速退离、砂轮修

整器的翻下动作以及床身导轨的自动润滑等。

液压系统由齿轮泵供给液压油，系统工作压力由溢流阀调节为0.8~1.0MPa。各阀的作用如下：

开关阀：控制液压系统的开停，有开和停两个位置。当处于“开”位时，手摇机构齿轮脱开，工作台可自动做往复运动；当处于“停”位时，手摇机构接通，液压缸两腔连通，可手摇工作台移动。

先导阀、换向阀：实现工作台的自动换向，并在换向过程中实现制动、反向起动，使换向平稳。

修整器阀：此阀有工件磨削和砂轮修整两个位置。当处工件磨削位置时，修整器翻上，工作台液压缸回油经磨削节流阀回油箱；当处砂轮修整位置时，修整器翻下，工作台液压缸回油经磨削节流阀、修整节流阀双重节流，然后回油箱，工作台速度减慢，以适应砂轮修整的要求。

行程阀：此阀有两个位置，当阀处于自由状态时，弹簧将阀芯顶向上方，工作台液压缸回油经节流阀，实现磨削或砂轮修整；当阀被压下后，工作台液压缸回油直接经此阀回油箱，实现快速移动。

机床液压系统主要控制元件都集中在液压控制箱中。

1. 工作台自动往复进给

当各阀处在图4-4所示位置时，工作台向右移动，其液压回路为：①进油路：液压泵→油路1→开关阀D断面→油路2→换向阀→油路3→工作台液压缸左腔。②回油路：工作台液压缸右腔→油路4→油路5→先导阀→油路10→磨削节流阀→油路11→修整操纵阀B断面→油路12→行程阀→油箱。活塞推动工作台右行。

当工作台右行至调定位置时，工作台上的撞块拨动换向杠杆，通过齿轮齿条使先导阀向右移动。在移动过程中，制动锥将主回油路5→油路10通路逐渐关小，工作台开始制动。当先导阀移至油路9与油路7关闭、油路8与回油路关闭、油路9与油路8接通、油路7与回油路接通时，液压油由油路1、开关阀D断面、油路2、换向阀、油路9、先导阀、油路8、单向阀I_1换向阀左端油腔、换向阀右端油腔、油路7、先导阀回油箱。换向阀向右移动，并完全停止，此时由于换向阀右端油路7被遮住，回油需经节流阀L_2、油路7、先导阀回油箱，故移动速度减慢。当换向阀移至图4-4d所示的位置时，通道2、4接通，3、6接通，工作台液压缸右腔通液压油，左腔通油箱，于是工作台反向起动，并随着换向阀的连续右移，通道2、4和通道3、6开大，工作台反向速度加快，实现换向。

调节换向节流阀L_1、L_2可以调节换向速度，调节磨削节流阀可以调节工作台磨削进给速度。其速度可在1.5~6m/min范围内调节。

由于有先导阀的初制动与换向阀的终制动，因此换向精度较高，工作台在不同速度下，每端行程差≤1mm，在同一速度下，每端的行程差≤0.1mm。由于换向时受换向阀两端节流阀L_1、L_2的控制，故工作台换向时较为平稳。

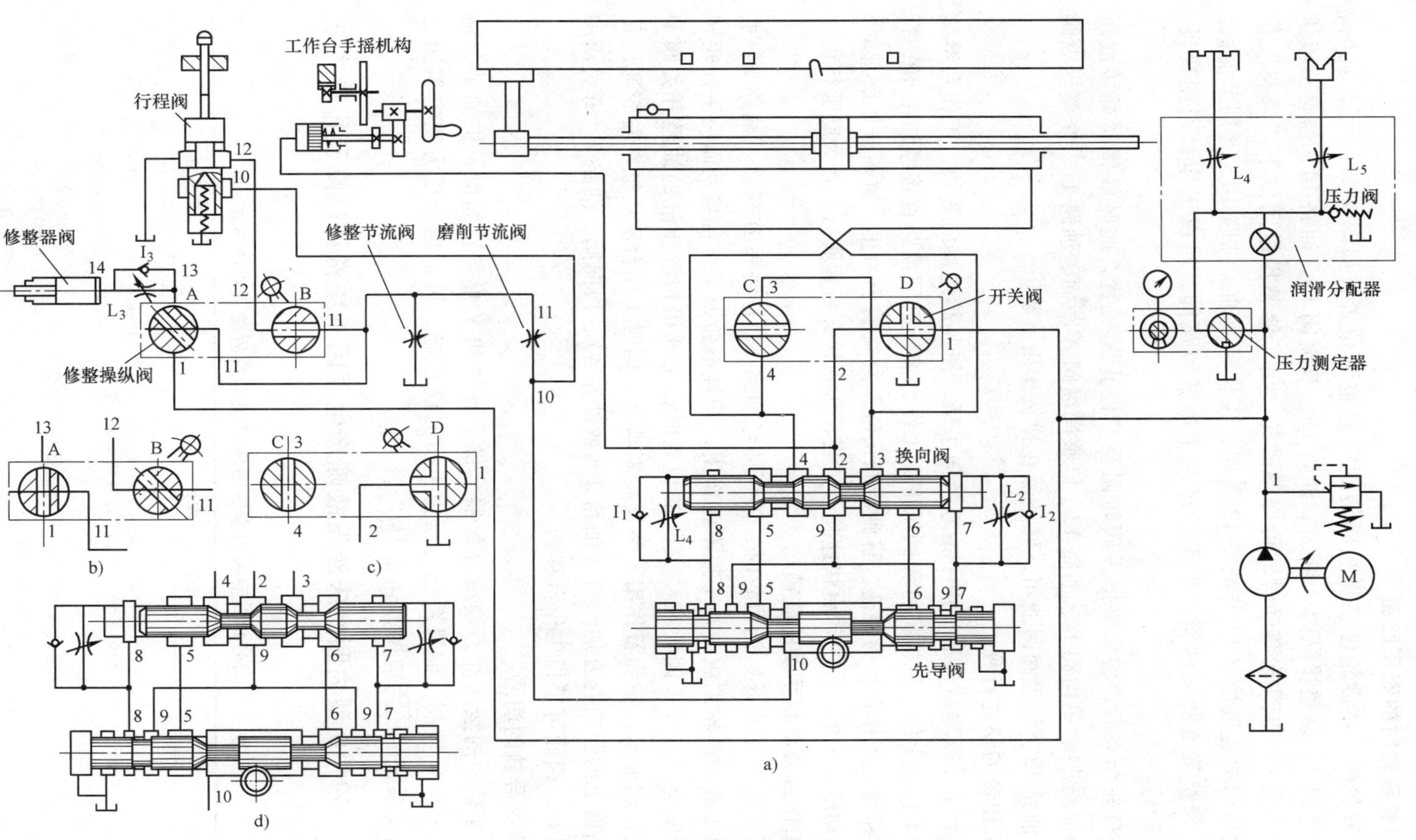

图 4-4　M2110 型内圆磨床的液压传动系统

a）工作台右行时先导阀、换向阀位置　b）修正操纵阀处“修正”位置
c）修正操纵阀处“停止”位置　d）工作台左行时先导阀、换向阀位置

2. 修整砂轮时的液压回路

修整砂轮时，将砂轮修整操纵阀转到“修整”位置，如图4-4b所示。此时，液压油经油路1、修整操纵阀A断面、油路13、节流阀L_3、油路14、修整器液压缸，修整器翻下，工作台移动时即可修整砂轮。由于修整操纵阀位于“修整”位置，因此主回油通道油路11与油路12关闭，工作台回油经油路10、磨削节流阀、油路11、修整节流阀回油箱，由于经过两个串联节流阀，所以工作台速度较慢，适于修整砂轮。

修整砂轮结束后，将修整操纵阀转回至“停止”位置，此时修整器翻转液压缸的油经油路14、单向阀I_3、油路13、修整操纵阀A断面、油路11、修整操纵阀B断面、油路12、行程阀回油箱，修整器在弹簧作用下翻上。

3. 工作台的快速行程

工作台工作行程结束后，用手抬起换向手柄，使其越过换向撞块，工作台继续移动，当工作台上的长压板将行程阀压下，工作台液压缸回油路直接经油路10、行程阀回油箱时，工作台转为快速，直到活塞顶液压缸端盖上为止。重新开始磨削时，需用手扳动换向手柄，使工作台快速趋近，当长压板松开行程阀时，转为磨削行程。

4. 工作台液动和手动的联锁

当开关阀处在“开”的位置时，液压油经油路1、开关阀D断面、油路2、手摇机构液压缸，齿轮副脱开，手摇不起作用，并且不会因工作台移动而使手摇轮转动，保证安全。当开关阀处在“关”的位置时，手摇机构液压缸的油经开关阀D断面径向孔回油箱，在弹簧作用下使齿轮副啮合，同时工作台液压缸左右腔通过开关阀C断面上的径向孔互通，且经油路3（或油路4）、换向阀、油路2、开关阀D断面回油箱，因而可手摇工作台移动。

5. 床身导轨的润滑

液压泵输出的液压油经润滑分配器，供平导轨和V形导轨润滑，供油量分别由节流阀L_4、L_5控制。润滑系统的压力由压力阀控制，可借助于压力测定器测定压力。润滑系统的压力应调整到0.1MPa。

二、M2110型内圆磨床液压故障产生原因系统常见故障及排除方法（见表4-1）

表4-1　M2110型内圆磨床液压系统常见故障及排除方法

故障现象	故障产生原因	排除方法
工作台运行速度不稳定，慢速时有爬行现象	1)液压油中进入空气 2)油箱中油液不足，过滤器堵塞，溢流阀压力过低 3)液压缸活塞杆与工作台连接后与运动方向不平行，蹩劲，油封过紧	1)用工作台左端小放气孔放气，快速全程移动工作台，往返多次便可排出液压油中的空气 2)检查油面高度、过滤器、溢流阀调节压力，对症处理 3)逐项检查，对症处理

（续）

故障现象	故障产生原因	排除方法
工作台换向呆滞，换向时有冲击现象	1）换向阀两侧盖板内的单向阀弹簧太硬，很难打开 2）换向阀滑阀滑动不灵，有阻滞现象 3）活塞杆两端连接螺母松动，引起换向冲击 4）换向阀两侧盖板内的单向阀密合不良，引起换向冲击	1）更换弹簧 2）清洗换向阀，清洗后仍不灵活，应修磨阀芯或研磨阀孔 3）紧固螺母 4）修复单向阀
工作台磨削、修整砂轮及快速移动速度失控	1）行程阀弹簧过软或折断引起阀芯位置不准 2）换向手柄上与长压板接触的小滚轮磨损，行程阀压不到位 3）工作台磨削速度节流阀或修整砂轮节流阀失灵，表现为阻塞或间隙过大 4）工作台上的控制压板位置没有调好 5）行程阀自锁失灵 6）工作台速度调节阀堵塞	1）更换弹簧 2）更换小滚轮 3）清洗、检修或更换节流阀 4）调整修整砂轮压板，把行程阀压下7mm，而快速压板又能将行程阀压下5mm 5）修理自锁机构 6）清洗节流阀
砂轮修整器翻下时有冲击现象	1）砂轮修整器液压缸油路中的单向阀密封不严 2）节流阀失灵、漏油 3）修整器弹簧失效	1）修复单向阀 2）修复或更换节流阀 3）更换弹簧

第三节　M7132H型平面磨床液压系统的维修

一、M7132H型平面磨床液压传动工作原理

图4-5所示为M7132H型平面磨床液压系统。

该机床的液压系统可完成下列三种主要动作：

1）工作台往复运动。

2）砂轮架横向进给的连续进刀和断续进刀。

3）导轨的润滑。

该机床的液压系统所包括的主要液压元件及其作用：

叶片液压泵：向系统提供流量为100L/min的液压油。

操纵阀Ⅰ：此阀为换向阀A的先导阀，控制换向阀的换向。

换向阀A：控制工作台液压缸的换向。

启停阀B：控制工作台的运动速度及液压系统的“启”和“停”。该阀有三个位置，分别是卸荷（液压泵无压力）、停止（液压泵有压力）和起动（在此状态下对工作台速度进行调节)。

进给阀D：当工作台换向时，通过此阀提供进给油路的液压油。

选择阀H：在三个不同位置可实现砂轮架连续进刀、断续进刀和不进刀，并可调节两种进刀的进刀速度。

滑阀J：操纵换向滑阀K，改变砂轮架进给方向。它可由固定于砂轮座上的挡铁操纵，也可手动“拉出”或“推进”。转动该阀90°，可以实现砂轮座自动或手动进给。

滑阀K：控制砂轮架进给方向。

润滑油稳定器：由P阀控制润滑油压力，当启停阀置“停”的位置时，调整P阀压力为0.2~0.4MPa，M、N分别调节V型导轨和平导轨的油量。

溢流阀：调整系统压力，调整时启停阀置“停”位，调整该阀压力为1~1.2MPa。

下面介绍液压系统的工作原理。

1. 工作台的往复运动

叶片液压泵输出的液压油经油路1进入工作台操纵箱，而后经工作台速度控制手柄（启停阀）之断面Ⅵ进入油路2，油路2的油液用于工作台液压缸传动。油液经油路1进入工作台运动操纵阀Ⅰ的断面Ⅱ的13，进入油路13的油液用以控制液压筒的换向。油液经油路13流入节流阀E及单向阀F而进入进给阀D右端，左端的油经操纵阀的Ⅲ截面回油箱，使进给阀D向左移动。如图4-5所示，进给阀向左移动的同时，油路13的油液经进给阀D环槽和油路14连通，进入油路14的油液经单向阀C、油路15进入换向阀A右端，左端的油经操纵阀的Ⅲ截面回油箱，换向阀A向左移动。因此油路2与油路3连通，油路2的油液经油路3进入工作台液压缸右端，左端的油经A、B阀回油箱（B阀节流），使活塞向左移动，这样工作台也跟着向左移动。当工作台移动到行程终了时，工作台上的撞块将手柄左移，操纵阀Ⅰ向顺时针方向旋转60°位置，这样油液方向和上述路线相反，也即工作台反向。

当工作台向左移动时，其左边的低压油经油路4和5进入工作台速度控制手柄的断面Ⅴ节流槽而流入阀B断面Ⅳ的中间通孔，经油路6回油池。

操纵阀Ⅰ不仅可以借工作台撞块操纵，也可用手扳动手柄进行手动操作。节流阀B用以调整换向阀A的移动速度。

工作台速度控制手柄有三档位置，在第一档位置时，油流动的方向如图4-5所示。如果回转手柄至第二档位置，则油路2、5关闭，工作台停止，但系统中仍保持压力，磨头部分还可开动（进行砂轮修整）。如果回转手柄至第三档位置，则油路1与油路6接通，整个液压系统卸荷，停止工作。

当手柄在第一档与第二档位置之间时，可以使工作台无级变速，其速度的调节范围为3~25m/min。

2. 横向连续进刀和断续进刀

砂轮座的横向进给是靠工作台操纵箱的进刀滑阀 D、进刀操纵控制手钮 H 和砂轮座换向液压箱联合作用实现的，油液借叶片液压泵沿油路 1 进入工作台操纵箱，通入砂轮座进刀操纵控制手扭 H 断面Ⅷ的油液，用以传动砂轮座液压筒和控制换向阀 K。图 4-5 所示位置为油液沿油路 1 经过进刀操纵控制手扭 H 断面Ⅷ的油路 8、滑阀 J，使油路 9 与 11 连通，油液进入砂轮座液压筒的左腔，右腔的油则沿油路 10、12 进背压阀沿油路 6 回油池，活塞杆即开始向右移动，紧固于活塞杆上之砂轮座也随着活塞杆一起向右移动，进行连续进刀。根据换向阀 K 在左端或右端的位置来控制砂轮座液压筒的右腔或左腔进油，即可控制其向前或向后连续进刀。

换向阀 K 左右移动可借滑阀 J 来控制。图 4-5 所示位置为油液经油路 8 进入油路 18 流入换向阀 K 的左腔，右腔的油经阀 J、油路 12 打开背压阀，经油路 6 回油箱，推动换向滑阀 K 向右移动。砂轮座工作终了时，则由挡铁带动滑阀 J 向左移动，于是油路 8 的液压油和油路 18 关断，换向滑阀 K 的左腔油路 18 流入油路 12，经背压阀、油路 6 回油池，油路 12 与油路 19 关断，油路 8 与油路 19 接通，液压油经油路 19 推动换向滑阀 K 向左移动，将油路 9、11 逐渐关小。油路 9、10 逐渐开大，则使砂轮座逐渐开始制动及换向。滑阀 J 不仅可借砂轮座挡铁操纵，也可拉出或推进手把进行手动操纵。

进刀操纵控制手扭 H 有三档位置，在第一档位置时为连续进刀，油液流动方向如图 4-5 所示。如果回转进刀操纵控制手扭 H 在第二档位置，则油路 1 与油路 8 关断，油液停止进入磨头换向操纵箱，砂轮座停止进刀。如果回转进刀操纵控制手扭 H 在第三档位置，则油路 1 与 8 关断，油液经断面Ⅸ使油路 7 与 8 连通，砂轮座进行断续进刀。

进刀滑阀 D 的左右移动由工作台操纵阀 I 来控制，当进刀操纵控制手扭 H 在断续进刀位置时，因工作台操纵阀 I 的转动，进刀滑阀 D 亦随着移动，当进刀滑阀 D 移至中间位置时，油路 1、7 接通，进入油路 7 的油液经断面Ⅸ沿断面Ⅷ的油路 8，进入磨头换向操纵箱中的滑阀 J，经油路 8、9 沿 11 进入液压缸左腔，如此工作台每换向一次即可进行一次断续进刀，其进刀量由进刀操纵控制手扭 H 来调整。

回转进刀操纵手扭 H 在第一档与第二档位置之间，连续进刀可无级变速，其调节范围为 0.5~3m/min；在第二档与第三档位置之间，可使断续进刀获得无级调整，每次的进给量应调整在 5~25mm 范围内。

滑阀 J 有两档位置，第一档为液动进刀，油液运动方向如图 4-5 所示。当转动手扭 90°时为第二档位置，则停止液动进刀，只可进行手动进刀。注意：此时必须将进刀操纵控制手扭 H 放在“停”的位置。

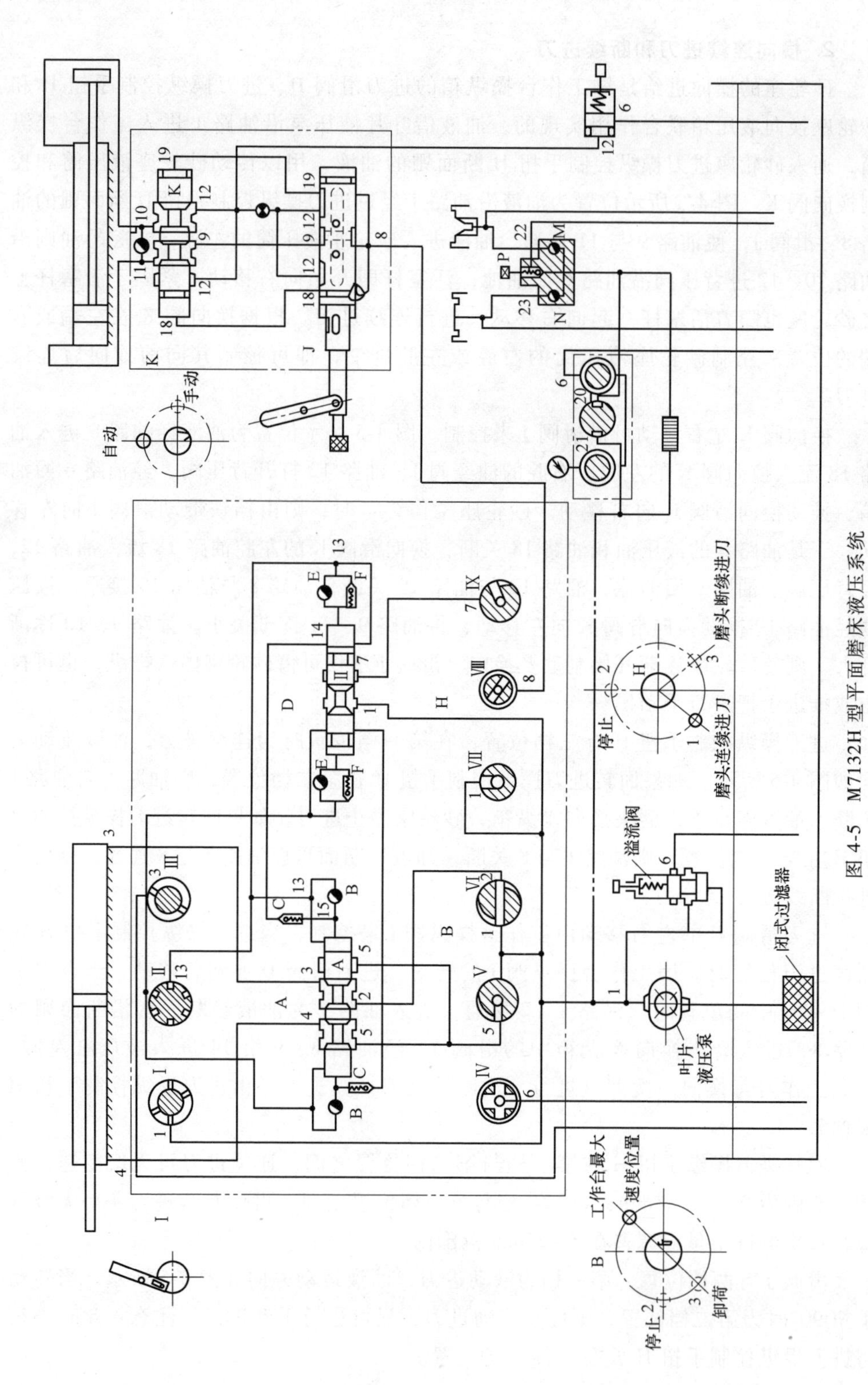

图 4-5 M7132H 型平面磨床液压系统

二、M7132H型平面磨床液压系统常见故障与排除方法（见表4-2）

表4-2　M7132H型平面磨床液压系统常见故障与排除方法

故障现象	故障产生原因	排除方法
工作台快速移动时速度达不到	1）液压系统压力过低 2）工作台导轨拉伤或润滑不良 3）开停阀、换向阀、液压缸、油管等有泄漏	1）调整系统压力，快速时溢流阀不应回油 2）检查导轨，打磨抛光拉伤部位，调整润滑油量 3）快速移动时检查溢流阀回油情况，如果不回油（或回油很少），工作台仍达不到快速移动要求，则一定有泄漏或液压泵磨损，应逐项检查处理
工作台换向冲击	1）液压操纵箱上的单向节流阀调节不当或功能丧失 2）换向阀制动锥尺寸不对	1）检查单向阀钢球与阀座的密合情况，如不好则应修复，重新调整节流阀 2）按图样对照尺寸，如不符应进行修正或更换新阀
砂轮座连续进给时有爬行	1）砂轮座进给选择阀有泄漏 2）砂轮座滑枕导轨接触不良，镶条调整过紧 3）导轨润滑不良	1）修复或更换选择阀 2）检查修复导轨，调整导轨间隙，用0.03mm塞尺检查间隙，塞入深度小于20mm 3）改善润滑
砂轮座进给不稳定，有时不进给	1）砂轮座滑枕导轨接触不良，镶条调整过紧，导轨润滑不良 2）进给换向阀K移动不灵活 3）进给阀D两端的单向节流阀堵塞	1）配刮镶条和导轨，调整润滑，使导轨滑动自如，无阻滞 2）研磨并清洗滑阀K 3）清洗节流阀

第四节　CE7120型仿形车床液压系统的维修

一、液压系统的组成与工作原理

1. 液压油箱

液压油箱位于右床腿，装有约400L液压油。在油箱顶盖上装有液压泵装置，由Y100L-4型电动机驱动两个限压式变量叶片液压泵TY10F-40/40，泵的吸油口装有WU-63X100J过滤器，泵输出的液压油供仿形刀架、床鞍纵向液压缸、横切刀架液压缸、主轴液压卡盘、尾座套筒液压缸工作。各液压缸在原始位置时，泵的压力示值应为3.5MPa，横切泵为2.5MPa，液压卡盘与尾座套筒液压缸压力示值应为0.5~1.5MPa。油箱上还装有一个四次进给节流阀TY55-3B，用来控制仿形刀架在切削过程中纵向进给的四种速度变换。阀上部的手柄是用来调整最小进给量S_4，

其他三种进给量 S_1、S_2、S_3 由两个电磁铁自动控制，并按比例逐级递增。

2. 液压操纵板

液压操纵板用来控制仿形刀架、纵进给液压缸、尾架、液压卡盘、回转刀架和横切刀架六部分的执行机构。图 4-6 所示为 CE7120 型仿形车床液压系统原理图。

（1）仿形刀架的随动运动　该仿形系统为一双边滑阀控制的随动系统。仿形工作的实现是借助于样板或样件来完成的。当电磁铁 YA1 通电时，随动滑阀在弹簧作用下移动，上控制边开口增大，下控制边封闭。液压油进入液压缸下腔，上腔油经上开口回油箱，仿形液压缸与仿形刀架一起实现引刀动作。当仿形触销接触样板或样件时，随动阀处于一个新的平衡位置，使进入液压缸两腔的液压油产生大小相等、方向相反的力，刀架处于平衡不动状态。在纵进给液压缸活塞的拖动下，仿形触销沿样板或样件的型面移动，不断改变随动阀的位置，使滑体横向运动与床鞍纵向运动合成一个运动，这个合成运动使刀具按着样板或样件的型面运动，车削出与样板或样件型面一致的回转表面。当电磁铁 YA1 断电时，随动滑阀在电磁铁上方弹簧作用下向上移动，上控制边封闭，下控制边开口增大，此时仿形液压缸成为差动液压缸，从而仿形刀架同仿形液压缸一起向上运动，实现退刀，直至回到最上的原始位置。单向阀 I-25B 防止液压停止后仿形刀架自行下滑。

（2）床鞍的纵向运动　床鞍纵向运动由纵进给液压缸活塞拖动。用一个三位四通电磁阀 34E2-25B、一个二位三通电磁阀 23E2-25B 和一个四次进给节流阀 TY55-3B 联合控制，34E1-25B 用来控制床鞍的前进和后退方向，23E2-25B 用来控制床鞍的快速工进转换，TY55-3B 用来控制床鞍的工进速度，而且与主轴转速相对应，n_1 对应于 s_1，n_2 对应于 s_2，n_3 对应于 s_3，s_4 进给减慢。

（3）尾座套筒的伸缩，卡盘液压缸的松夹动作　尾座套筒的伸缩，卡盘的松夹分别由一个二位四通电磁阀 24E2-25B 控制，尾座顶尖的顶紧力与卡盘液压缸的夹紧力由减压阀 J1-25B 调整，数值在 0.5~1.5MPa 之间。为了防止其他油路压力波动影响顶尖的顶紧和卡盘的夹紧而引起事故，特在进油路中加一单向阀 I-25B，形成自锁回路。

（4）回转刀架的夹紧、松开及转位运动　回转刀架的夹紧、松开及转位运动由转位刀夹体下面的叶片液压缸来驱动，用一个二位四通电磁阀 24E2-25B 和一个单向节流阀 LI-25B 来控制。LI-25B 控制转位速度，24E2-25B 控制刀架的夹紧、松开及回转运动，刀夹的夹紧、松开是靠螺杆的旋转来实现的。

（5）横切刀架的运动　横切刀架由一个单独的泵供油（其目的是为了防止仿形刀架与横切刀架运动时压力互相干扰），用一个三位四通电磁阀 34E2-25B 实现液压缸换向，用二位三通电磁阀实现快慢速转换，用调速阀 Q2-10B 实现进给速度的调整。液压泵的压力应在横切刀架不动时（YA10、YA11 断电）调整，调整值为 2.5MPa。

该液压系统采用两个限压式变量泵，系统中没有安装溢流阀（安全阀），其最大输出压力由液压泵调整，当液压泵达到调整压力时，流量输出为零。或者说当输

出油液被堵死时，液压泵达到所调整的最高压力。

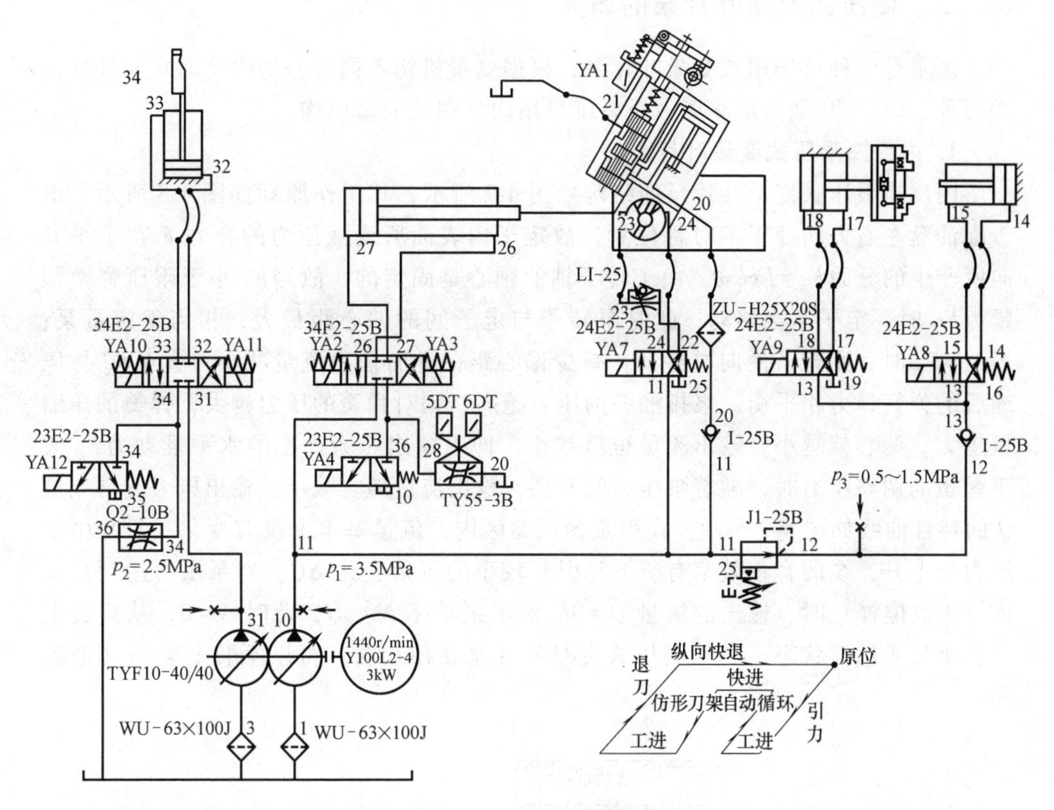

动作	电磁铁 YA											
	1	2	3	4	5	6	7	8	9	10	11	12
仿形刀架引刀	+											
仿形刀架退刀	–											
纵向快进		+	–	+								
纵向快退		–	+	+								
纵向停止		–	–	–								
纵向进给 S1		+	–	–	+	–						
纵向进给 S2		+	–	–	–	+						
纵向进给 S3		+	–	–	+	+						
纵向进给 S4		+	–	–	–	–						
刀架夹紧							–					
刀架转位							+					
屋架顶尖前进								–				
屋架顶尖后退								+				
液压卡盘夹紧									–			
液压卡盘松开									+			
横切刀架快进										+	–	+
横切刀架工进										+	–	–
横切刀架工退										–	+	+
横切刀架快退										–	+	+
横切刀架停止										–	–	–

注：“+”表示电磁铁通电，“–”表示电磁铁断电。

图 4-6　CE7120 型仿形车床液压系统原理图

二、限压式变量叶片泵的调整

该泵是一种单作用式变量叶片泵，根据变量机构不同可分为内反馈式与外反馈式两种。CE7120 型仿形车床液压系统采用内反馈式变量机构。

1. 内反馈限压式变量叶片泵

内反馈限压式变量叶片泵的结构如图 4-7 所示，其工作原理如图 4-8 所示。由于配油盘左右方向处于不对称位置，故定子内表面所受液压力的合力 F 在水平方向所产生的分力$F_x = F\cos\theta$。由于转子轴的轴心是固定的，故当F_x 小于限压弹簧预紧力$F_{弹}$时，定子不会移动，此时泵转子与定子间的偏心距最大，相当于定量泵；当$F_x > F_{弹}$时，则定子便向右移动，减少偏心距，进而输出流量减小，直至F_x 与压缩后的弹簧弹力相平衡。泵排油腔的压力越高，则对弹簧的压力越大，弹簧的压缩量越大，偏心就越小，输出流量也就越小，即当输出压力产生的水平推动力F_x 大于弹簧的调整压力时，随着泵压力的升高，输出流量随之减小。输出压力 p 与流量 Q 的特性曲线如图 4-9 所示。在弹簧预压缩区内，流量基本上没有变化，只是由于压力的上升，泵的容积效率有所下降引起较小的流量变化 ΔQ。当泵压力达到最高值（A 点位置）时，输出的流量 $Q=0$。由于泵功率 $N=pQ$，此时 $N=0$，从广义上说，泵处于卸荷状态，因此限压式变量叶片泵在使用时，可以不装安全阀（溢流阀）。

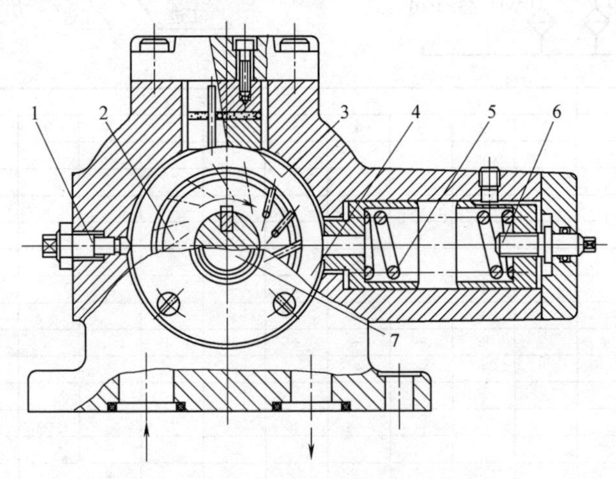

图 4-7 内反馈限压式变量叶片泵结构

1—调节螺钉 2—转子 3—滑块 4—定子

5—限压弹簧 6—调整弹簧螺钉 7—驱动轴

2. 外反馈限压式变量叶片泵

外反馈限压式变量叶片泵的结构如图 4-10 所示，其工作原理如图 4-11 所示。这种泵的控制压力取自泵出口的压力 F_1，由柱塞 8 来推动定子环。当出口压力对

柱塞 8 推力 F_{x1} 小于限压弹簧 2 预紧力 $F_{弹}$ 时，该泵相当于定量泵；当 $F_{x1}>F_{弹}$ 时，该泵就变成了变量泵。其 p-Q 曲线和内反馈相同。

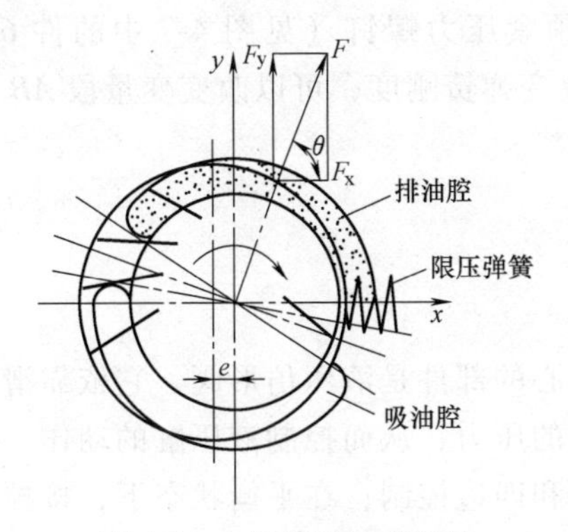

图 4-8　内反馈限压式变量叶片泵工作原理图

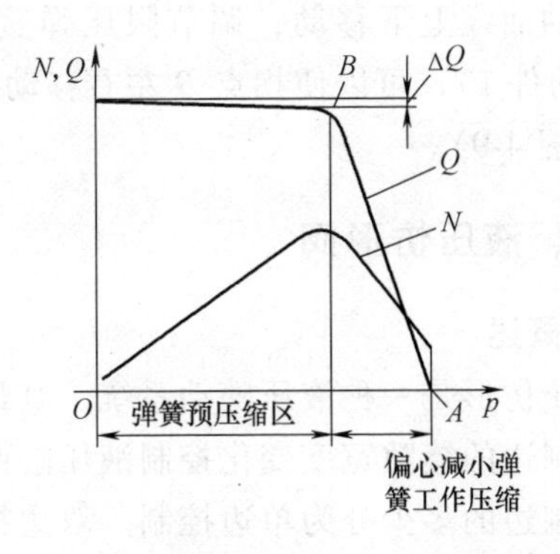

图 4-9　限压式变量叶片泵 p-Q 特性曲线

A—限压点　B—拐点　ΔQ—流量损失

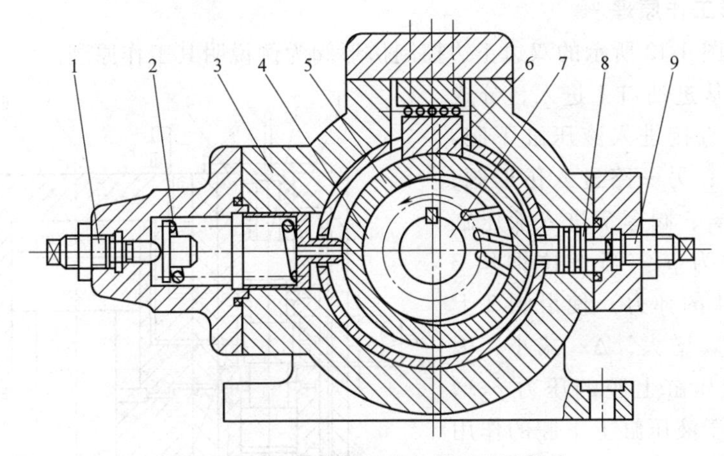

图 4-10　外反馈限压式变量叶片泵结构

1、9—调节螺钉　2—限压弹簧　3—泵体　4—转子　5—定子　6—滑块　7—驱动轴　8—柱塞

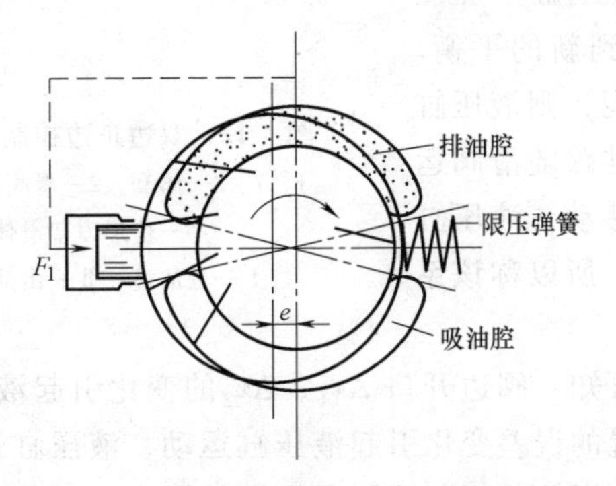

图 4-11　外反馈限压式变量叶片泵工作原理图

3. 限压式变量叶片泵的调整

调节定子最大偏心距的螺钉（见图 4-7 中的件 1、图 4-10 中的件 9），可以使定量段的曲线上下移动；调节限压弹簧的预紧压力螺钉（见图 4-7 中的件 6、图 4-10中的件 1），可以使拐点 B 左右移动；改变弹簧刚度，可以改变变量段 AB 的斜率（见图 4-9）。

三、液压仿形阀

1. 概述

液压仿形是一种液压随动系统，其最核心的部件是液压仿形阀。它依靠滑阀与阀套控制边的缝隙宽度变化控制液压缸两腔的压力，从而控制液压缸的动作。仿形阀按控制边的多少分为单边控制、双边控制和四边控制；在平衡状态下，按控制边的缝隙的大小分为正边控制（有缝隙）、负边控制（缝隙为负值）和零边控制（缝隙为零）。

2. 仿形工作原理

下面以图 4-12 所示的双边正边控制仿形阀为例说明其工作原理。

液压油从进油口 I 进入，分成两路：一路直接进入液压缸下腔，其压力为 p_1；另一路进入仿形阀，经过间隙 Δx_1、阀套 7 进入液压缸上腔，压力为 p_2。当上拉钢丝 3（克服弹簧 4 的弹力）使滑阀 2 上移时，则 Δx_1 增大，Δx_2 减小，因而使进入液压缸上腔的压力 p_2 增大，使作用于液压缸上下腔的作用力失去平衡，液压缸向上运动。液压缸向上运动的结果使 Δx_1 减小，Δx_2 增大，进而又使液压缸上腔压力减小，液压缸又达到新的平衡。如果继续向上拉动滑阀，则液压缸继续向上运动，液压缸跟随滑阀运动；反之，滑阀向下移动，液压缸也跟随滑阀向下移动。所以称该系统为随动系统。

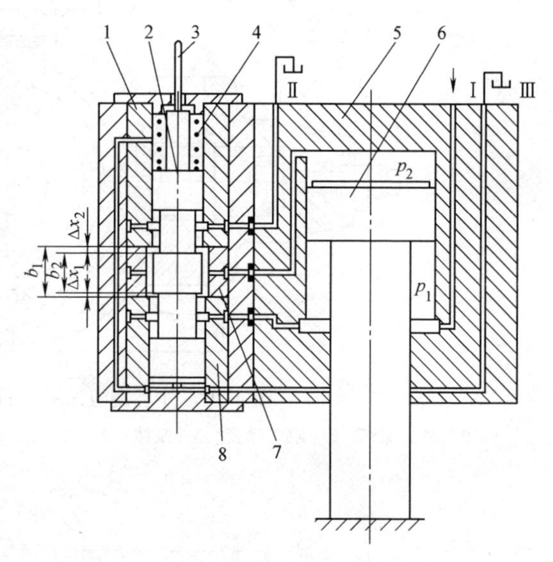

图 4-12 双边正边控制仿形阀工作原理图
1、7、8—阀套 2—滑阀 3—钢丝 4—弹簧
5—仿形刀架滑体 6—活塞
Ⅰ—进油口 Ⅱ—出油口 Ⅲ—泄油口

从上述随动过程可知：阀边开口 Δx_1、Δx_2 的变化引起液压缸运动的变化，即滑阀与液压缸相对位置的误差变化引起液压缸运动，液压缸运动结果又消除误差。随动过程就是不断产生误差又不断消除误差的过程。

下面讨论液压缸在平衡状态下（液压缸不动）液压缸上下腔压力与缝隙大小之间的关系。油液流过缝隙的流量符合薄壁小孔流量公式：

$$Q=\mu A\sqrt{\frac{2\Delta p}{\rho}}$$

式中　Q——通过缝隙的流量（m^3/s）；

μ——流量系数；

Δp——缝隙前后压力差（Pa）；

ρ——油液密度（kg/m^3）；

A——通流面积（m^2），

$$A=\pi d\Delta x$$

其中，d 为滑阀直径（m），Δx 为缝隙宽度（m）。

通过缝隙 Δx_1 的流量：

$$Q_1=\mu\pi d\Delta x_1\sqrt{\frac{2(p_1-p_2)}{\rho}}$$

通过缝隙 Δx_2 的流量：

$$Q_2=\mu\pi d\Delta x_2\sqrt{\frac{2p_2}{\rho}}$$

由于液压缸处于平衡状态，所以 $Q_1=Q_2$，有

$$\mu\pi d\Delta x_1\sqrt{\frac{2(p_1-p_2)}{\rho}}=\mu\pi d\Delta x_2\sqrt{\frac{2p_2}{\rho}}$$

整理后得

$$p_2=\frac{1}{1+\left(\frac{\Delta x_2}{\Delta x_1}\right)^2}p_1$$

由上式可知，滑阀上移后，使 Δx_1 增大，Δx_2 减小，因此 p_2 增大，液压缸向上运动；滑阀下移后，Δx_1 减小，Δx_2 增大，因此 p_2 减小，液压缸向下运动。

由于仿形刀架为倾斜安装，液压缸运动方向与水平方向成60°的倾斜角，故刀具的仿形运动是由床鞍的水平移动和仿形刀架的斜向移动合成的。如图4-13所示，v_1 为床鞍水平移动速度，v_2 为仿形刀架斜向移动速度，v 为刀具速度。

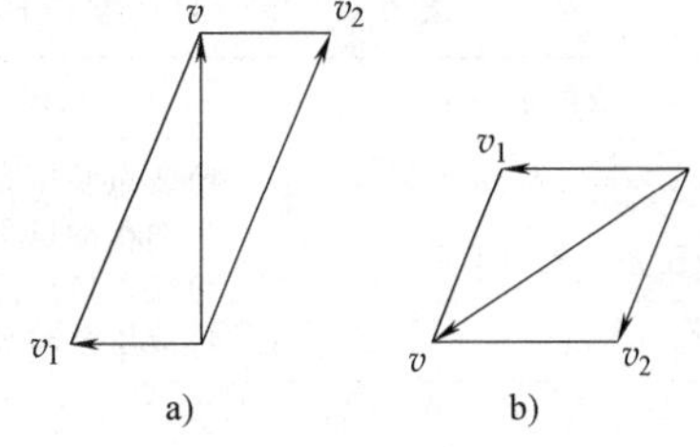

图4-13　仿形刀架与床鞍移动速度的合成

a）车直角台阶时的示意图

b）车型面角为30°负锥时的示意图

有的液压仿形车床的仿形刀架为垂直

安装，纵向导轨与仿形刀架导轨垂直，如苏联生产的1722液压仿形车床，其刀架滑体运动方向与床鞍运动方向成90°，在车直角台阶时，床鞍停止不动，只是仿形刀架做垂直移动（通过液压系统中特殊设计的平衡阀来实现）。

3. 对仿形阀的要求

仿形阀的动作灵活性和配合精度对液压仿形机床至关重要，具体要求如下：

1）滑阀与阀套的几何公差要求严格。

2）滑阀与阀套间的开口尺寸Δx要求严格，应根据滑阀的尺寸b_2（见图4-12）配研阀套b_1的尺寸。

3）阀边不准倒角（包括阀套），保持锐缘薄壁通口。

4）滑阀与阀套孔的配合间隙要小，滑动灵活，用手转动和移动滑阀手感要柔和，阀套孔应研磨。

四、液压仿形系统的故障分析

液压仿形系统的故障和产生原因既有液压方面的，也有机械方面的。

1）加工表面质量差，有不规则波纹，严重时出现小凸台或小沟槽。产生原因：①仿形刀架液压缸进入空气，出现爬行；②仿形阀内进入杂质或仿形阀拉伤；③仿形缸与导轨不平行，有“别劲”现象；④仿形阀磨损、渗漏严重（只有老设备才会出现）；⑤触销压力过大，触销杠杆绕支点转动不灵活，或触销机构松动；⑥仿形刀架导轨过紧；⑦仿形样件表面不平滑。

2）加工直角台阶面不出台阶轨迹。产生原因：①仿形液压缸泄漏严重或活塞松动；②纵向大拖板液压缸速度调整过大；③仿形阀卡住。

3）仿形刀架不能快退。产生原因：①快退电磁铁未断电（见图4-6中的YA1）；②YA1虽断电，但由于弹簧原因未复位，液压缸无法差动快退。

以上故障可根据产生的原因采取相应措施排除。

五、液压、电气系统故障及排除方法

以CE7120型仿形车床为例说明液压、电气系统故障及排除方法（见表4-3）

表4-3　CE7120型仿形车床液压、电气系统故障及排除方法

故障现象	故障产生原因	排除方法
液压系统压力不足	1)变量泵压力调整不当 2)油箱油量不足 3)吸入口过滤器堵塞 4)液压泵与吸油管连接处漏气	1)重新调整变量泵压力 2)按油标加足油 3)清洗过滤器 4)用聚四氟乙烯胶带将连接螺纹密封
床鞍、滑体等执行部件工作时爬行	1)液压系统中进入空气 2)滑动导轨过紧或松紧不均 3)节流阀有部分堵塞	1)检查液压泵吸油口处连接螺纹是否密封，检查各油封是否损坏，根据情况进行修复或更换 2)修复导轨并正确调整间隙 3)清洗节流阀

（续）

故障现象	故障产生原因	排除方法
二位四通、三位四通电磁换向阀电磁铁已动作，但液压缸不换向或换向缓慢	1）电磁铁与阀体连接螺钉松动，滑阀动作不到位 2）滑阀动作不灵活 3）推杆长度不合适	1）拧紧连接螺钉 2）清洗滑阀 3）用吹烟法检查滑阀在不同位置各通口的通断状况，确定推杆尺寸
机床程序错乱	1）撞块、开关松动 2）二极管损坏	1）固定撞块、开关 2）更换二极管
回转刀夹回转不灵活，定位不准，不能锁紧	1）滑动面接触不良 2）刀架内进入杂物 3）三个微动开关 SQ15、SQ16、SQ17 触销位移	1）修复滑动面，确保一定的滑动间隙 2）清洗刀架 3）修复微动开关
仿形刀架引刀结束无进给动作	1）行程开关 SQ14 未放开 2）电磁铁 YA2 有故障	查找电气原因，排除故障
仿形刀架退刀结束床鞍无纵向退回动作	1）行程开关 SQ13 未放开 2）电磁铁 YA3 有故障	

第五节　组合机床液压系统的维修

组合机床的动力部件分为自驱式和他驱式两种。自驱式有机械动力头和液压动力头，他驱式有机械滑台和液压滑台。下面重点介绍液压动力头和液压滑台的液压系统的工作原理与故障检修。

一、自驱式动力头液压系统

自驱式动力头本身带有油箱、液压泵和液压控制装置，能用自己的动力源实现快速移进、第一次工作进给、第二次工作进给、死挡铁停留、快退和原位停止等程序，完成一次工作循环。其液压系统工作原理如图 4-14 所示。

1. 快速移进

YA1 通电，滑阀的阀芯Ⅳ移到上端，变量泵 1 输出的液压油经油路 2、阀Ⅲ进入液压缸 G 的右腔，同时，液压油经油路 1、阀Ⅳ、油路 4 进入液压缸左腔，即左、右腔互通液压油，液压缸 G 差动连接，实现快速进给。此时，变量泵的变量机构的活塞腔油液经油路 10、阀Ⅱ、油路 9、阀Ⅳ、油路 6、油路 7、阀Ⅲ、油路 8 回油箱，使变量泵处于最大的输出流量。

2. 第一次工作进给

YA1 继续通电，行程撞块将滑阀Ⅳ的阀芯推到中间位置，液压油经油路 1、油路2、阀Ⅲ、油路3进入液压缸G的右腔。左腔回油由油路4、节流阀Ⅴ、油路17、阀Ⅳ、油路6、油路7、阀Ⅲ、油路8回油箱。变量泵的变量机构的活塞腔通过油路10、阀Ⅱ、油路9、阀Ⅳ、油路4与液压缸G左腔相通。液压缸G的缸体带动动力头右移，实现第一次工作进给。调节节流阀Ⅴ即可调节进给速度。而变量泵的变量机构活塞腔受到的压力是节流阀Ⅴ前的压力，变量泵输出流量与节流阀Ⅴ相匹配。

3. 第二次工作进给

YA1继续通电，行程撞块将阀Ⅳ的阀芯拉向下方，位置如图4-14所示。此时，液压油经油路1、油路2、阀Ⅲ、油路3进入液压缸G右腔，液压缸G左腔的油经油路4、节流阀Ⅴ、节流阀Ⅵ、油路5、阀Ⅳ、油路6、油路7、阀Ⅲ、油路8回油箱。由于两节流阀在液压缸回路上串联，因此液压缸速度低于第一次工作进给，液压缸实现第二次工作进给。变量泵的变量机构活塞腔的油经油路10、阀Ⅱ、油路9、阀Ⅳ、液压缸G的回油腔，由于两节流阀串联，使液压缸G的回油压力高于第一次工作进给，因而使变量泵的流量低于第一次工作进给的流量，与第二次工作进给相匹配。

4. 死挡铁停留

在第二次工作进给后，死挡铁挡住动力头进刀。变量泵压力将升高，当升至安全阀Y所调定的压力时，使压力继电器DP发信，YA1延时断电，阀Ⅱ、阀Ⅲ仍维持第二次工作进给位置。系统压力的升高使得安全阀打开，变量泵输出的液压油进入变量机构活塞腔，使变量泵的定子偏心距为零，变量泵的流量为零。

5. 快退

YA1延时断电后，YA2通电，此时，阀Ⅱ、阀Ⅲ的阀芯下移，液压油经油路1、油路2、阀Ⅲ、油路7、油路6、阀Ⅳ、油路5、I_3进入液压缸G的左腔，液压缸G右腔的油经油路3、阀Ⅲ、油路18回油箱，液压缸带动动力头快速退回。此时变量泵的变量机构中的油经油路10、阀Ⅱ、油路16回油箱，变量泵输出的流量达最大。

6. 原位停止

当液压缸快退到原位时，行程开关使YA2断电，挡块将阀Ⅳ的阀芯上移至最上点。由于YA1、YA2均断电，阀Ⅱ处于中间位置，阀Ⅲ两端的油通过节流阀L_1、L_2和阀Ⅱ回油箱，因而阀Ⅲ也处于中间位置。此时，液压缸G右腔的回油路被截住，左腔油经油路4、阀Ⅳ、油路1与变量泵液压油相通，由于液压缸G右腔回油被截，所以液压缸停止不动。变量泵输出的液压油经油路1、油路11、阀Ⅱ、油路10至变量泵的变量机构活塞，由于压力的升高，此时变量泵流量为零，系统卸荷（变量泵的输出功率为零）。自驱式动力头液压系统工作表见表4-4。

表 4-4　自驱式动力头液压系统工作表

动作	YA1	YA2	阀Ⅲ阀芯	阀Ⅳ阀芯	泵输出流量	安全阀 Y	压力继电器 DP
快速移进	+	−	上	上	最大	闭	−
第一次工作进给	+	−	上	中	由节流阀Ⅴ调节	闭	−
第二次工作进给	+	−	上	下	由节流阀Ⅴ、Ⅵ调节	闭	−
死挡铁停留	+延时	−	上	下	0	开	+
快退	−	+	下	下	最大	闭	−
原位停止	−	−	中	上	0	闭	−

注："+"表示电磁铁 YA1、YA2 通电，压力继电器 DP 开关压合；"−"表示电磁铁 YA1、YA2 断电，压力继电器 DP 开关松开。

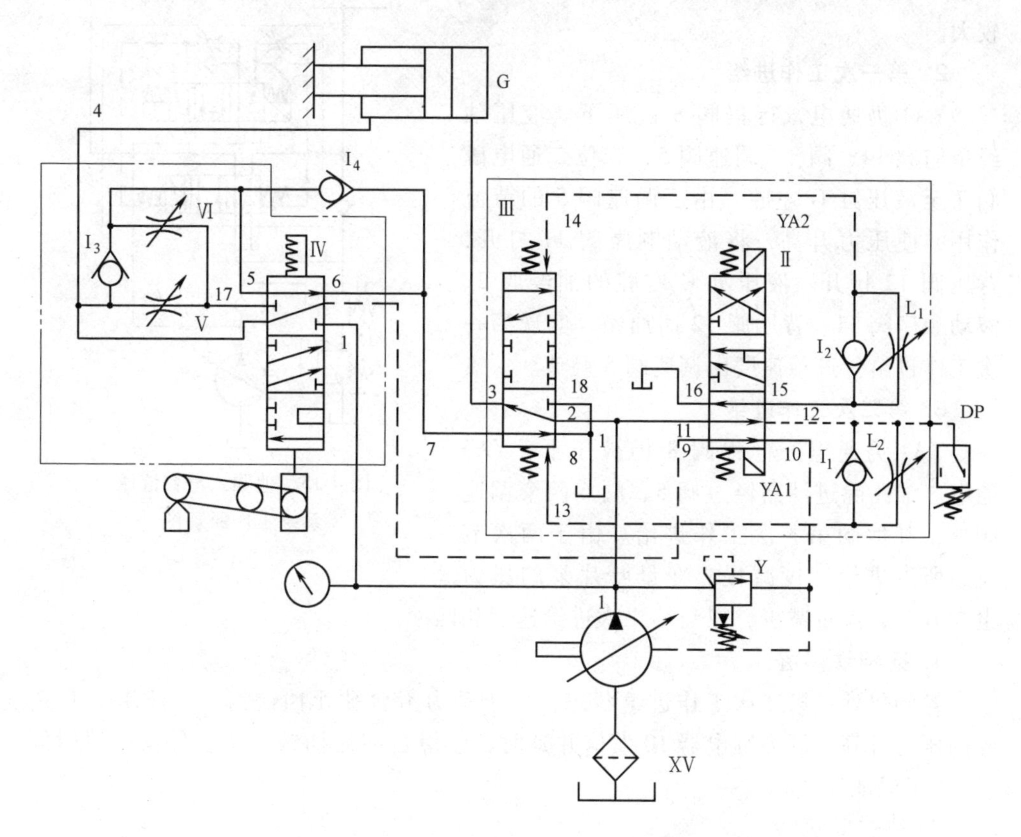

图 4-14　自驱式动力头液压系统工作原理图

二、他驱式滑台液压系统

他驱式滑台自身不带有液压泵和油箱，需要专门的液压站。他驱式滑台与自驱式动力头相比应用范围更广，它可根据工作需要组成多种系统，灵活性大，散热条件较好，便于调整和维修，但需要专门的液压站，占地面积较大。他驱式滑台液压系统工作原理如图 4-15 所示。该系统所用的液压泵为内反馈限压式变量叶片泵。

1. 快速进给

YA1 通电，液压油经阀 4 至阀 3 左腔，阀 3 右腔的油经阀 4 回油箱，阀 3 阀芯右移至图 4-15 所示位置。此时液压油经阀 3、行程阀 8 至液压缸 G 左腔，液压缸 G 右腔的油经阀 3 至液动顺序阀 11，另一路经单向阀 13、行程阀 8 至液压缸 G 的左腔，即形成差动液压缸，实现快速进给。因快速进给时压力较低，所以液动顺序阀 11 是关闭的，变量叶片泵流量较大。

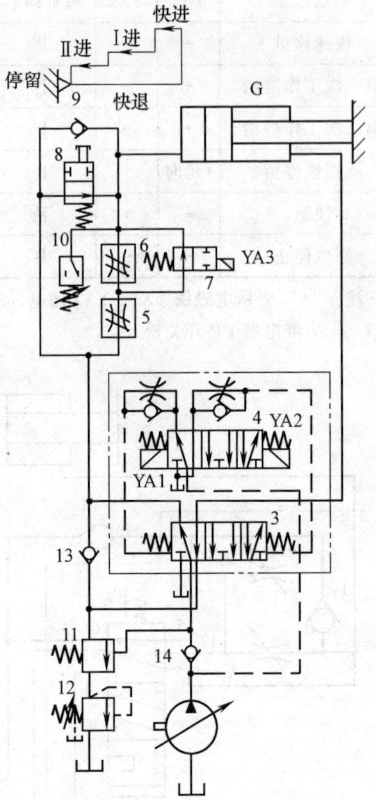

图 4-15 他驱式滑台液压系统工作原理图

2. 第一次工作进给

YA1 仍通电，行程阀 8 被压下。液压油经单向阀 14、阀 3、调速阀 5、二位二通电磁阀 7 至液压缸 G 左腔。由于调速阀 5 的节流作用，使压力升高，将液动顺序阀 11 打开，背压阀 12 打开。液压缸 G 右腔的油经阀 3、液动顺序阀 11、背压阀 12 回油箱，实现第一次工作进给。进给速度由调速阀 5 调节。

3. 第二次工作进给

YA1 仍通电，行程阀 8 仍被压下，YA3 通电。油路除进油路经过阀 5、阀 6 两个调速阀外，其他同第一次工作进给。由于两次节流，所以进给速度减慢。变量叶片泵的压力也在升高，流量减少，以与第二次进给速度相匹配。

4. 死挡铁停留

各阀仍处在第二次工作进给状态，由于动力滑台被死挡铁挡住，液压缸 G 左腔的压力升高，压力继电器 10 发信并延时，使滑台在死挡铁位置上停留一段时间（有利于保证尺寸）。

5. 快速退回

延时继电器延长所调的规定时间后，YA1 断电，YA2 通电，YA3 断电，阀 3 的阀芯移向左端。变量叶片泵输出的液压油经单向阀 14、阀 3 进入液压缸 G 右腔，液压缸 G 左腔的油经单向阀 9、阀 3 回油箱。由于快速负载较小，所以变量叶片泵输出流量达最大，实现快速退回。

6. 原位停止

原位行程开关使 YA1、YA2、YA3 断电，阀 3、阀 4 处在中间位置。此时变量

叶片泵输出的液压油被截住，液动顺序阀 11 虽被打开，但背压阀 12 仍关闭，变量叶片泵压力升高，流量为零，变量叶片泵处于卸荷状态。

他驱式滑台液压系统工作表见表 4-5。

表 4-5　他驱式滑台液压系统工作表

动作	YA1	YA2	YA3	行程阀 8	液控顺序阀 11	背压阀 12	压力继电器 10
快速进给	+	−	−	−	关	关	−
第一次工作进给	+	−	−	+	开	开	−
第二次工作进给	+	−	+	+	开	开	−
死挡铁停留	+	−	+	+	开	关	+
快速退回	−	+	−	±	关	关	−
原位停止	−	−	−	−	开	关	−

三、液压动力部件的液压系统常见故障及排除方法（见表 4-6）

表 4-6　液压动力部件的液压系统常见故障及排除方法

故障现象	产生原因	排除方法
空行程时系统压力过高	1)导轨拉伤，镶条调整过紧，导轨润滑不良 2)导轨与液压缸活塞杆不平行 3)活塞及活塞杆密封装置过紧 4)主换向阀定位不准，开口量不够 5)管子压扁或堵塞	1)正确调整导轨间隙，改善导轨润滑，如有拉伤应修复 2)检查活塞杆运动时是否不顺畅，根据具体情况处理 3)拆检活塞杆油封，防止过紧 4)对于自驱式动力箱应检查主滑阀定位是否准确 5)检查并排除油路问题
无小进给或小进给不稳定	1)节流阀口堵塞 2)调速阀中的减压阀卡死 3)节流阀调节装置定位不准，有松动	1)清洗调速阀中的节流阀 2)清洗修复减压阀 3)修理调节装置
负载增加时，进给速度显著下降	1)调速阀中的减压阀卡死在开启位置 2)液压系统泄漏严重	1)清洗调速阀 2)检查液压系统中的易漏点，采取相应措施消除漏点；液压泵是否容积效率过低，如果过低应予更换
负荷不变时，进给速度随工作时间加长，进给速度逐渐下降	1)由于油温升高，黏度下降，漏损增加，使进给速度下降 2)油中机械杂质多，使节流阀逐渐堵塞，进给速度逐渐下降	1)排除使油温升高的因素，如散热不良，油路过细等 2)清洗油箱及过滤器，更换新油
死挡铁位置尺寸不准	1)调整死挡铁尺寸丝杆的螺母松动 2)活塞杆与连接支架松动 3)压力继电器调整不当或动作不准	1)丝杆调好后，将螺母拧紧 2)紧固活塞杆与连接支架 3)正确调整压力继电器，如果动作不准应修理或更换压力继电器。如果经常出现问题，应考虑选择更为可靠的压力继电器

第六节　BY60100 型牛头刨床液压系统的维修

一、BY60100 型牛头刨床液压系统的工作原理

1. BY60100 型牛头刨床液压系统的组成与各元件的作用

图 4-16 所示为 BY60100 型牛头刨床液压系统传动原理图。它包括下列主要部件：

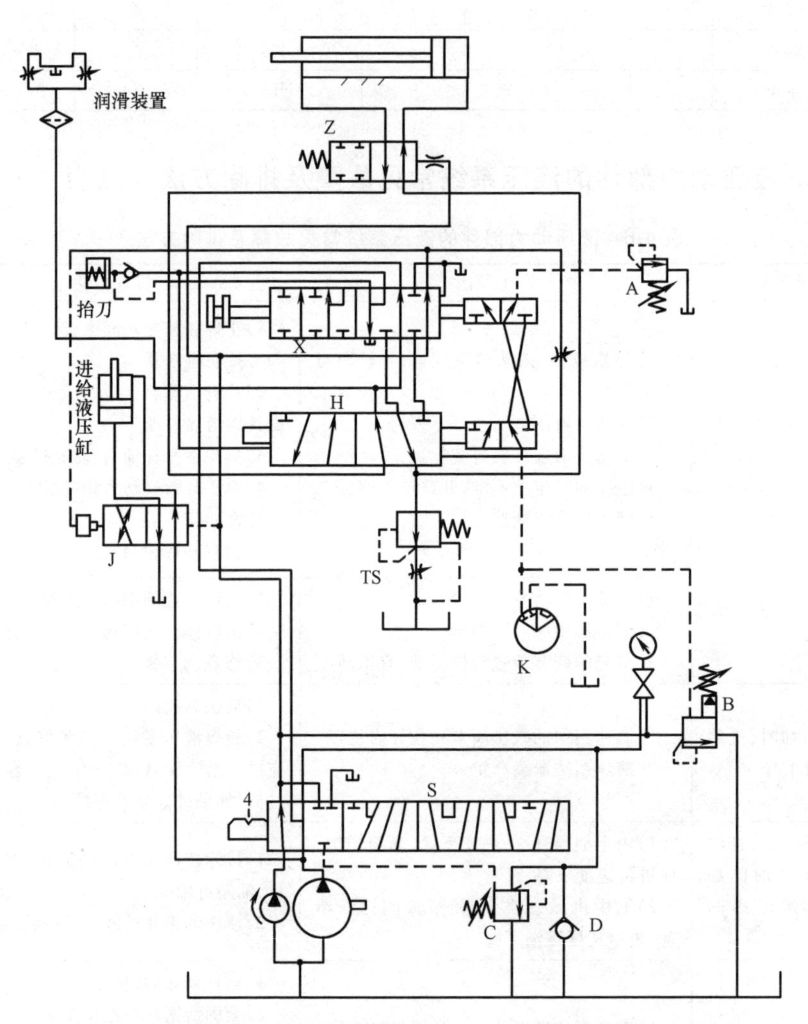

图 4-16　BY60100 型牛头刨床液压系统传动原理图

1）SYYBO2 型-50/100 双联叶片泵，流量分别为 50L/min 和 100L/min。

2）BY60100B 液压操作箱，包括全部滑阀及其操纵机构和调整机构。

3）工作主液压缸。

4）滑枕导轨润滑装置。

5）液压泵吸油过滤器。

6）工作台液压进给机构。

7）自动抬刀机构。

8）液控可调压力阀C、单向阀D。

该液压系统可完成以下工作：

1）滑枕往复运动，可在3~38m/min间实现分段无级调速。行程可在1000mm范围内，由滑枕上的挡铁调整。

2）滑枕往复一次，工作台可完成一次横向或纵向进给，进给量可无级调整。

3）滑枕在返回行程中刀夹可自动抬起。

4）为保证主液压缸工作平稳和滑枕在Ⅰ级工作速度下的进给运动，压力阀C及其单向阀D的压力调定值分别为0.25~0.3MPa和0.6~0.8MPa。

5）滑枕导轨的自动润滑。

6）滑枕在任何位置时均可起动和停止运动。

液压操纵箱主要元件的作用如下：

1）开停阀K：开、停液压系统，滑枕可在任何位置上“开”和“停”。

2）变速阀S：变换四种工作速度和三种回程速度。

Ⅰ级：工作行程速度为3~8m/min，返回行程速度为20m/min。

Ⅱ级：工作行程速度为8~16m/min，返回行程速度为40m/min。

Ⅲ级：工作行程速度为16~24m/min，返回行程速度为60m/min。

Ⅳ级：因差动作用，工作行程速度为24~38m/min，返回行程速度为60m/min。

3）调速阀TS：用以滑枕在各级工作速度中无级调速。

4）操纵阀X：在滑枕运动中挡铁撞动操纵器齿条，带动齿轮及拨块使该滑阀移动，以实现滑枕换向及其压力卸荷、工作台进给和自动抬刀等运动。

5）换向阀H：操纵阀作为先导阀，操纵换向阀H，切换主液压缸前后腔的油流方向，以实现滑枕换向。当换向阀处于前方位置时，主液压缸后腔进油，滑枕为工作行程；当换向阀处于后方位置时，主液压缸前腔进油，滑枕为返回行程。

6）制动阀Z：当开停阀K的手柄处于“O”位时，系统压力卸荷，制动阀在弹簧的作用下断开主液压缸前后腔油路，滑枕制动。

7）压力阀A：滑枕在往复运动中，用以控制滑枕换向时的压力和保证滑枕在Ⅱ、Ⅲ、Ⅳ级工作速度下进给所需的压力，调整值为0.8~1.2MPa。

8）压力阀B：用以控制系统额定压力，作为安全阀使用。通常情况下该阀是不打开的，它的调整压力为5MPa。

在滑枕工作时，压力表可显示负载压力。液压操纵箱应控制负载大小，避免因切削用量过大（或刀具磨钝）引起过载。在Ⅰ级工作速度下，允许最高压力为5MPa；在Ⅱ级工作速度下，允许最高压力为3MPa；在Ⅲ、Ⅳ级工作速度下，允许最高压力为2.5MPa。

9）压力阀C：用以保证主液压缸工作平稳所需的背压，调定值为0.25~0.3MPa。

10）单向阀D：用以保证滑枕在Ⅰ级速度下的进给压力，调定值0.6~0.8MPa。

2. 动作流程

起动液压泵，变速阀S扳到Ⅰ级工作速度位置，将开停阀扳到“1”位，制动阀E将主液压缸油路打开，小泵工作，大泵的压力保持在单向阀D的调整压力。当操纵器手柄向后使操纵阀X向外拉出时，液压油经操纵阀X后再经节流阀L进入换向阀H右腔，左腔油经操纵阀X回油箱，换向阀左移至图4-16所示位置。液压油经换向阀H、制动阀Z进入主液压缸后腔，前腔油经制动阀Z、换向阀H、操纵阀X、变速阀S、单向阀D回油箱，使主缸工作进给。在进油支路上安装一调速阀TS，可以无级调节主液压缸的活塞运动速度（支流调速）。此时一部分低压油（单向阀D控制）进入导轨润滑装置中。还有一支油路进入进给阀J左端，右端始终有液压油进入，进给液压缸活塞退回。抬刀液压缸的油在弹簧作用下经操纵阀X回油箱。

在操纵阀动作而换向阀还未换向的短暂的时间内，操纵阀X与换向阀H的小阀将A阀与B阀的遥控腔连通，此时压力为A阀的调整压力，即换向时降压，换向时间由节流阀L控制。

操纵器在撞块的作用下换向时，操纵阀X右移，液压油经操纵阀X进入换向阀H左端，右端的油经节流阀L、操纵阀X回油箱，换向阀H移至右端，主液压缸活塞换向。与此同时，液压油经操纵阀X，打开单向阀，抬刀液压缸完成抬刀动作。进刀阀左端的油经操纵阀X回油箱，进刀滑阀换向，完成进刀动作。同样，换向压力由A阀控制，换向速度由节流阀L控制。

变速阀S在Ⅱ、Ⅲ、Ⅳ级工作速度时，所有动作与上述相同，只是在Ⅱ级工作速度时由大泵供油。小泵中的油通过阀C回油箱，压力保持在0.25~0.3MPa。在Ⅲ级工作速度时两泵一起供油，回油压力由阀C控制，保持在0.25~0.3MPa。在Ⅳ级工作速度时两泵一起供油，并通过变速阀S使主液压缸差动以提高主运动速度。

二、BY60100型牛头刨床液压系统的调整

1. 压力阀B和压力阀A的调整

(1) 压力阀B的调整　压力阀B控制机床最高限制压力。从液压系统图可以看出：阀A和阀K是阀B的遥控阀。系统形成最高压力的条件是：①阀A必须与阀B阻断，处于非换向时刻；②支流调速阀应关闭；③开停阀必须阻断（在开的

位置)；④主液压缸处在最高载荷下，即主液压缸活塞处在极限位置。具体操作步骤如下：

1）旋转变级手轮至Ⅰ级工作速度位置。

2）向后扳动操纵器手柄，以使操纵阀X在拉出位置。

3）卸下滑枕上的后挡铁。

4）打开阀A与阀B的标牌盖。

5）松开调速阀TS手轮下方的滚花螺钉，左旋调速手轮，滑枕慢速前行。

6）开停阀手柄置“Ⅰ”的位置，缓慢地右旋调速手轮，滑枕慢速前行，直至活塞顶住液压缸盖。

7）将调速手轮右旋至最大极限（节流阀被关闭）。

8）松开换向节流阀L紧定螺钉，用扳手向下左旋节流阀90°，以关闭节流阀L的通路。

9）左旋压力表开关，指向阀A、B位置。

10）用扳手松开阀B调压螺栓的螺母后，转动该调压螺栓并观察压力表示值，直至达到5MPa为止，然后锁紧螺母。

（2）阀A的压力调整

1）向前扳动操纵手柄，置操纵阀X处于向后位置（机床状态与阀B调整时相同），换向阀H仍处于向前位置（因换向节流阀L在关闭状态）。

2）用扳手松开阀A的锁紧螺母，转动阀A调压螺栓，此时压力表所示值为阀A的调整压力，将示值调至0.8~1.2MPa，然后将锁紧螺母锁紧。

3）将开停阀至“O”位，令液压系统卸荷，将压力表置“O”位。

4）右旋节流阀L复位，并将紧定螺钉紧定，此时操纵阀X仍处于向后位置。

5）将开停阀置“I”位，此时滑枕便向后运动，运动至中间适当位置时，关闭开停阀，滑枕停止运动，此时再重新装上后挡铁，机床恢复调压前正常状态。

上述调压完成后，重新起动机床，观察滑枕运行有无换向冲击，工作台能否正常完成向上垂直进刀，如这两方面都正常便可认定阀A压力调整合适，否则应重新调整。

2. 滑枕换向时间与工作台最大走刀行程时间的调试

滑枕换向时，系统压力降为0.8~1.2MPa。由于在换向的时间间隔内还要保证完成最大进给行程所必需的时间，换向时间要兼顾换向不出现停滞和保证最大进给行程所需时间，所以换向节流阀L要合理调整。

调试节流阀的操作步骤如下：

1）在滑枕向后行程中，将开停阀K置于“O”位。

2）旋转变速手轮，使变速阀S置“I”的位置。

3）松开进给手轮中间的手柄螺母，右旋进给量手轮至最大极限值，然后锁紧该手柄螺母。

4）向右扳动进给方向手柄至向上垂直进给方向。

5）检查导轨压板是否处在松开位置。

6）扳下开停手柄置“I”位，滑板则往复运动。

7）观察垂直进给走刀量是否达到50格量，换向是否有停滞现象。否则应调整换向节流阀L，直至合格为止。调整完后拧紧节流阀L的紧定螺钉。

3. 压力阀C和单向阀D的调整

压力阀C的作用是当变速阀S在Ⅱ、Ⅲ级工作速度时，控制主液压缸前腔有0.25~0.3MPa的回油压力，以保证其运行平稳；当变速阀S在Ⅰ级工作速度时，由单向阀D控制主液压缸前腔有0.6~0.8MPa的回油压力，并用以保证工作台进给运动所必需的压力。

1）压力阀C的压力调整需两人操作，一人在机床的右侧，做如下操作：①将变速阀置于Ⅱ级工作速度位；②右旋压力表开关，置阀C位；③松开调速手轮左下侧滚花螺钉，旋转调速手轮指向中等速度位；④开停手柄置“Ⅰ”位，滑枕运动。

另一人在机床左侧，做如下操作：①打开床身左侧盖；②拧松阀C端部螺母，在滑枕前行过程中，旋转阀C端部调压螺钉，右侧的操作者观察压力表指针，两人相互配合，直至压力表指针指在0.25~0.3MPa为止；③最后锁紧阀C端部螺母。

2）单向阀D的压力调整仍需两个人，右侧的一人做如下操作：① 使变速阀S处于Ⅱ级工作速度；②~④的操作与阀C调压操作相同。

另一人在机床左侧，做如下操作：①拧松单向阀滚花螺母，在滑枕前行过程中旋转单向阀D调压螺钉，在机床右侧观察压力表指针，两人相互配合，直至压力表指针指在0.6~0.8MPa为止；②最后锁紧单向阀D锁紧螺母。

以上调整步骤完成后，将压力表开关至于“O”位，将机床侧盖安装好。

4. 滑枕润滑油量的调整

滑枕润滑由液压系统中的润滑装置供油，其油量可分别由两个小节流阀调整。

5. 制动阀制动性能的调整

当液压系统中的开停阀置于“O”位时，液压系统卸压。制动阀在弹簧的作用下断开主油路，同时滑枕迅速停止运动。如果弹簧力过小，制动阀动作迟缓，滑枕不能迅速停止，则会出现溜车现象。反之，若弹簧力过大，滑枕制动则会出现冲出限位现象。所以弹簧力要调整合适。调整时，先松开锁紧螺母，然后调整中间的螺栓，直至调到既不溜车，又不冲出限位为止。

三、BY60100型牛头刨床常见液压故障及排除方法（见表4-7）

表4-7　BY60100型牛头刨床常见液压故障及排除方法

故障现象	可能产生原因	排除方法
油温过高	1)液压泵、滑阀、液压缸等磨损,内泄漏大、效率低 2)压力阀C和单向阀D压力调整过高 3)压力阀A压力调整过高 4)溢流阀芯弹簧力过大,卸荷压力过高 5)油池贮油量不足,低于油标线 6)系统采用支流节流,与老式液压牛头刨床液压系统类似,大量的液压油经调速阀回油箱并将压力能转化为热能	1)修复或更换叶片泵磨损件及滑阀、液压缸等 2)检查压力阀C和单向阀D的压力并调整至规定值 3)检查压力阀A压力并调整至规定值 4)减小溢流阀弹簧力 5)加油到油标线 6)建议将两定量泵改为两手动变量泵,取消节流调速
换向冲击大	1)压力阀A压力调整过高 2)节流阀调整不当 3)滑枕挡块齿条等装配不当	1)检查压力阀A压力并调整至0.8~1.2MPa 2)向下方旋转节流阀,调小换向油量 3)装配好挡块、齿条等
机床不能迅速起动	1)压力阀B的阀芯弹簧太软 2)压力阀B阻尼孔部分被杂质堵塞 3)压力阀B的阀芯被油中杂质堵塞或装配不当,因此不能迅速关闭	1)更换压力阀B阀芯弹簧 2)疏通压力阀B阻尼孔 3)清洗或修复压力阀B,使阀芯能够灵活移动
切削无力,切削时工作速度或返回速度显著降低	1)压力阀B的压力未调到5MPa 2)压力阀B跳动或压力调不到规定值 3)系统严重泄漏 4)导轨与活塞杆不平行	1)在Ⅰ档速度时将压力阀B调到规定值5MPa 2)清洗并修复压力阀B 3)查找有严重漏损的部位,进行修复 4)查找原因,对症处理
滑枕不能换向	1)压力阀A跳动或压力调不到规定值 2)换向挡铁调整不当或操纵拉杆上螺母松动,使操纵阀不能到位 3)导轨调得过紧或活塞杆前密封环压得过紧 4)活塞杆与导轨不平行 5)节流阀开的太小,密封了换向阀的操纵回路	1)修复压力阀A并将压力调到0.8~1.2MPa 2)调整好换向机构的挡铁和齿条,拧紧并固定拉杆上的螺母 3)适当调整导轨和密封环 4)拧松活塞杆与滑枕往复运动几次后,在滑枕处于前行中停车后再拧紧螺母 5)适当调大节流阀油量
工作台不能送刀或送刀不均匀	1)在滑枕Ⅰ级工作速度时不能送刀或送刀不均匀,可能是单向阀D压力调的过低 2)超越离合器磨损 3)送刀阀纯铜管破裂或送刀阀端面纸板冲破 4)在滑枕Ⅱ、Ⅲ、Ⅳ级工作速度时进刀不均匀或不到位,可能是压力阀A调压过低或节流阀开启太大	1)调整单向阀压力至0.6~0.8MPa 2)修复超越离合器,若其中的结合子与滚子的结合面磨损,则修磨结合面(保留渗碳层)更换滚子,保持楔角 3)更换纯铜管或纸板 4)在滑枕Ⅱ级工作速度下适当调高压力阀A的压力,调小节流阀

（续）

故障现象	可能产生原因	排除方法
液压泵出现尖叫声	液压泵吸油口被破布和污物堵塞使吸油不畅，滤油网堵塞	清洗油池和过滤器，排除污物
各级速度达不到规定要求	1)两个泵中其中一个失效 2)变级阀未准确变级到位	1)修复或更换失效的泵 2)检查纠正变级阀，使之变级到位
滑枕返回行程开始时送刀	1)送刀油箱的高压软管接反 2)超越离合器装反	1)对换送刀阀两端的油管 2)装正超越离合器
调速阀调速不灵敏	1)减压阀弹簧疲劳 2)杂质堵塞，导致减压阀不灵敏 3)减压阀泄油孔堵塞	1)更换减压阀弹簧 2)清洗减压阀，使其灵活 3)清除泄油孔堵塞物

第七节　拉床液压系统的维修

一、拉床概述

拉床是用拉刀拉削来成形表面。拉床按加工表面可分为内拉床和外拉床，按拉削主运动方向可分为卧式拉床和立式拉床。另外还有坦克拉床等。常用的卧式拉床型号为 L6120，立式拉床型号为 L720。

L6120 型卧式拉床的主要技术参数是：额定拉力为 200kN，最大行程为 1600mm，拉削速度为 1.5~11m/min，主电动机功率为 22kW。

L720 型立式拉床的主要技术参数是：额定拉力为 200kN，最大行程为 1600mm，拉削速度为 1.5~11m/min，工作台最大行程为 155mm，工作台尺寸为 550mm×630mm，主电动机功率为 22kW。

由于拉刀比较昂贵，所以拉床适用于大量生产。有时为了提高内花键的精度，在机修车间也配备卧式拉床。拉床的生产率很高，其他金属切削机床是无法与其相比的。

卧式拉床的工作步骤一般如下：原位→主液压缸返回，送刀液压缸送进，安装工件→拉刀与主液压缸活塞连接→主液压缸拉削行程→工件卸下→主液压缸返回行程→脱开拉刀连接→送刀液压缸退回。

立式拉床的工作步骤一般如下：原位→卸装工件→工作台送进→主液压缸溜板下行切削→工作台退回→卸装工件，溜板上行返回。

立式拉床为了进一步提高效率，可设计成双溜板、双工作台的拉床。当一个溜板为切削行程时，另一个溜板为返回行程，其工作台的循环与溜板相配套。在液压油路上两溜板为串行，为避免因渗漏影响两溜板的同步，需在油路中增设补偿装置。

二、L6120 型卧式拉床、L720 型立式拉床液压传动原理

1. L6120 型卧式拉床液压传动原理（见图 4-17～图 4-20，其中图 4-20 为简化图）

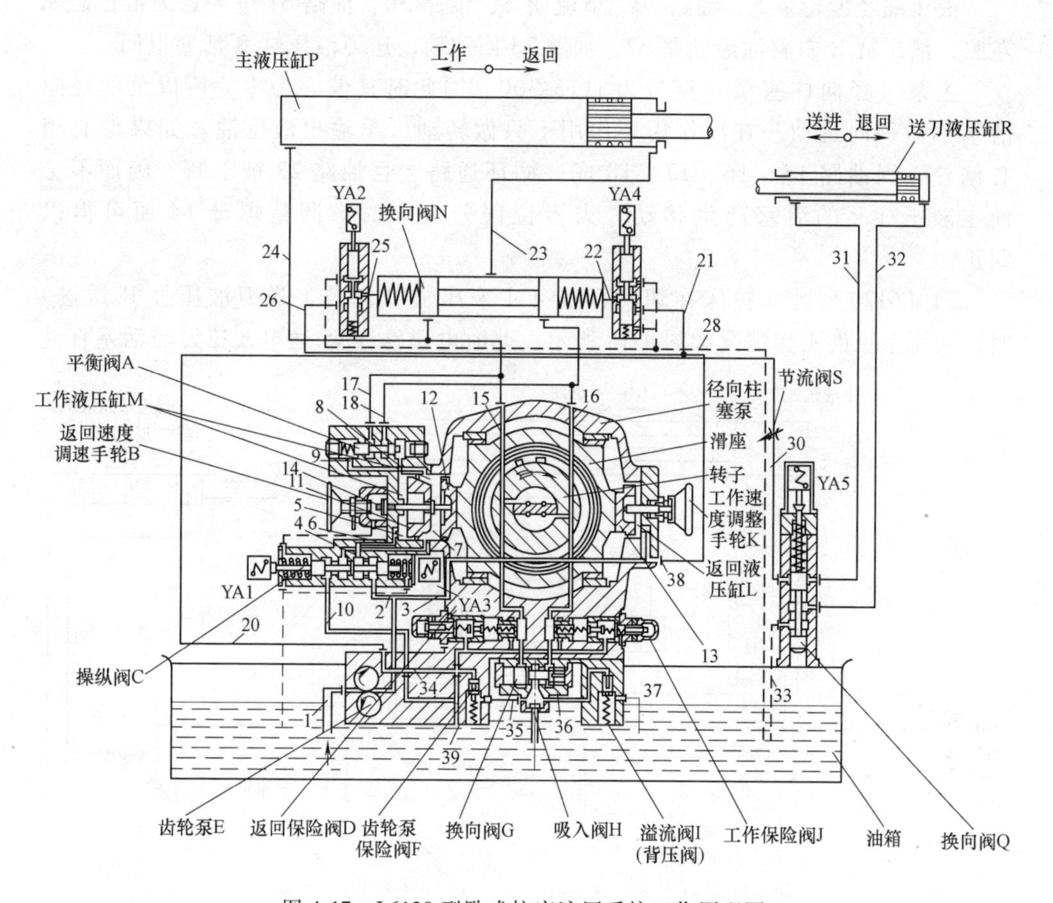

图 4-17　L6120 型卧式拉床液压系统工作原理图

1）机床空运转时，液压系统的工作情况如图 4-17 所示。

液压油经齿轮泵 E、油路 3、主泵至返回液压缸 L。

液压油经齿轮泵 E、油路 2、油路 4（YA1、YA3 都无电）、油路 5（因活塞 11 面积大于活塞 13 面积，故滑座向右推动），活塞 11 右移至已调整好的限制螺母为止，此时主泵的定子与转子的偏心为零。

液压油经齿轮泵 E、油路 8 进入平衡阀 A 右腔，平衡阀 A 左腔的油经油路 9、油路 6、油路 10 回油箱。

因此平衡阀移至左端，此时油路 15、16、17、18 互通，即主泵吸、出油口互通。

液压油经齿轮泵 E、油路 3、油路 38、油路 21 和油路 26，进入换向阀 N，因 YA2、YA4 均无电，换向阀 N 将油路 23 阻断，故主液压缸 P 的活塞不能移动。

液压油经齿轮泵 E、油路 34、齿轮泵保险阀 F、油路 35、吸入阀 H、油路 36、溢流阀 I、油路 37 回油箱。

液压油经齿轮泵 E、油路 20、节流阀 S、油路 30、油路 31 进入送刀液压缸 R 左腔，液压缸 R 右腔油经油路 32、油路 33 回油箱，送刀液压缸 R 活塞退回。

主泵（径向柱塞泵）型号为 JT13-300，因此时其偏心为零，所以泵的径向活塞不做径向运动，在反作用环作用下只做转动，不输出液压油。如果偏心稍有偏差，因油路 15、16、17、18 成一循环通路，且油路 23 被阻断，因而不会使主液压缸 P 的活塞产生移动。当零位误差太大时，调整螺母 14 便可得以纠正。

2）L6120 型卧式拉床在切削行程（主液压缸 P 工作，送刀液压缸 R 送进）时，液压系统的工作情况如图 4-18 所示。此时电磁铁 YA5 通电，拉刀与活塞杆连

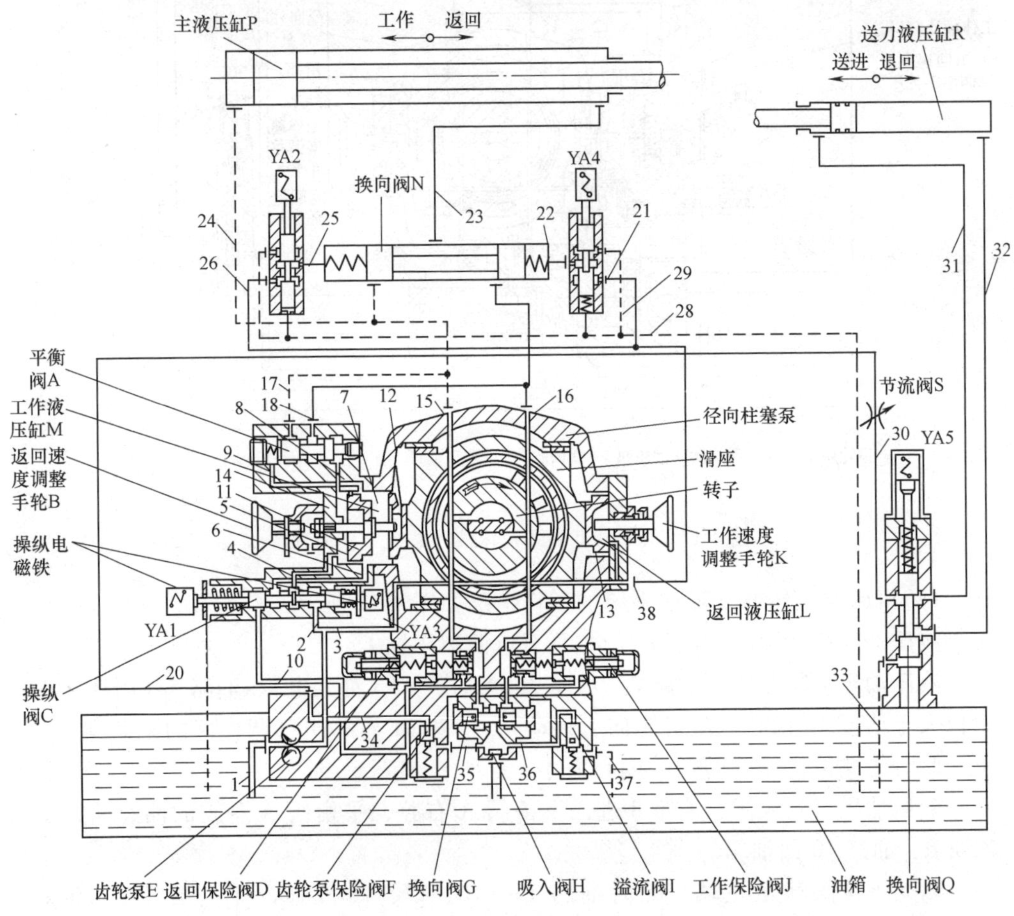

图 4-18　L6120 型卧式拉床在切削行程时液压系统的工作情况

接后，电磁铁 YA1、YA2 同时通电。

液压油经齿轮泵 E、油路 3 至返回液压缸 L。

液压油经齿轮泵 E、油路 2 流入油路 4、油路 5（或油路 6、油路 7），因活塞 12 面积大于活塞 13 面积，所以滑座右移，径向柱塞泵转子与定子产生偏心。齿轮泵液压油路 8 和 9 因平衡阀 A 两端受压面积相等，在弹簧作用下平衡阀 A 右移，使油路 15、16 不通，即径向柱塞泵的吸、出油腔互不相通。

液压油经齿轮泵 E、油路 3、油路 38、油路 26、油路 25 流入换向阀 N 左腔，换向阀 N 右腔的油经油路 22、油路 28 回油箱，换向阀 N 右移，使油路 16 与油路 23 相通，油路 24 与油路 15 相通，油路 16 恰为径向柱塞泵的出油管道，油路 15 恰为吸油管道，此时主液压缸 P 的活塞做工作行程。

液压油经齿轮泵 E、油路 20、节流阀 S、油路 30、油路 31 和油路 32，形成差动液压缸，送刀液压缸 R 的活塞向送进方向移动。

液压油经齿轮泵 E、油路 34、齿轮泵保险阀 F、油路 35、吸入阀 H 腔内、油路 15，被径向柱塞泵吸入，进入主液压缸 P 右腔，多余的油经油路 36、溢流阀 I 、油路 37 回油箱。

吸入阀 H 吸入的液压油经油路 15 进入主泵 JT13-300（径向柱塞泵），然后经泵压出，通过油路 16、油路 23 进入主液压缸 P 右腔，左腔的油经油路 15 吸入，压出至右腔，多余的油经吸入阀 H、溢流阀 I 、油路 37 回油箱。可见径向柱塞泵工作时，一方面由齿轮泵 E 供油，另一方面回油进入至吸油腔。

3）L6120 型卧式拉床在返回行程（主液压缸 P 返回，送刀液压缸 R 退回）时，液压系统的工作情况如图 4-19 所示。此时电磁铁 YA2、YA4 同时接通，拉刀与活塞杆脱开后 YA5 断电。

液压油经齿轮泵 E、油路 3 进入主泵，返回液压缸 L。

齿轮泵 E 至油路 2 不通，工作液压缸 M 的油腔 5、7 中的油回油箱，滑座向左移动，径向柱塞泵产生偏心，油路 15 为压油油路，油路 16 为吸油油路。

液压油经齿轮泵 E、油路 3、油路 38、油路 21、油路 22 进入换向阀 N 右腔，左腔的油经油路 25、油路 28 回油箱，换向阀 N 左移，油路 23、油路 24、油路 15 相通，主液压缸 P 为差动液压缸，活塞行程为返回行程。

液压油经齿轮泵 E、油路 20、节流阀 S、油路 30、油路 31 进入送刀液压缸 R 左腔，右腔的油经油路 32、油路 33 回油箱，送刀液压缸 R 活塞退回。

液压油经齿轮泵 E、油路 34、齿轮泵保险阀 F、油路 35、吸入阀 H 腔内、油路 16 被径向柱塞泵吸入，多余的油经油路 36、溢流阀 I 、油路 37 回油箱。

主泵 JT13-300 的油路 15 为压油油路，油路 16 为吸油油路。吸油由吸入阀 H 及齿轮泵 E 供油，多余的油经溢流阀 I 后回油箱。由于主液压缸为差动液压缸，所以回程很快。

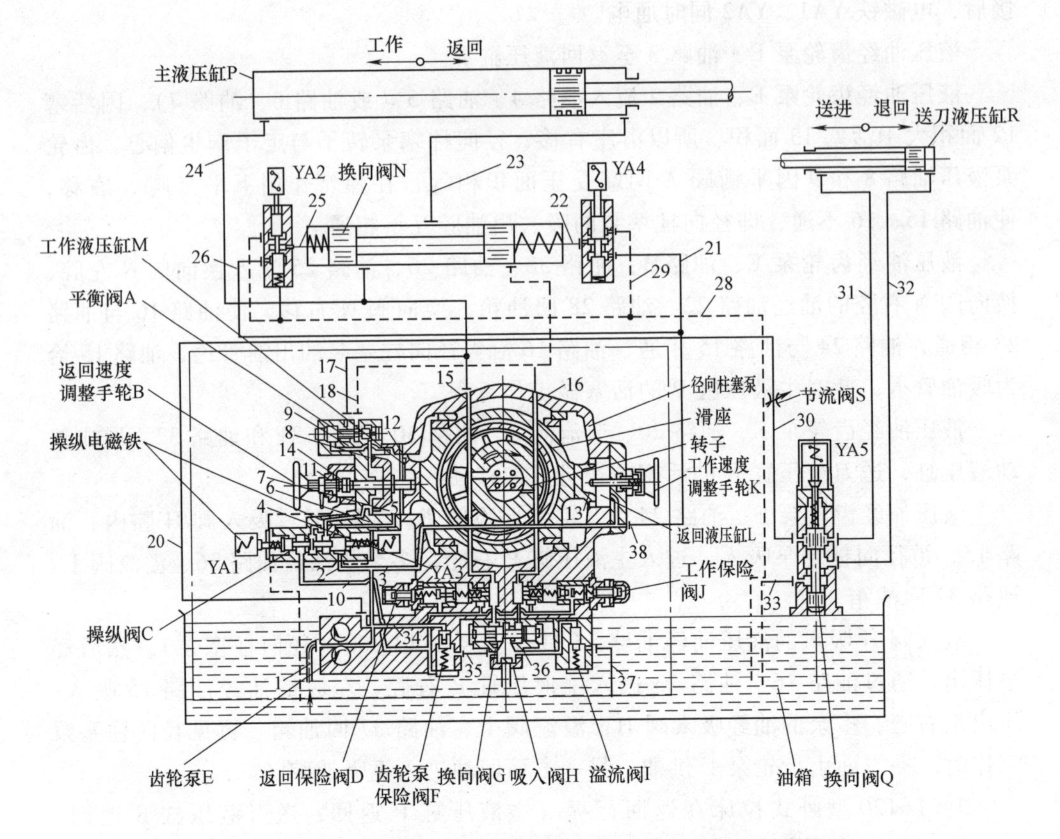

图 4-19　L6120 型卧式拉床在返回行程时液压系统的工作情况

2. L720 型立式拉床液压传动原理

L720 型立式拉床的工作台与溜板的运动是联动的，其循环过程为：工作台前进→溜板下行（切削行程）→工作台退回→溜板返回（空行程）。

工作台的传动机构为一曲柄连杆滑块机构。垂直安装的立轴上端面加工出一曲柄轴，下端为一齿轮，与活塞杆上的齿条啮合，当液压油推动活塞移动时带动齿轮转动，曲柄做圆周运动，通过连杆带动工作台移动。

L720 型立式拉床液压系统工作原理如图 4-21 所示。其所使用的液压泵也是径向柱塞泵 JT13-300，与 L6120 型卧式拉床相同。

当油路 16 为出油油路、油路 15 为吸油油路时，液压油经油路 16、油路 26 进入工作台液压缸前腔，后腔油经油路 25、油路 15 回油，活塞左移，再经齿条、齿轮、曲柄和连杆机构使工作台前进。

在工作台前进完成后，油路 26 与油路 35 连通，此时液压油经节流阀 L_2、L_3 将滑阀Ⅰ、滑阀Ⅲ左移，于是油路 27 与油路 36 连通，油路 37 与背压阀 Y 接通，溜板下行（切削行程）。

在切削行程完成后，主泵滑座偏心方向改变，同时 YA2 通电，滑阀Ⅰ、Ⅲ复位，滑阀Ⅱ右腔回油被堵。主泵出油油路为油路 15，吸油油路为油路 16，液压油经油路 25 推动活塞右移，工作台退回。

当工作台退回终点时，油路 25 与油路 34 接通，液压油经节流阀 L_1 将滑阀Ⅱ推向左端。主泵的液压油经油路 28、滑阀Ⅱ、滑阀Ⅰ流入油路 36，又经油路 28、滑阀Ⅱ、滑阀Ⅲ流入油路 37，这样油路 28、油路 36、油路 37 互相连通，溜板液压缸就形成差动液压缸，所以活塞带动溜板快速返回。

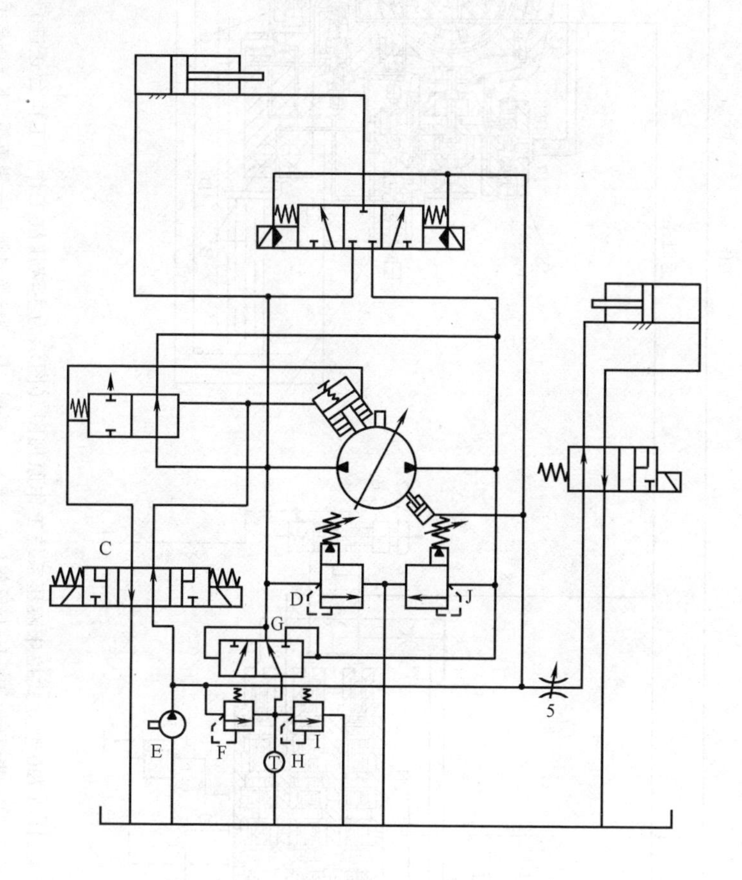

图 4-20　L6120 型卧式拉床液压系统简图

三、JT13 系列双向变量径向柱塞泵的组成与调整

1. 概述

国产拉床绝大多数都采用 JT13 系列双向变量径向柱塞泵作为液压动力元件和控制元件，形成一个拉床专用的液压系统。这种泵的特点是流量脉动小，传动平稳，耐脏，使用寿命长。

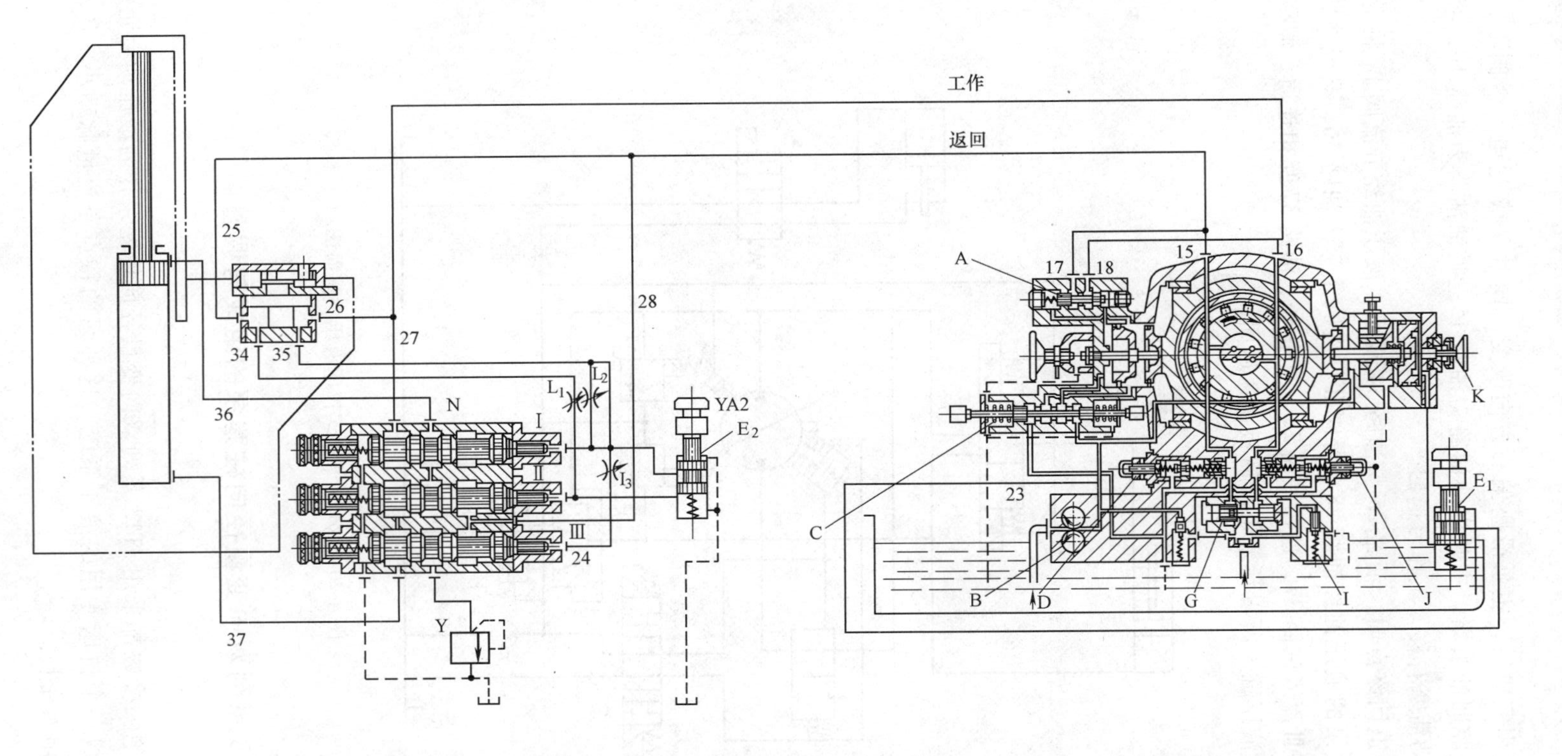

图 4-21　L720 型立式拉床液压系统工作原理图（图示为主液压缸工作，工作台送进）

A—平衡阀　B—齿轮泵　C—操纵阀　D、J—保险阀　E_1、E_2—电磁阀　G、N—换向阀　I—溢流阀　K—调整手轮　Y—压力阀　Ⅰ、Ⅱ、Ⅲ—滑阀

JT13系列双向变量径向柱塞泵是一个能够自行控制压力、流量和方向的液压泵，图4-22所示为该泵的外形。该液压系统由两个分系统组成：一个是由径向柱塞泵1、吸入阀7、径向柱塞泵安全阀9（两个）、平衡阀12、背压阀6或6a等组成的动力系统；另一个是由齿轮泵2、齿轮泵安全阀16、工作操纵液压缸17和返回操纵液压缸18、电磁换向阀10等组成的控制系统。这两个分系统有机地结合起来，加上外接的差动换向阀、止回阀（立式拉床用）、液压缸和油箱等组成了拉床的液压传动系统。

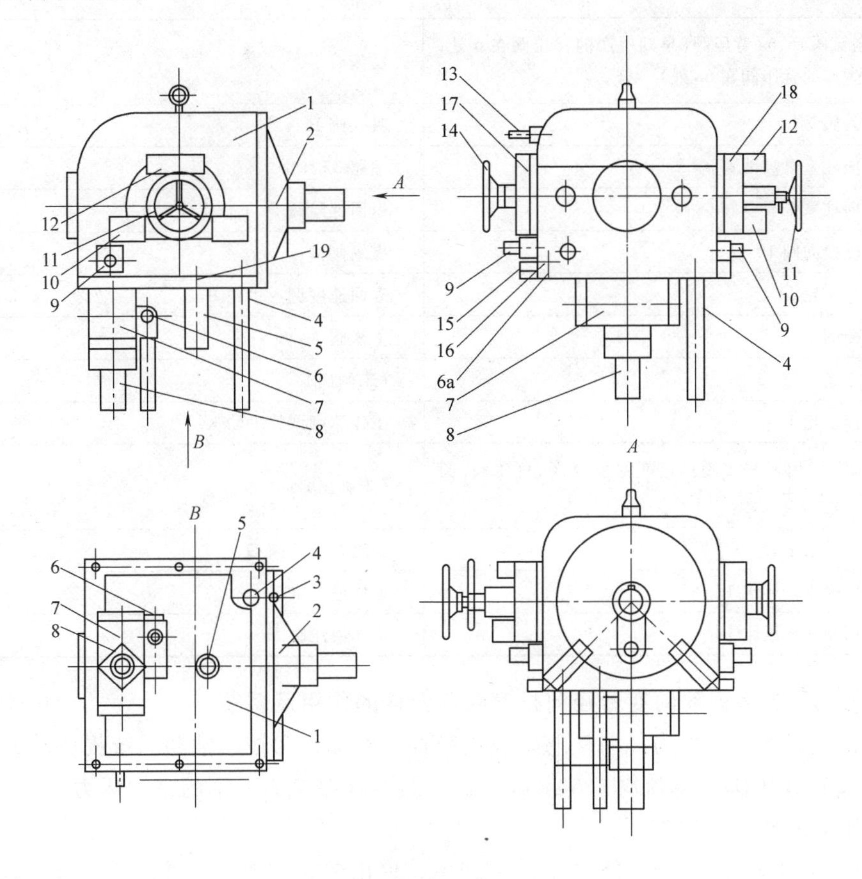

图4-22　径向柱塞泵外形

1—径向柱塞泵　2—齿轮泵　3、15—螺塞　4—齿轮泵吸油管　5—泄油管　6、6a—背压阀　7—吸入阀　8—径向柱塞泵吸油管　9—径向柱塞泵安全阀　10—电磁换向阀　11—返回手轮　12—平衡阀　13—偏心指示杆　14—工作手轮　16—齿轮泵安全阀　17—工作操纵液压缸　18—返回操纵液压缸　19—齿轮泵测压口

图4-17中去除主液压缸P、送刀液压缸R、换向阀N、换向阀Q、节流阀S、油箱及油管，剩余部分即为JT13-300泵的工作原理图。图4-17中的元件与图4-22的元件的对照见表4-8。

表 4-8　图 4-22 与图 4-17 各元件对照表

图 4-22 中的元件名称	图 4-17 中的元件名称
径向柱塞泵 1	径向柱塞泵
齿轮泵 2	齿轮泵 E
螺塞 3	(未画出)
齿轮泵吸油管 4	油路 1
泄油管 5	油路 39
(溢流阀)6、6a 背压阀(早期生产的背压阀在 6 处，现在生产的背压阀在 6a 处)	溢流阀 I
吸入阀 7	吸入阀 H
径向柱塞泵吸油管 8	油路 35
径向柱塞泵安全阀 9(两个)	返回保险阀 D、工作保险阀 J
电磁换向阀 10	操纵阀 C
返回手轮 11	返回速度调速手轮 B
平衡阀 12	平衡阀 A
偏心指示杆 13	(未画出)
工作手轮 14	工作速度调整手轮 K
螺塞 15(用于安装测试齿轮泵安全阀、背压阀，调整压力)	(未画出)
齿轮泵安全阀 16	齿轮泵保险阀 F
工作操纵液压缸 17	返回液压缸 L
返回操纵液压缸 18	工作液压缸 M

2. JT13 系列双向变量径向柱塞泵各元件的作用及调节

(1) 齿轮泵 2　为径向柱塞泵吸油腔补充油液，为控制油路系统提供动力。

(2) 背压阀（溢流阀）6 或 6a　保证径向柱塞泵有一定的吸油压力。

压力的调整方法如下：

1) 将齿轮泵安全阀 16 中的螺塞卸下，取出弹簧和滑阀，然后重新装上螺塞。

2) 将工作手轮 14 下部 NPT1/2 的螺塞 15 卸下，装上规格为 0~25MPa 压力表。

3) 起动液压泵，调整背压阀螺钉，使压力表显示 0.1~0.2MPa。

4) 停车，重新装上齿轮泵安全阀 16 的滑阀和弹簧。

(3) 齿轮泵安全阀 16　保证齿轮泵压力，确保径向柱塞泵各控制油路的压力。压力的调整方法如下：

1) 仍用背压阀调整时所安装的压力表。

2) 起动液压泵，用螺钉调节齿轮泵安全阀 16 的弹簧压力，直到压力表显示

1.2~1.5MPa 为止。

3）停车，卸下压力表，重新装上 NPT1/2 螺塞。

（4）径向柱塞泵1　主泵，为所用的液压系统提供动力，可通过改变滑座与转子的偏心方向改变进出油方向，通过改变偏心量改变流量，通过安全阀控制输出的最高压力。

（5）径向柱塞泵安全阀9（两个）　保证泵工作时的压力，达到安全阀的调整压力时，液压油从安全阀溢流。

压力的调整方法如下：

1）开动机床，使液压缸活塞紧紧地顶到缸盖上。

2）调整安全阀，一般情况下，工作时最高压力调至 7.5MPa，返程时最高压力按机床说明书的规定数值调整。

（6）平衡阀12　当机床在停止行程时，使径向柱塞泵进出油口连通；当机床在工作行程或返回行程时，使径向柱塞泵进出油口阻断。

（7）控制活塞　图 4-17 中的返回液压缸 L 始终通入液压油，工作液压缸 M 分左、右两腔，当左腔通液压油（右腔回油）时，为停止行程，如果偏心不为 0，可调整螺母 14；当左、右两腔都通液压油时，为工作行程；当左、右两腔都回油时，为返回行程。工作行程速度由调整手轮 K（图 4-22 中的 14）调整，返回行程速度由调速手轮 B（图 4-22 中的 11）调整。

四、拉床的液压故障分析与排除方法（见表 4-9）

表 4-9　拉床的液压故障分析与排除方法

常见故障	故障产生原因	排除方法
液压泵空转时噪声大	1)溢流阀无压力,齿轮泵输出的油直接回油箱,无油输入柱塞泵,因此发出“汪汪”声 溢流阀压力过高,泵发出嗡嗡声 2)油液中进入空气	1)正确调整溢流阀,使齿轮泵安全阀压力为 1.2~1.5MPa,溢流阀压力为 0.1~0.2MPa 2)排除油液内空气,主要措施是加足油,紧固密封液压泵的进油管螺纹
按机床“工作”或“返回”按钮时,机床不动作	1)齿轮泵不供油,滑座无偏心 2)操纵阀 C 卡死或电磁铁 YA1、YA3 故障 3)换向阀 N 或先导阀故障	1)正确调整齿轮泵保险阀 F 和溢流阀 I 2)修复操纵阀 3)修复清洗换向阀 N 及先导阀
拉削时无力,甚至拉不动	液压系统无压力或压力不足	检查工作保险阀 J,调整压力应在活塞碰到液压缸端盖时调整,使压力达到 7.5 MPa。如果压力调不上去,应检查以下项目:钢球与阀座密封状况;滑阀阻尼孔是否阻塞,滑阀滑动是否灵活;保险阀方盖是否装错方向,把通孔堵死;平衡阀是否在 17 与 18 连通位置上卡死 如有上述问题,应对症解决

（续）

常见故障	故障产生原因	排除方法
拉削时振动	1)液压系统进入空气 2)系统泄漏严重	1)打开主液压缸上的放气螺塞,排除缸内空气。低压管和吸油管应紧固,防止进入空气 2)更换损坏的密封件,紧固液压连接件
溜板返回时超程	换向阀N动作呆滞或两端的先导阀弹簧太软	拆检清洗换向阀,使其滑动灵活,更换先导阀的弹簧
溜板运动速度达不到要求	1)齿轮泵压力低,不能推动液压缸达到要求的偏心 2)溢流阀Ⅰ无压 3)吸入阀被卡住 4)电动机转速低 5)平衡阀A卡住	1)、2)正确调整齿轮泵保险阀和溢流阀,使其达到规定数值 3)清洗吸入阀及通道 4)检查电动机线路,清除故障 5)清洗平衡阀,使其滑动灵活
拉床起动后溜板不运动	指示器指示为0时: 1)齿轮泵压力低 2)平衡阀A卡死	1)检查并调整压力,修复齿轮泵 2)修复清洗平衡阀
	指示器指示不为0时: 1)径向泵保险阀D或J失灵 2)换向阀G卡死,吸油受阻 3)换向阀N弹簧压力太大或滑阀卡死 4)节流阀L_1、L_2、L_3堵塞 5)YA2不吸或电磁阀E_2在电磁铁不吸位置上卡死,溜板不能返回	1)检修调整保险阀 2)检修换向阀 3)将换向阀N上的螺塞卸下,插入细杆可试出滑阀动作情况,如果不动,可适当调松弹簧,若无效则应检修滑阀 4)清洗节流阀 5)检修电磁阀E_2
油温过高(L720型)	1)压力阀Y调得过高 2)溢流阀Ⅰ卡死 3)换向阀N由于弹簧压力过大引起开口过小,阻力大 4)油的黏度过大	1)调整压力阀Y,将压力调整为0.2~0.3MPa 2)检修清洗溢流阀 3)检修调整换向阀N 4)更换新油
爬行(L720型)	1)系统内进入空气,引起原因有: 吸油管连接密封不严 密封件损坏 2)导轨过紧或润滑不良 3)换向阀N中的滑阀Ⅰ、Ⅲ弹簧压力过小,当溜板下行、阻力小时压力下降,滑阀Ⅰ、Ⅲ复位,溜板停止;压力又升高时,溜板又下行,出现溜板爬行	1)紧固吸油路的连接件,更换密封件 2)调整导轨镶条,调整修理润滑装置 3)将换向阀N中的滑阀Ⅰ、Ⅲ上的螺塞卸下,插入细杆,检查工作时滑阀是否抖动,如抖动可调节弹簧及节流阀,直至不抖动为止

（续）

常见故障	故障产生原因	排除方法
工作行程转为返回行程时有超程现象(L720型)	1)由于压力阀Y压力调整过小,使溜板下垂,上腔进入空气,当返回时,因是差动液压缸,必须先将上腔灌满油再动作,所以返回迟钝 2)电磁阀 E_2 动作不灵活或电磁铁YA2动作迟缓 3)返回行程开关不灵 4)换向阀N中的滑阀Ⅱ弹簧力过大 5)节流阀 L_1 堵塞	1)调大压力阀Y的压力,使其达到0.3MPa以上 2)清洗修复电磁阀 E_2,查找电气原因,使YA2动作迅速 3)检修电气 4)调整弹簧压力 5)清洗节流阀 L_1
返回速度慢(L720型)	1)齿轮泵压力不足,当径向柱塞泵工作压力大时,偏心变小 2)换向阀N的滑阀Ⅱ弹簧力过大,开口变小	1)调整齿轮泵压力 2)检查滑阀Ⅱ是否灵活,适当调小弹簧力
返回终点后,溜板向下滑行一段才停止(L720型)	1)换向阀N中滑阀Ⅱ弹簧力太小或电磁阀E2弹簧力太小,滑阀复位迟缓 2)电磁铁YA2失灵,复位慢	1)适当增大弹簧力 2)清洗检修滑阀,检修电气
切削时工作台后退一段距离或工作台抖动(L720型)	调整挡铁螺杆时,曲柄连杆机构处在死点位置,因此间隙未消除	工作台前进终点撞到死挡铁时,曲柄连杆机构应处于前死点后退3~4mm处
工作行程时溜板往下掉(L720型)	换向阀N中的滑阀Ⅰ、Ⅲ动作不协调,若Ⅰ先打开、Ⅲ后打开则背压很高,引起冲击;若Ⅲ先打开,液压缸下腔与油箱相通,溜板下掉	调整滑阀Ⅰ、Ⅲ弹簧和节流阀 L_1、L_3,使Ⅰ略比Ⅲ提前一点打开,并检查压力阀Y,使其调整压力为0.2~0.3MPa

第八节　数控机床液压系统的维修

数控机床的主轴运动和进给运动已趋于用伺服电动机驱动，步进液压马达和电液伺服等已很少用在数控机床中，所以数控机床的液压系统比较简单，主要用于辅助功能。

数控机床的各个动作完成后要发出完成信号，因此所用的换向阀多为电磁（或电液）阀，通过数控系统中的PLC（可编程逻辑控制器）控制。

数控机床液压系统是用通用的标准液压件组成的，没有专用的液压控制板，故更换元件较为方便，维修也较容易。

数控机床的液压辅助功能包括：自动换刀机构中的液压部分；回转工作台的液压部分；工件或刀具的夹紧及松开；液压操纵的滑移齿轮变速；机床运动部件的液压平衡；液压转位刀架；夹具的松开及夹紧；机床的润滑冷却；机床防护罩和防护

门的开关等。

下面介绍数控机床几个典型的液压系统。

一、MJ-50 型数控车床液压系统

图 4-23 所示为 MJ-50 型数控车床液压系统工作原理图。表 4-10 为该系统电磁铁动作表。

表 4-10　液压系统电磁铁动作表

动作	SDL-1	SDL-2	SDL-3	SDL-4	SDL-7	SDL-6	SDL-9	SDL-8
卡盘高压夹紧	+	−	−					
卡盘高压松开	−	+	−					
卡盘低压夹紧	+	−	+					
卡盘低压松开	−	+	+					
刀架松开				+				
刀架正转				+			−	+
刀架反转				+			+	−
刀架夹紧				−				
套筒伸出					−	+		
套筒退回					+	−		

注："+"表示电磁铁通电，"−"表示电磁铁断电。

阀 6、7、8 为减压阀，起减压、稳压及定压作用。阀 6 用于调整卡盘高压夹紧压力，阀 7 用于调整卡盘低压夹紧压力，阀 8 用于调整尾座套筒顶紧压力。

单向调速阀 9、10、11 起单向调速作用。阀 9 用于刀架正转调速，阀 10 用于刀架反转调速，阀 11 用于套筒伸出时调速（缩回时快速）。

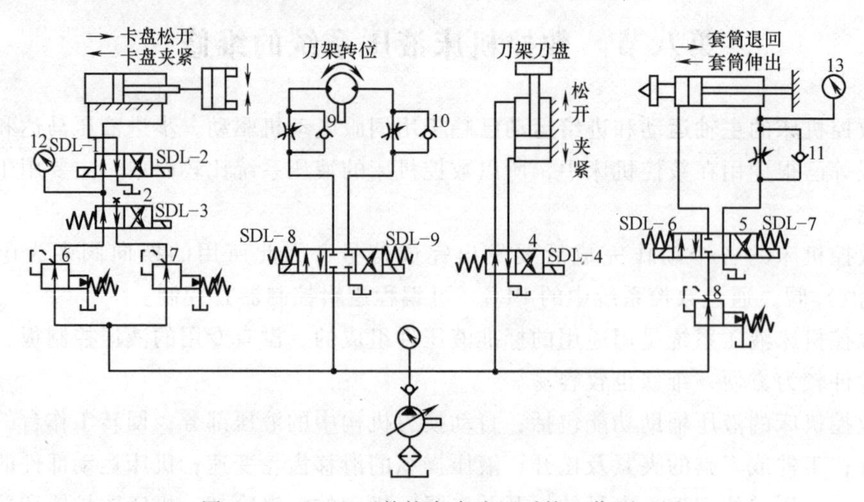

图 4-23　MJ-50 型数控车床液压系统工作原理图

液压泵为限压式变量叶片泵，当压力达到液压泵调整压力时无流量输出，液压泵卸荷，所以该系统无安全阀。

二、VP1050 型立式加工中心液压系统

图 4-24 所示为 VP1050 型立式加工中心液压系统工作原理图。该系统的功能有：驱动链式刀库；平衡主轴箱重量；刀具的松开及夹紧；主轴变速等。

8、11、15 为电磁换向阀。阀 8 控制驱动刀库液压马达的正反转，阀 11 控制刀具的松开和夹紧，阀 15 控制双联滑动齿轮换档变速。

3、6 为压力继电器。当液压系统达到正常压力时，YK1 发出信号，表明液压系统正常；当液压系统压力低于 YK1 调整压力时，YK1 不发信号，数控系统报警。当平衡缸压力低于 YK2 的调整压力时，数控系统也发出警报。

2、9 为单向阀，用于防止液压泵一旦不转时，系统卸压造成事故，防止主轴箱因自重下滑。

16 为减压阀，用于调整变速操纵液压缸的压力。

13、14 为单向调速阀，用于控制变速时的速度，防止齿轮冲撞。

1 为变量液压泵，这种液压泵可以不用溢流阀，当压力达到液压泵调整压力时，液压泵输出流量为零，液压泵也处于卸荷状态。

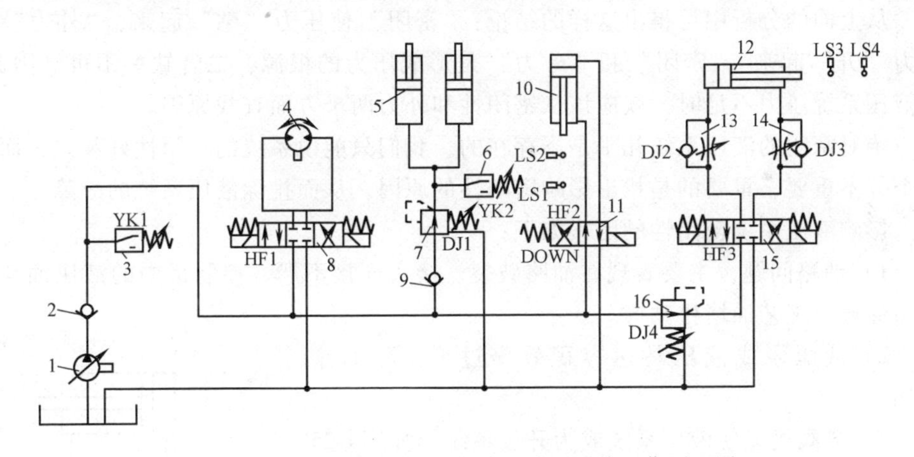

图 4-24　VP1050 型立式加工中心液压系统工作原理图

1—变量液压泵　2、9—止回阀　3、6—压力继电器　4—液压马达　5—配重液压缸　7、16—减压阀　8、11、15—电磁换向阀　10—松刀缸　12—变速液压缸　13、14—单向调速阀　LS1、LS2、LS3、LS4—行程开关

数控机床液压系统故障的检修要点是：

1）数控机床液电紧密联系，要对液压动作与电气控制之间的关系有清晰的了解，特别是由电气控制的电磁换向阀及由液压控制的压力继电器等元件。

2）数控机床一般在每个动作完成后都要发出完成信号，在排除故障后还要注

意是否发出完成信号，如完成开关是否动作、信号灯是否亮（灭）。

3）数控机床有自诊断功能，出现故障时，一般情况下有提示，因此可通过故障报警、各模块LED显示、梯形图、诊断功能画面和NC（数控）状态显示等来查找故障。

第九节　液压系统故障诊断的两个重要理论基础

一、液压系统压力的形成条件

液压传动是靠密闭容器内的液体压力能来进行能量转换、传递与控制的一种传动方式。

这里所指的容器是指液体可以占据的空间。所谓密闭容器是指这个容器内部与大气是隔绝的。

如果容器不是密闭的，液体可以通畅地流入大气，则容器中的液体便不会形成压力。液体只有在密闭的容器中才能形成压力。当有外力作用于密闭容器的液体表面时，由于液体不能流出，势必使液体内部形成压力，且随着外力的增加，液体中的压力也相应增加。

从上面的分析中可得出这样的结论："密闭"使压力"憋"起来，"外力"使压力"升"起来。"密闭"和"外力"是形成压力的根源，二者缺一不可。因此，当液压系统压力不足时，就应该从密闭性和外力两个方面查找原因。

绝对密闭的液压系统几乎是不存在的。我们只能说系统的密闭性好和差，而且这个并不重要，重要的是找出影响密闭性的原因，从而排除液压系统的故障。

影响液压系统密闭性的因素如下：

1）油路问题，主要表现在油路破裂、接头连接不严、控制板中的液压油与回油路穿通、工艺油堵松动等。

2）液压泵或液压马达容积效率过低，配油盘窜油。

3）滑阀机能使液压系统成为开放系统。如图4-25所示，滑阀机能为M、H、K型的换向阀处在中间位置时，P、O接口互通（P为液压油口，O为零压回油口），液压泵输出的油通过滑阀直接回油箱，油路成为不密闭油路，液压泵卸荷，这时通过安全阀调压是调不上去的。只有当滑阀处于左或右两端位置，并且在液压缸和活塞顶死时，压力被"憋"起来，才能显示安全阀的调整压力。

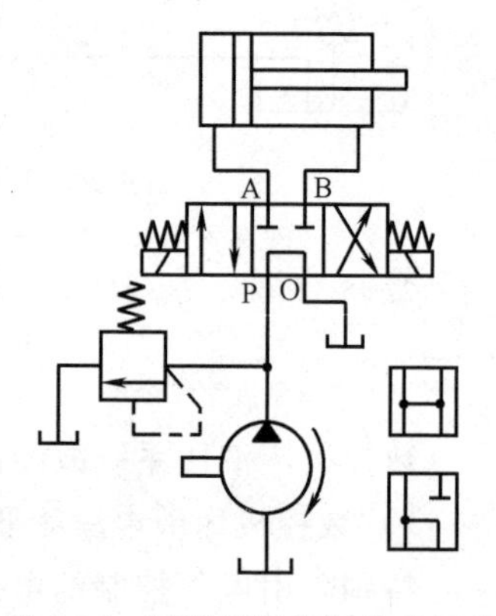

图4-25　用滑阀机能卸荷的回路

图4-26所示为滑阀机能为O型的电液换向阀。如

果将主滑阀的阀芯更换成 M 或 H 或 K 型阀芯，则当滑阀在中间位置时所构成的回路就变成了开放回路，液压泵的出油口通过滑阀与油箱相通，液压泵无压力，A 口也无压力，因此无法实现液动阀的换向。为了确保液压泵在卸荷时有换向所需的压力，在 M、H、K 型电液换向阀的主阀体进油路上装有一个预压阀，以保证卸荷时液压泵还有 0.3~0.4MPa 的压力。

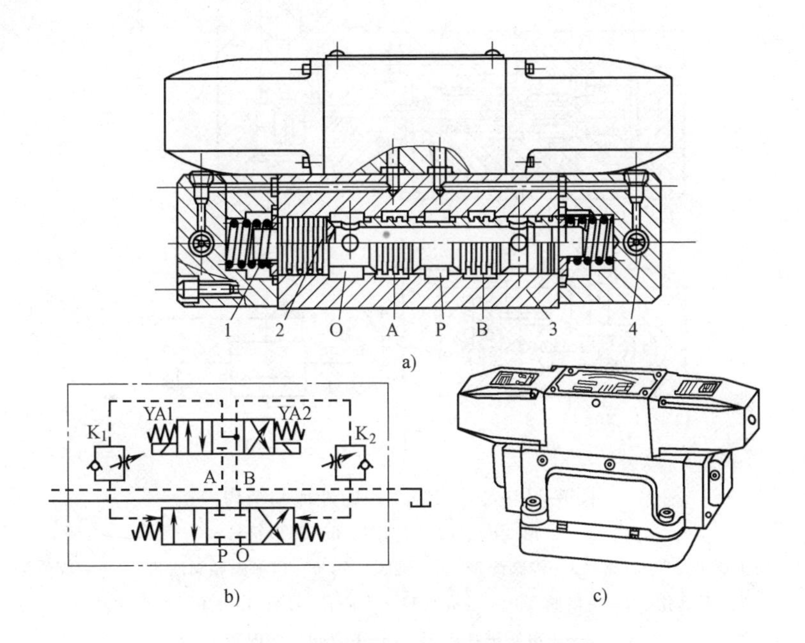

图 4-26　电液换向阀的结构和工作原理

a）结构图　b）工作原理图　c）外观图

1—弹簧　2—阀芯　3—阀体　4—阻尼装置

K_1、K_2—单向节流阀

要说明的是，所有三位电液换向阀中的电磁阀的滑阀机能都应是 y 型的 ABT 连接，否则液动滑阀将没有中间位置。在更换电磁阀时一定要看准标牌上标明的是否为 y 型，当认不准时，应进行通口检查其通路状态，确认为 y 型后方可更换。

4）溢流阀（安全阀）属定压密闭元件。在未达到调定压力时，系统是密闭的；当达到调定压力时，系统处于半密闭状态。液压油在调定压力下回油箱。

先导式溢流阀可通过遥控口“K(L)”（见图 4-27b）使系统卸荷。当 K(L) 口与油箱接通时，溢流阀打开，液压系统的液压油便通过溢流阀直接回油箱，系统卸荷。图 4-28 所示为溢流阀的卸荷回路。当电磁铁 A 通电时，液压泵输出的油直接从开启的溢流阀回油箱，形成开放系统。

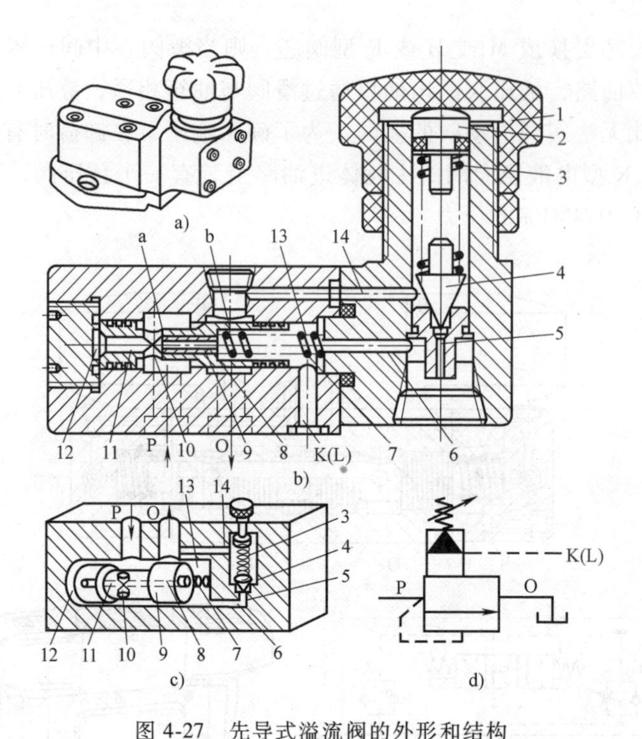

图 4-27　先导式溢流阀的外形和结构

a）外形　b）、c）结构图　d）图形符号

1—调压螺母　2—柱塞　3—锥阀弹簧　4—锥阀　5、6、14—先导阀油孔　7—主阀弹簧　8—阻尼孔　9—主滑阀　10—油孔　11—中心孔　12、13—主滑阀两端油腔　a—主滑阀进油内腔　b—主滑阀出油内腔

5）其他压力卸荷回路。在卸荷状态下，系统都是非密闭的，系统在零压或低压下运行。

6）液压缸两腔非完全隔离，活塞密封不严，两腔窜油。这也属不完全密闭容器，也会影响压力的升高。有时也会发生活塞与活塞杆脱离的故障，此时液压缸两腔完全连通。如果进、回油路均无液压阻尼，系统便成为开放系统，形不成压力。

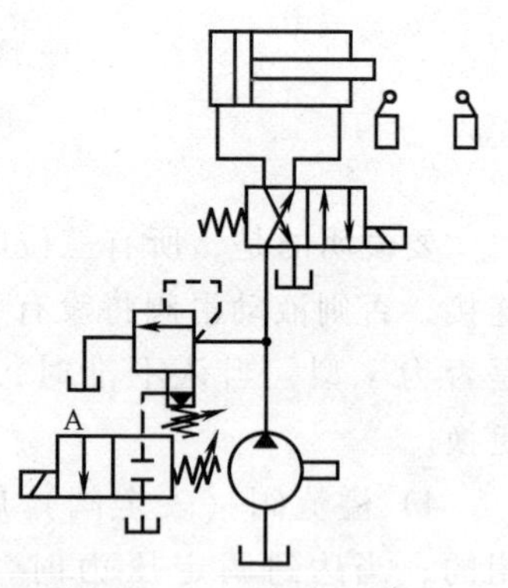

图 4-28　溢流阀卸荷回路

凡是密封不严之处都会形成局部的泄漏，都会影响压力的形成。油温升高后，液压系统的压力会下降，其原因是温度升高，引起油液黏度下降，泄漏量增加所致。

泄漏对压力的形成是不利的，故在液压维修中应尽量避免泄漏。但是当不需要压力时，采用压力卸荷回路也是必要的，这样可以提高能源利用率，减少发热。

在有的机构中是不允许密闭的。例如，磨床工作台手摇机构中手动、液动控制

齿轮与齿条啮合或脱开的联锁液压缸中的非液压腔就必须有导漏口，否则将产生困油现象，长时间后将导致活塞不能移动。外圆磨床、内圆磨床和平面磨床手摇机构的连锁液压缸的非液压腔都应设导漏管。

负载在这里指的是与运动方向相反的所有阻力之和，包括切削抗力、导轨摩擦力、活塞与液压缸的摩擦力、活塞杆与缸盖间的摩擦阻力、死挡铁的抗力等。下面以图 4-15 所示他驱式滑台液压系统为例说明负载与压力的关系（见表 4-11）。

表 4-11　负载与压力

动作	液压缸前腔压力 P_1	变量液压泵压力 P
快进	取决于液压缸活塞摩擦力、导轨摩擦阻力，P_1 很小	泵流量最大，P 最小
慢速引刀	取决于液压缸活塞摩擦力、导轨摩擦阻力及背压阀阻力、节流阻力，P_1 很小（与快进相近）	泵流量较小，P 较大
第一次工作进给	取决于液压缸活塞摩擦力、导轨摩擦阻力及切削抗力、背压阀阻力、节流阻力，P_1 较大	泵流量进一步减小，P 进一步增大
第二次工作进给	取决于液压缸、导轨摩擦阻力及切削抗力、压背阀阻力、节流阻力，P_1 与第一次工作进给比较更大	泵流量再一次减小，P 再一次增大
死挡铁停留	P_1 达最高值，可认为无穷大	泵流量为零，$P=P_1$，达最高值
快退	取决于液压缸活塞摩擦力、导轨摩擦阻力，P_1 很小	泵流量大，P 最小
原位停止	无负载，$P_1=0$	泵出口被堵死，广义负载无穷大，流量为零，P 最大

注：所使用的泵为限压式变量叶片泵，这种泵的 Q-p 曲线如图 4-9 所示，在工作进给时工作曲线在 BA 段，在死挡铁停留和原位停止时，在 p-Q 曲线的 A 点。

二、实际应用的伯努利方程

我们知道，实际流体的伯努利方程为

$$\frac{p_1}{\rho g}+z_1+\frac{\alpha v_1^2}{2g}+H=\frac{p_2}{\rho g}+z_2+\frac{\alpha v_2^2}{2g}+h_w$$

式中　p_1、p_2——1、2 两截面的液体压力；

z_1、z_2——1、2 两截面的高度；

α——修正系数；

v_1、v_2——1、2 两截面的液体流速；

H——流体机械向单位重力流体所供给的机械能（以高度 m 计算），称供给水头，如果 1、2 两截面内无液压泵、液压马达、液压缸等流体机械，则 $H=0$；

ρ——液体密度；

g——重力加速度；

h_w——单位重力液体从截面 1 流至截面 2 时损失的能量（以高度 m 计算），称损失水头。

将上面方程变形：

$$p_1+\rho gH=p_2+\rho g(z_2-z_1)+\frac{\alpha\rho}{2}(v_2^2-v_1^2)+\rho gh_w$$

对于液压机床来说，z_2-z_1 的值一般不超过 4m，折算成压力不超过 0.04MPa，可以忽略不计。机床液压传动中液体的流速一般不超过 20m/s，$\alpha=1.05\sim2$，$\frac{\alpha\rho}{2}(v_2^2-v_1^2)$ 的值在一般情况下不会超过 0.1MPa，在粗略计算中也可忽略不计。这样上式就变成：$p_1+p=p_2+\Delta p$（其中 $p=\rho gH$，$\Delta p=\rho gh_w$）。如果我们所考察的截面 1、2 内不包括液压动力部件，则上式为

$$p_1=p_2+\Delta p$$

这就是实际应用的伯努利方程，它是一个经常用来分析液压系统各点压力的方程式。这个方程的含义是：在不含动力部件的连续液压油路中，截面 1 的压力等于截面 2 的压力加上截面 1 到截面 2 之间的压力损失。压力损失是由于流动液体内部和流经各类液压元件、管路的摩擦损失。如果液体是静止的，则不会产生压力损失。此时，符合静止液体的帕斯卡定律，各处压力相等。

我们还是以图 4-15 所示他驱式滑台液压系统为例说明上式在分析各处压力的应用。

因为换向阀和管路压力损失很小，所以一般在分析各点压力时可以忽略不计。我们把液压泵的输出压力记作 p，液压缸的进口压力记作 p_1。

快速时，由于不经节流，没有压力损失，所以 $p=p_1$。

工作进给时，由于经节流，节流阀的压力损失为 Δp，所以 $p=p_1+\Delta p$（一次节流时比二次节流时 Δp 小些）。

死挡铁停留时，在此段油路中液体不流动，节流阀无压力损失，符合帕斯卡定律，$p=p_1$。

原位停止时，油路被电液阀隔断，不是连续油路，不应由上式判断压力。p 达到最大（由液压泵特性决定的），p_1 为零（因为没有负载）。

三、液压系统故障的检查方法

在查找液压系统故障时，首先要全面掌握该系统应实现的功能、工作原理、动作顺序、各元件的作用、调整方法及各元件在机床的实际位置，对该系统不太熟悉的维修人员还应有液压系统的工作原理图。在此基础上，有经验的人员便可推断出

故障发生的大概原因。

其次，要到现场进行实地检查，根据故障现象，检查可疑元件；要区别现场状况，对故障原因进行细分，逐步逼近故障发生的真实原因。例如，引起执行件爬行故障的原因有：压力过低、油中有空气、液压缸活塞或活塞杆油封过紧、活塞（或液压缸）移动方向与导轨不平行、导轨研伤等；然后先易后难，先分析疑似概率较大的故障，后分析概率较小的故障，逐步缩小故障因素，边分析边剔除假性因素，最终找出真实原因。在分析每一原因时，还要进行二次细分，如系统压力低，要区分是溢流阀调整不当（是否在满负荷工况下调整）还是溢流阀本身故障，溢流阀是否有大量溢流；是否有泄压之处；液压泵状态如何等。

在分析故障原因时，要用反向思维方式，即从‘坏’处着眼，分析“坏”的原因。如果顺着液压原理图去思考，可能一切都很正常，发现不了什么问题。如果从“坏”处着眼，可能会怀疑一堆问题。有了疑点，就有了解决问题的方向。

下面列举一些具体故障的检查方法：

1）判断油中是否进入空气。油中进入空气后的现象是油发黄，有泡沫，液压泵有噪声。如果不是泵吸入空气，可将液压缸运行几次以排出空气。如果系统中安装了放气阀，可打开放气阀并运行液压缸以排出空气。

2）判断液压泵是否吸入空气。检查油箱是否缺油，吸油管路过滤器是否堵塞，吸油管连接螺纹是否漏气（如果液压泵浸在油中，则此问题不存在；如果连接螺纹露出油面，可用干黄油将螺纹连接处封住，起动液压泵，检查油中是否有气泡）。

3）判断各种阀、液压操纵板的通道通否。可采用吹烟法，即将一塑料管插入要检查的阀或液压操纵板的一个通道孔中，吸一口烟对准塑料管吹出，有烟冒出的孔说明该孔与塑料管插入孔是连通的。如果有多个孔与插入塑料管的孔相通，则多个孔同时有烟冒出。

4）检查电磁换向阀或电液换向阀的电磁铁及滑阀是否工作正常。用一小棍或小内六角扳手插入电磁铁端的外壳孔中，推压手动柱塞，观察执行件运动是否符合电磁阀的移动位置所决定的方向。

5）检查通用溢流阀（安全阀）是否溢流。关闭液压泵，拆下主滑阀出油内腔b（见图4-27）的工艺油堵，拧上一个带软管的接头，将软管另一端接在油箱的加油口；起动液压泵，如果软管有大量油流出，说明溢流阀溢流。当溢流阀回油口可以摸到时，可直接感触到是否溢流。

6）当怀疑某元件有故障又不能马上确认时，可更换同型号的新元件来进行验证。如果确认不是该元件故障，应装回原元件，将新元件还回库房。

7）凡是可以用手动控制的阀，用手推压（或转动）检验该阀是否好用。

8）验证液压泵是否好用。在油路中无泄漏的情况下看溢流阀是否溢流，有溢流则液压泵是好的。调整溢流阀的压力，如果溢流量变化不大，说明液压泵容积效率较高。在有条件的情况下，在吸油管上装一真空表，表压为 127～350mmHg（16.9～46.7kPa）为正常，小于 127mmHg（16.9kPa）则可能过滤器堵塞，大于 350mmHg（46.7kPa）则液压泵吸力不足。

9）拆卸多管路油管前，应将管子及接头做好记号，以免装错。

第五章

滚珠丝杠螺母副传动的维修

第一节　滚珠丝杠螺母副传动概述

一、滚珠丝杠螺母副的工作原理

滚珠丝杠螺母副是直线运动与回转运动能相互转化的传动装置。

滚珠丝杠螺母副的结构如图 5-1 所示。

在丝杠 3 和螺母 1 上都有半圆弧形的螺旋槽，将它们装配在一起后便形成了圆形的螺旋滚道，再将多圈的圆形滚道两端连接起来，就会形成封闭的循环滚道。在滚道中装有滚珠，当丝杠 3 或螺母 1 旋转时，滚珠在滚道内循环滚动使螺母或丝杠轴向移动。

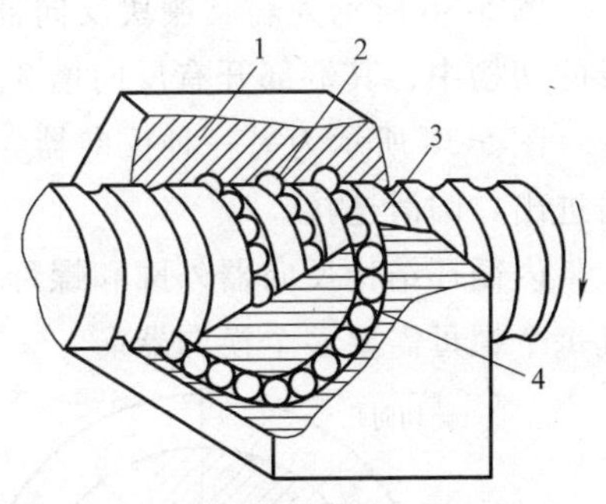

图 5-1　滚珠丝杠螺母副的结构示意图

1—螺母　2—滚珠　3—丝杠

4—滚珠回路管道

二、滚珠丝杠螺母副的工作特点

1）传动效率高，工作时滚动摩擦，摩擦损失小，其效率可达 90%以上。功率消耗只相当于普通丝杠的 30%左右。

2）有可逆性，可以从旋转运动转化为直线运动，也可以从直线运动转化为旋转运动。

3）可实现无间隙传动，给予适当的预紧可增强刚度。定位精度和反向精度都很高。

4）运动平稳，无爬行现象，传动精度高。

5）磨损小，使用寿命长。

6）制造工艺复杂，制造精度、表面粗糙度要求高，制造成本高。

7）不能自锁，有工作惯性，通常需要加装制动装置或使用制动电动机。

三、滚珠丝杠螺母副中滚珠的循环方式

滚珠的循环方式分为外循环和内循环两种。

1. 外循环

图 5-2 所示为外循环滚珠丝杆。在螺母体上轴向相隔数半个导程处开两个孔与螺旋槽相切，作为滚珠的进出口，再在螺母的外表面上开回珠槽将进口与出口连通起来，如图 5-2a、b 所示。也可以用管子将进口和出口连通，如图 5-2c 所示。外循环应用较广，制造工艺较简单，缺点是滚道接缝处很难做得平滑，影响平稳性，严重时会发生卡珠现象。

2. 内循环

内循环的原理是通过反向器将相邻螺纹滚道连成一通道，滚珠越过螺杆牙顶，进入相邻螺纹滚道，实现循环。

图 5-3 所示为内循环滚珠丝杠。内循环均采用反向器实现滚珠循环。反向器有两种形式。

图 5-3a 所示为圆柱凸键反向器。反向器圆柱部分嵌入螺母内，端部开有反向槽 2，反向器靠圆柱外圆面及其上端的凸键 1 定位，以保证对准螺纹滚道方向。

图 5-3b 所示为扁圆镶块反向器。反向器为一半圆头平键形镶块，镶块嵌入螺母的切槽中，其端部开有反向槽 3，用镶块的外廓定位。

图 5-3d 所示为另一种反向器。圆柱端面上的反向槽为曲线状，它可以更好地与进出口圆滑连接。

内循环结构反向器外廓和螺母上的切槽尺寸精度要求高，加工工艺比较复杂，且每个螺母需要多个换向器。

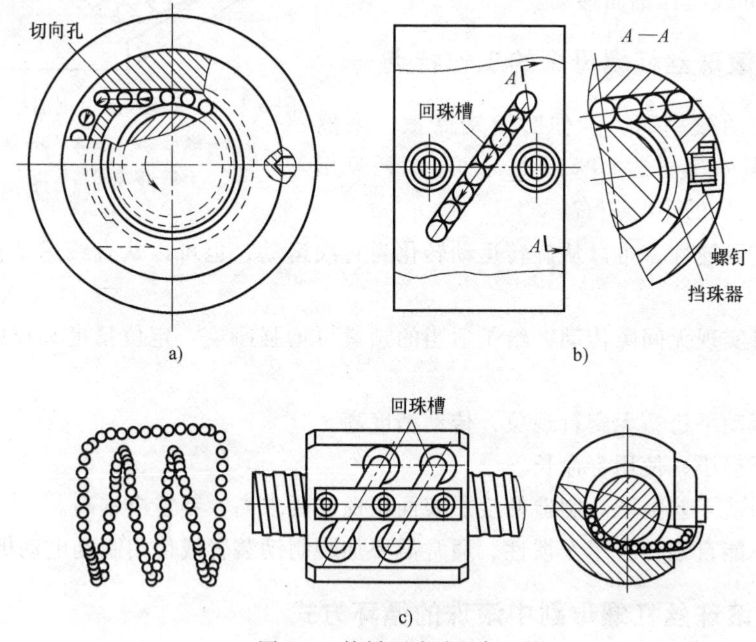

图 5-2 外循环滚珠丝杠

a）切向孔结构 b）回珠槽结构 c）滚珠的运动轨迹

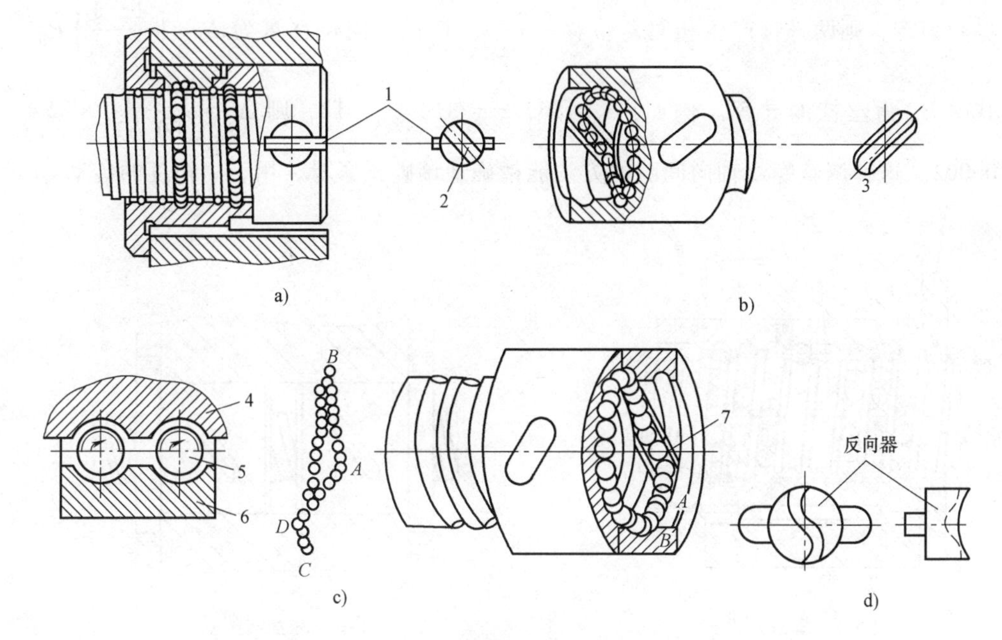

图 5-3　内循环滚珠丝杠

a）凸键反向器　b）扁圆镶块反向器　c）滚珠的运动轨迹　d）反向器结构

1—凸键　2、3—反向槽　4—丝杠　5—滚珠　6—螺母　7—反向器

四、滚珠丝杠螺母副间隙的调整

为保证滚珠丝杠螺母副的反向精度及轴向刚度，必须消除轴向间隙并保持有一定的预紧。间隙的消除方法如下：

1. 双螺母消除间隙

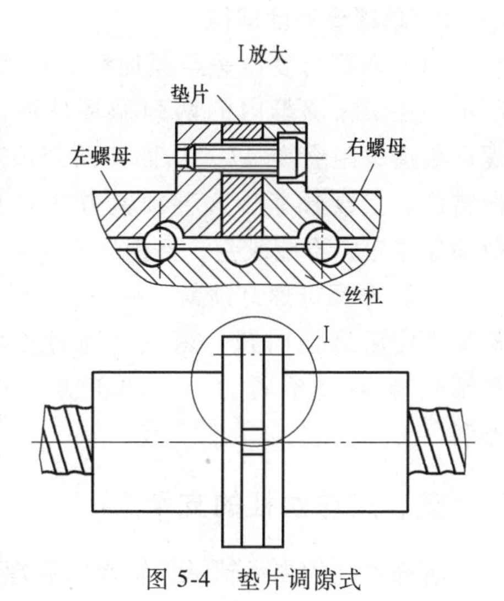

图 5-4　垫片调隙式

（1）垫片调整法　如图 5-4 所示，调整垫片厚度，使左、右两螺母产生轴向相对位移，即可消除间隙和产生预紧力。这种方法调整时需拆下垫片，修磨垫片厚度，调整时不够方便。

（2）螺纹调整法　如图 5-5 所示，旋动圆螺母 6，即可改变螺母 1 和 7 的相对轴向位置，便可消除轴向间隙并产生预紧力。

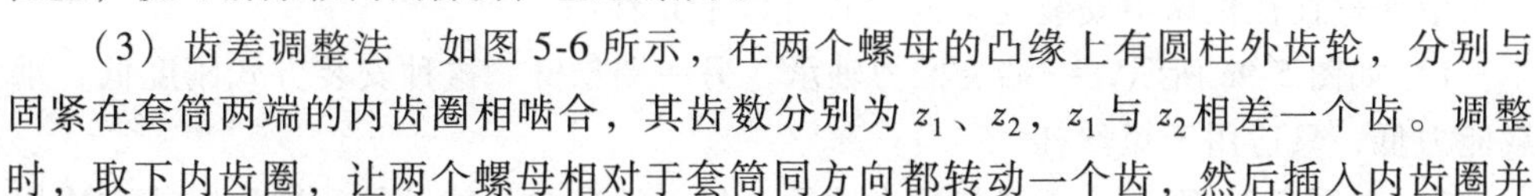

（3）齿差调整法　如图 5-6 所示，在两个螺母的凸缘上有圆柱外齿轮，分别与固紧在套筒两端的内齿圈相啮合，其齿数分别为 z_1、z_2，z_1 与 z_2 相差一个齿。调整时，取下内齿圈，让两个螺母相对于套筒同方向都转动一个齿，然后插入内齿圈并

将其固定，则两螺母产生相对角位移$\frac{1}{z_1}-\frac{1}{z_2}$，相对轴向位移量为$\Delta p=\left(\frac{1}{z_1}-\frac{1}{z_2}\right)P_h$，其中$P_h$为丝杠的导程。例如，$z_1=80$，$z_2=81$，$P_h=12$，则$\Delta p=\left(\frac{1}{80}-\frac{1}{81}\right)\times 12=0.002$。这种调整螺纹轴向间隙的方法能精确地调整预紧量，用于高精度的传动。

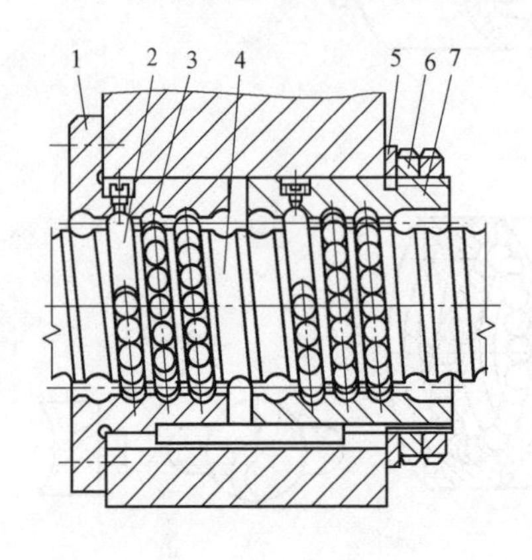

图 5-5　螺纹调节式

1、7—螺母　2—反向器　3—钢球

4—螺杆　5—垫圈　6—圆螺母

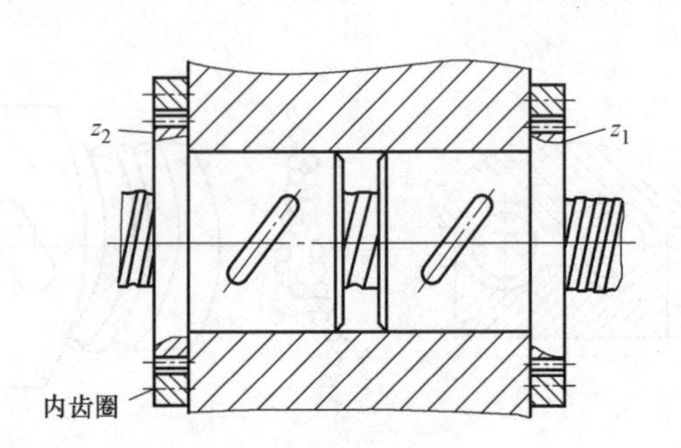

图 5-6　齿差调隙式

2. 单螺母消除间隙

（1）单螺母变位螺距预加负荷　如图 5-7 所示，在滚珠螺母内的两列循环珠链之间的螺母滚道螺距突变 ΔL，从而使两列滚珠在轴向错位，实现预紧。这种预紧方法是预加负荷预先设定，不能改变，磨损后不能调整。

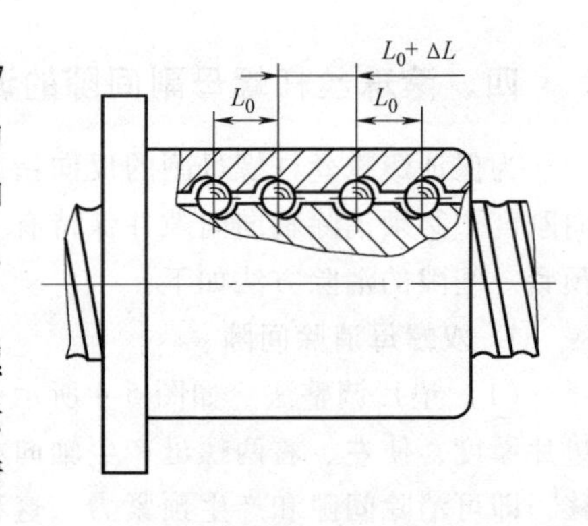

图 5-7　单螺母变位螺距预加负荷

（2）单螺母螺钉预紧　如图 5-8 所示，螺母加工完后沿径向开一薄槽，通过拧紧内六角螺钉来调整预紧力。此加工方法已申请专利。

五、滚珠丝杠的支承

滚珠丝杠的支承轴承、轴承座和螺母座等支承件应有较高的刚度，连接面也应有较高的接触刚度，以保证滚珠丝杠螺母副的传动刚度。

滚珠丝杠在机床中安装支承的方式有以下几种：

1）如图 5-9a 所示，一端装推力轴承，另一端悬臂。这种安装方式刚度低，承载能力低，只适用于短丝杠。

2）如图 5-9b 所示，一端装推力轴承，另一端装向心球轴承。这种安装方式用

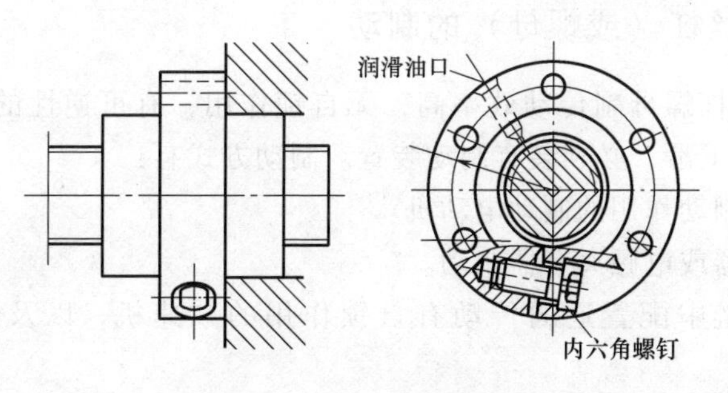

图 5-8　单螺母螺钉预紧

于长丝杠的安装，轴向刚度也比较低。

3）如图 5-9c 所示，两端装推力轴承，滚珠丝杠施加一预紧拉力，用以提高丝杠的刚度，但轴承寿命会降低。

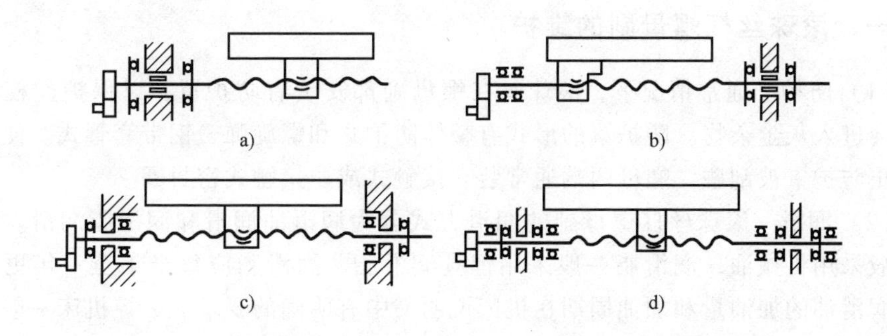

图 5-9　滚珠丝杠在机床上的支承方式

a）一端装推力轴承　b）一端装推力轴承，另一端装向心球轴承

c）两端装推力轴承　d）两端装推力轴承及向心球轴承

4）如图 5-9d 所示，两端装推力轴承及向心球轴承。进一步提高丝杠的运转刚度，可用双重支承，并施加预紧力。

5）如图 5-10 所示，两端装滚珠丝杠专用轴承。它是一种能承受很大轴向力的特殊的角接触球轴承，接触角增大到 60°，它比通用角接触球轴承轴向刚度提高了两倍以上。这种结构预紧力已由厂家配好。与丝杠配套出厂。

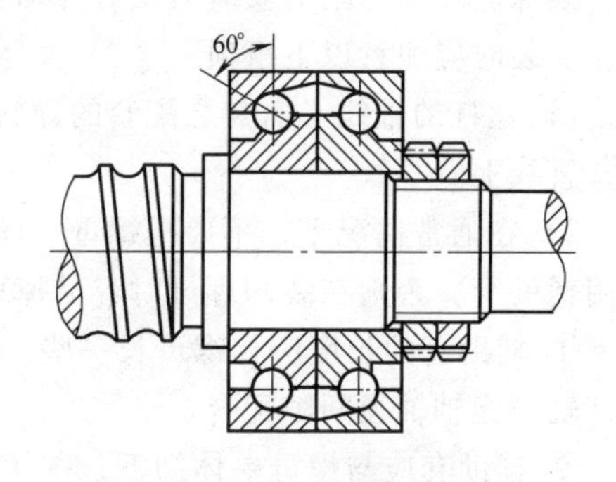

图 5-10　接触角为 60°的角接触球轴承

六、滚珠丝杠（或螺母）的制动

由于滚珠丝杠螺母副传动效率高，无自锁作用，有可逆性的特点，为防止超程，防止因自重下滑，必须装有制动装置。制动方式有：

1）用具有制动作用的制动电动机。

2）用制动器或电磁离合器制动。

3）在传动链中配置逆向传动有自锁作用的减速机，以及蜗轮蜗杆等传动装置。

4）采用超越离合器。例如，XA6132 型铣床升降台采用滚珠丝杠防下滑的制动装置。

第二节　滚珠丝杠副的安装和维护

一、滚珠丝杠螺母副的维护

（1）防护　通常情况下，滚珠丝杠螺母副都安装有防护罩，以保护丝杠螺母副不会进入灰尘杂物。防护罩的形式有整体防护式和螺旋弹簧钢带套管式。使用时要防止防护罩被刮碰。螺母两端通常装有接触式或非接触式密封圈。

（2）润滑　滚珠丝杠螺母副的润滑方式分为润滑油润滑和润滑脂润滑。润滑油一般采用机械油，润滑脂一般采用锂基润滑脂。润滑脂应每半年至一年更换一次，润滑油的加油量和加油周期在机床说明书中有明确的要求。数控机床一般采用集中自动润滑。

二、滚珠丝杠螺母副的安装

滚珠丝杠螺母副的安装质量对传动精度、工作平稳性和使用寿命等都有很大影响，安装时应注意以下事项：

1）丝杠的轴线必需与之配套的导轨平行，丝杠两端轴承、螺母座必须三点在一条直线上。

2）在通常情况下，不要把螺母从丝杠上旋出来，如果必须要旋出来，一定要使用辅助套，否则在装卸螺母时容易掉珠。螺母装配和拆卸时应注意以下几点：

① 辅助套的长度应比螺母长一些，外径应小于丝杠底径 0.1~0.2mm，内径与丝杠轴端光轴轴径间隙配合。

② 辅助套应与螺母一体卸下，一体安装（安装后取下辅助套）。

③ 一旦有的滚珠脱落未找到，不要用新的滚珠更换，宁缺无赖。如果确实滚珠脱落太多，应全部更换，而且对滚珠要经过精确的测量，统一尺寸。

④ 辅助套在装卸时必须靠紧丝杠螺纹轴肩。

⑤ 装卸时不可用铁锤敲击。

⑥ 装配时应注意丝杠螺母的清洁，防止灰尘杂物进入螺纹副。

第三节　数控机床拆装丝杠后回参考点的调整

数控机床进给丝杠、进给伺服电动机和位置检测等装置在拆装后将导致参考点位置变化，需对机床返回参考点进行调整。

数控车床转塔刀架参考点一般设在刀架刀盘的前端面与镗孔刀座轴线的交点上，机床坐标系原点设在卡盘与主轴连接端面的回转中心上。当刀架参考点与机床参考点重合时，机床坐标原点距刀架参考点的 x 坐标称为 x 轴的参考点坐标；同样，z 坐标称为 z 轴的参考点坐标。

数控铣床主轴端面与主轴回转中心的交点为刀具参考点。回参考点后，刀具参考点与机床参考点重合。

一、采用增量方式（有挡块）回参考点的调整

1. 增量方式回参考点的工作原理

通常机床参考点设置在机床的正方向一端，如数控车床设置在刀架 x、z 轴的正方向上。刀架进给的检测装置多采用增量光电编码器。机床回参考点的过程（如果机床回零操作要求设定固定的位置）如下：数控系统得到回零指令后，刀架以速度 v_1 快速正向移动，刀架撞块压下回零开关后，速度降为 v_2，继续移动；在回零开关释放后，刀架继续移动，编码器开始寻找零位标志；寻到零位标志后再转过一个栅格偏移量，刀架便准确地停在参考点上。

图 5-11 所示为有撞块回零时的时序图。从图中可清晰地看到回零的时序：回零指令→溜板以 v_1 速度返回→撞块压下回零开关，速度降为 v_2，继续移动→回零开关释放，继续移动并寻找编码器零位信号→找到零位信号后再移动一个栅格偏移量即为机床参考点。

2. 参考点的调整方法

要准确地回零，只用调整回零开关撞块的方法是不够的，必须还要调整对应的参数栅格偏移量。现以 SSCK-20 型数控床（FANUC-0TD 系统）为例，说明其调整方法及步骤。

1）预置参数 0508 项，x 轴栅格调整的预置值。由于 x 轴的丝杠螺距为 6mm，机床的脉冲当量为 0.001mm/p，所以预置值为 6000。

2）预置参数 0509 项，z 轴栅格调整的预置值。由于 z 轴的丝杠螺距为 6mm，机床的脉冲当量为 0.001mm/p，所以预置值为 6000。

3）调整参数 0010 项的第 7 位（APRS）为“0”，这样，手动回零后不执行自动坐标系设定。

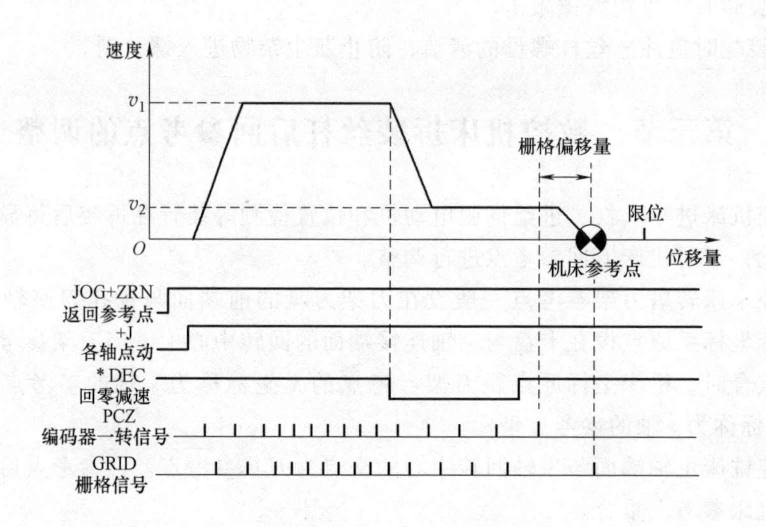

图 5-11　有撞块回零时的时序图

4）用手动方法将刀架回到机床参考点。

5）机床回零后，所显示的 X、Z 值与机床参考点规定值进行比较，本机床规定值为 X=260.000，Z=500.000。

当显示的坐标值大于规定值半个螺距时，先调整撞块使之接近规定值，重新将刀架移到原起点，再进行步骤 4）操作。反复调整撞块位置，使显示值与规定值之差的绝对值小于半个螺距。

将参数 0508、0509 的预置值分别减去 x、z 轴显示值与规定值的差值，再以所得结果重新分别设置参数 0508 项和 0509 项（单位：0.001mm）。

假设回零坐标显示 X=262.132，Z=501.845，则

0508 项参数应设为：6000-(262.132-260.000)×1000=3868

0509 项参数应设为：6000-(501.845-500.000)×1000=4155

6）重新进行 4）、5）项操作，使刀架回零坐标值符合规定要求值。

7）在系统参数 708 和 709 中分别输入 260000（直径编程坐标值）和 500000。

8）将参数 0010 项的第 7 位设为 1，使机床回零后执行坐标设定显示回零值。

9）机床断电并重新送电，进行回零操作，刀架便按规定值精确地回到零点，并在显示屏上显示出机床零点的坐标值。

二、采用绝对方式（无挡块）回参考点的调整

采用绝对方式回参考点的调整方法比较简单，并可以将参考点设在任一处。凡是拆装编码器、伺服电动机和丝杠等，都会导致机床报警（对于 FANUC0i 系统出现 300 号报警），此时需要重新设置参考点。现以 FANUC0i 系统为例说明其调整

方法。

1）设定参数：

① 将参数1002#2设为“0”（0为不使用参考点偏移功能而使用栅格偏移量，1为使用参考点偏移功能）。

② 将所有轴返回参考点方式1005#1设为“1”（0为有挡块，1为无挡块）。

③ 将参数1815#5设定为“0”（0为不使用绝对脉冲编码器作为位置检测器，1为使用绝对脉冲编码器作为位置检测器）。

④ 绝对编码器原点位置参数1815#4设为“0”（0为没有建立，1为建立）。

2）机床重启，手动返回参考点操作，使移动部分与固定部分箭头对齐。

3）系统参数1815#5设为“1”，1815#4设为“1”。

4）机床重启，回参考点操作。

5）机床参考点与设定前坐标不同，根据实际参考点位置距离目标参考点的实际偏差计算出每轴的栅格偏移量，写入参数1850中。

6）关闭电源后再重启机床。

7）回参考点操作，对应轴坐标自动改为参数1240（参考点坐标值）中所设定的值，参考点设定成功。

第四节　数控机床反向间隙的检测与补偿

数控机床的进给传动链应保证无间隙传动，以确保伺服电动机的转数毫无损失地传递给工作台。但这实际上很难做到，从电动机→联轴器→齿轮或齿形带→丝杠螺母副等中的任一环节都可能出现传动间隙，哪怕与丝杠直联的最简单的传动，也会因联轴器的连接间隙、丝杠的轴向窜动、丝杠与螺母的传动间隙、导轨间隙以及各传动件的变形等原因，使伺服电动机换向后工作台不能立即产生实际运动，这种现象称为失动。电动机空转的量叫作失动量，又称为反向间隙。

一、反向间隙的检测

反向间隙可用千分表（或百分表）检测和激光干涉仪检测。由于千分表检测方法对操作者要求较低，操作简便，因此在企业中大量使用。检测方法如下：

1）在所检轴线（如x轴）的行程内预先用指令使工作台向某方向移动一定距离，并以移动停止后的位置为基准位置。千分表架固定在床身上，千分表测头抵在工作台上，并有一定的压缩量，记住表针所指刻度。

2）向同方向给出一定的移动指令值，工作台按指令移动后停止（千分表测头与工作台脱离）。

3）停止后向反方向给出同样的移动指令值，工作台按指令返回后停止（千分表测头被压缩）。

4）测量并比较最后的停止位置与基准位置表针的刻度差值，该值即为本次测定的反向间隙。

至少测定全程的中间和靠近两端的三个位置，并对每个位置进行多次测量，取平均值，将各个位置处平均值的最大值作为反向间隙测定值。

测定某方向间隙时应注意以下几点：

1）基准位置应为待检轴线移动一定距离后的位置，不能以起始位置为基准位置，否则检测的误差较大。

2）在反向间隙检测前，应尽可能消除传动链的各部间隙及丝杠的轴向窜动，调整导轨间隙。

3）有的资料介绍用手脉或单步方式测量反向间隙，但这样难以监控，最好的方法还是采用编程方式测量反向间隙。

4）千分表架的表杆不宜伸出过长，以免刚度不够出现测量误差。

5）检测应在机床回参考点之后进行。

二、反向间隙的补偿

反向间隙是由传动链间隙造成的，因此调整并消除机械传动装置的间隙是减少反向间隙的先决条件，如调紧联轴器、消除齿轮啮合齿侧间隙、消除丝杠副间隙、消除丝杠窜动等方法，可使各个机械装置间隙调到允差之内。

为了进一步减少反向间隙，可通过数控系统修正参数的方法进行补偿，这种补偿方式更为方便快捷。它适用于半闭环系统。

反向间隙的检测值随着移动速度不同而变化。一般情况下用 G01 指令的切削速度所测的值比用 G00 指令的快速移动所测的值大。如图 5-12 所示，切削速度所测的反向间隙为 A，快速移动的反向间隙为 B，$A=B+2\delta$，其中 $A>B$。

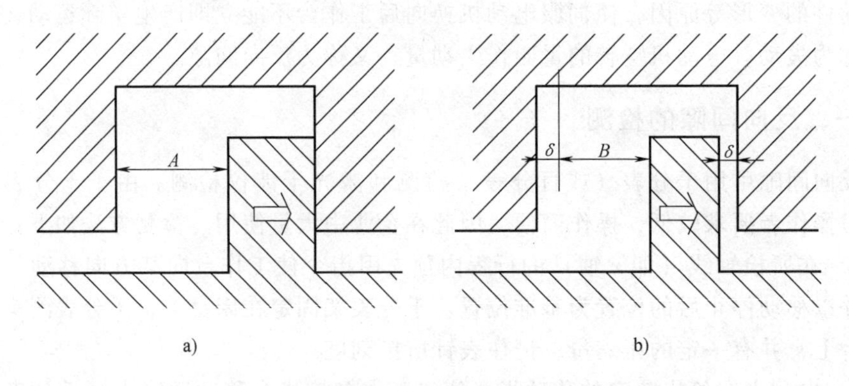

图 5-12　切削进给及快速移动时的停止状态

a）切削进给时的停止状态　b）快速移动时的停止状态

绝大多数数控系统仅提供单一的反向间隙补偿，此时应采用 G00 快速移动指

令进行反向间隙补偿，并将测量值输入到数控系统对应参数中。

Fanuc 0i 等数控系统可针对 G00、G01 不同情况分别提供反向间隙补偿，此时应分别采用 G00 快速移动速度进行测量的测量值 B 和 G01 切削运动速度进行测量的测量值 A，并将 B 或 A 值对应输入到数控系统相应的参数号中。

步骤如下：

首先设定 1800#4（RBK）参数。

#4（RBK）0：切削与快速移动间隙补偿不分开（只提供单一的反向间隙补偿）。

1：切削与快速移动间隙补偿分开（提供两种反向间隙补偿）。

现在我们以#4（RBK）参数设为 1 并以 X 轴为例，说明补偿步骤

1. 切削进给方式的反向间隙检测与补偿步骤

1）回参考点。

2）用切削进给速度使机床工作台移到基准位置，采用绝对值编程，如 G01X100. F100。

3）安装千分表，使测头有一定压缩量，将指针刻度调到“0”。

4）用切削速度进给使机床工作台移动，如 G01X200.。

5）用切削速度指令返回基准点，G01X100.。

6）读出千分表读数（μm）。

7）按检测单位换算成间隙补偿量 A（多数机床间隙补偿量的单位为 μm），将 A 值输入参数 1851 中。

8）按 RESET 键复位后，关闭电源再通电补偿便可生效。

2. 快速移动方式的反向间隙检测与补偿步骤

其步骤与切削进给方式的相同，只是将 G01X100. F50、G01X200.、G01X100. 分别改换成 G00X100.、G00X200.、G00X100.，将所测得反向间隙值换算成间隙补偿量 B，将 B 值输入参数 1852 中。

根据以上补偿值，在不同工作状态下，反向间隙补偿值见表 5-1。

表 5-1　反向间隙补偿值

移动方向的变化	速度的变化			
	切削进给 切削进给	快速移动 快速移动	快速移动 切削进给	切削进给 快速移动
同方向	0	0	$\pm\delta$	$\pm\partial$
反方向	$\pm A$	$\pm B$	$\pm(B+\delta)$	$\pm(B+\delta)$

注：$\delta=(A-B)/2$，δ 为机械的超程量，补偿量符号（±）与移动方向相同。

机床在执行加工程序时会自动计算出补偿量，进行间隙补偿。

第五节　滚珠丝杠螺母副的常见故障与检修

1. 反向误差大的原因及处理方法

1）支承轴承间隙过大。应适当预紧。

2）滚珠丝杠螺母副间隙过大或预紧力过大。应正确调整预紧力。

3）滚珠丝杠螺母副磨损严重。如果其他方面无问题，应更换滚珠丝杠副。

4）如果采取上述措施仍未达到要求，就应进行反向间隙补偿。

2. 滚珠丝杠螺母副运转中转矩过大有爬行的原因及处理方法

1）滚珠丝杠螺母副预紧力过大。应调整预紧力。

2）支承轴承预紧力太大或轴承损坏。应调整预紧力或更换轴承。

3）导轨副过紧或研伤。应调整导轨间隙，检查导轨有无损伤，如果有应修复。

4）丝杠与导轨不平行。检验后，针对相应问题进行处理。

5）丝杠研损。应更换。

6）润滑不良。应改善润滑。

3. 滚珠丝杠（或螺母）转动不灵活、有噪声的原因及处理方法

1）换向器损坏，滚珠与丝杠卡死。应更换换向器。

2）有滚珠损坏。如果只有1或2个滚珠损坏，应把损坏的滚珠挑出不要；如果滚珠损坏较多，应全部更换，统一尺寸。

3）丝杠两端轴承与螺母不同心，或丝杠与导轨不平行。应修复至规定的要求。

4）润滑不良。应改善润滑。

第六章

行星齿轮传动的维修要点

本章将介绍常用行星齿轮传动的传动形式与特点、行星齿轮传动的传动比计算、行星齿轮传动装置的装配要点。关于行星齿轮其他方面的内容在手册中都可以查到，这里不再赘述。

第一节 常用行星齿轮的传动形式与特点

在轮系运转时，有一个或几个齿轮轴线的位置并不固定，而是绕着其他齿轮的固定轴线回转，这种轮系称为周转轮系，也称作行星齿轮传动。

若周转轮系的自由度为 2，则称其为差动轮系。为了确定这种轮系的运动，一般需要给定两个构件的独立的运动规律。若周转轮系的自由度为 1，则称其为行星轮系。确定行星轮系的运动，只需给定周转轮系中一个构件的独立的运动规律即可。

周转轮系还常根据其基本构件的不同加以分类。例如，表 6-1 中序号 1、2、3、6、7、8（奇数对外齿轮啮合的机构为负号机构，偶数对外齿轮啮合的机构为正号机构）的周转轮系均属 2K-H（轮系中的中心轮用 K 表示，系杆用 H 表示），表示两个中心轮和一个系杆组成的周转轮系；序号 4 为 3 个中心轮组成的周转轮系，这里的系杆只起支承作用，所以称为 3K 机构；序号 5 为少齿差周转轮系，输出轴为输出盘 V，一个中心轮，一个系杆，所以称为 K-H-V 机构。

周转轮系按啮合方式分类可分为：NGW——一副内啮合 N，一个公用齿轮 G，一副外啮合 W；NW——一副内啮合 N，一副外啮合 W；WW——两副外啮合 W；N——一副内啮合 N；NN——两副内啮合 N；NGWN——两副内啮合，一个公用齿轮，一副外啮合；ZU-WGW——圆锥齿轮，两副外啮合，一个公用齿轮。

常用行星齿轮传动的传动比范围和最大传动功率见表 6-1。

在机床中，常将行星齿轮传动用作运动的合成。如前所述，差动轮系有两个自由度，所以必须给定两个确定的运动，这样第三个基本构件的运动才能确定。也就是说，第三个基本构件的运动为另两个基本构件的运动的合成。因此，可以利用差动轮系把两个运动合成为一个运动。例如，表 6-1 中序号 7 所示的差动轮系就常用作运动的合成，齿轮机床的差动机构就是用这个轮系来完成运动的合成。这里，转化机构转速比

$$\frac{n_a-n_H}{n_b-n_H}=-1 \text{ 或 } n_H=\frac{1}{2}(n_a+n_b)$$

其中 n_a、n_b、n_H 分别为齿轮 a、齿轮 b、系杆 H 的转速。

此式说明：系杆的转速是齿轮 a 及齿轮 b 转速的合成。此种轮系可用作加法机构，当由齿轮 a 和 b 分别输入加数和被加数时，系杆转角数值就代表它们的和。

在该轮系中，如果以系杆 H 和任一中心轮作为主动件，则又可用作减法机构。例如，设齿轮 a 为从动件，上式可改为 $n_a=2n_H-n_b$，即当由系杆输入被减数，由齿轮 b 输入减数时，齿轮 a 的转速就代表它们的差。

差动轮系可作为运动合成的性能在机床的传动链及补偿调整等装置中得到广泛应用。组合机床及某些专用机床进给运动的快慢速转换就是通过差动轮系合成机构实现的。差动轮系能获得较大的传动比也是行星齿轮传动的一大特点，而且其结构紧凑，已经在减速机中得到了广泛应用，并已经形成了标准系列。

表 6-1　常用行星齿轮传动的传动形式

序号	传动型式		简　图	概略值			
	按基本构件分类	按啮合方式分类		传动比		效率	最大功率/kW
				范围	推荐值		
1	2K-H（负号机构）	NGW	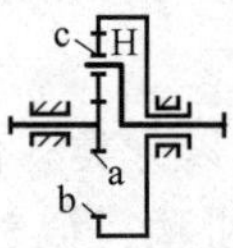 c H a b	1.13~13.7	$i_{aH}^{b}=2.7\sim9$	0.97~0.99	不限
2	2K-H（负号机构）	NW	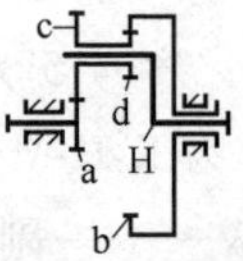 c d a H b	1~50	$i_{aH}^{b}=7\sim21$		
3	2K-H（正号机构）	WW	c d a b	1.2~几千		随|i|增加而下降	≤1.5
4	3K	NGWN	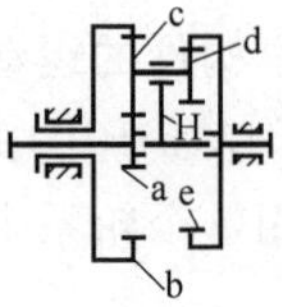 c d H a e b	≤500	$i_{ae}^{b}=20\sim100$	随 i_{ae}^{b} 增加而下降	≤96

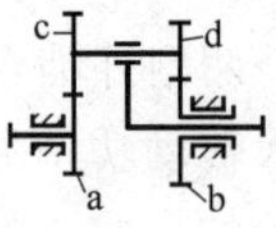

（续）

序号	传动型式		简　图	概略值			
	按基本构件分类	按啮合方式分类		传动比		效率	最大功率/kW
				范围	推荐值		
5	K-H-V	N	H V c b	7～100		0.8～0.94	≤45
6	2K-H（正号机构）	NN	c H d b a	≤1700	一个行星轮时：$i_{Ha}^{b}=30\sim100$ 三个行星轮时：$i_{Ha}^{b}<30$	随传动比增加而下降	≤30
7	2K-H（锥齿轮负号机构）	ZU-WGW	c b a H	$i_{aH}^{b}=1\sim2$		0.950～0.930	≤60
8	双级2K-H	双级NGW	c c_1 H H_1 a a_1 b b_1	≤160	$i_{aH_1}^{b}=10\sim60$	0.94～0.97	达2400

注：1. i_{aH}^{b}为当b件固定时，H件与a件的传动比。以此类推。
　　2. $|i|$表示传动比的绝对值。

第二节　行星齿轮传动的传动比计算

假设行星齿轮传动中的系杆的转速为n_H，如果我们将整个行星传动系中加上一个公共的角速度“$-n_H$”，则行星齿轮传动就转化为定轴传动，就可以按定轴轮系的传动计算传动比。

例1　表6-1中的序号1，已知齿轮b固定（即转速$n_b=0$），齿轮a输入（转速为n_a），系杆H输出（转速为n_H），输入转速为n_a，齿轮a的齿数为z_a，齿轮b的齿数为z_b，齿轮c的齿数为z_c，求输出转速n_H。

解：

$$\frac{n_a-n_H}{n_b-n_H}=(-1)^1\cdot\frac{z_b}{z_c}\cdot\frac{z_c}{z_a}$$

将各已知条件代入上式，得

$$\frac{n_a-n_H}{o-n_H}=-\frac{z_b}{z_a}\quad（负号是因为有一对外啮合）$$

整理后得

$$n_H=\frac{z_a}{z_a+z_b}\cdot n_a$$

例 2 表 6-1 中的序号 3，已知 $z_a=100$，$z_c=101$，$z_d=100$，$z_b=99$，且齿轮 b 固定不动（即 $n_b=0$）（各齿轮为变位齿轮），求传动比$\frac{n_H}{n_a}$。

解：

$$\frac{n_a-n_H}{n_b-n_H}=(-1)^2\cdot\frac{z_b}{z_d}\cdot\frac{z_c}{z_a}$$

将各已知条件代入上式，得

$$\frac{n_a-n_H}{o-n_H}=\frac{99}{100}\times\frac{101}{100}$$

整理后得

$$n_a=\frac{1}{10000}\cdot n_H$$

$$即\frac{n_H}{n_a}=10000$$

这说明当系杆 H 转 10000 转时，齿轮 a 转 1 转，方向相同，可见其传动比是很大的。

例 3 表 6-1 中的序号 4，已知齿轮 b 固定不动（即 $n_b=0$），$z_b=57$，$z_a=9$，$z_c=24$，$z_d=22$，$z_e=55$，求齿轮 a 与齿轮 e 的传动比$\frac{n_a}{n_e}$。

解：因为齿轮 b 固定不动，所以 $n_b=0$。

$$\frac{n_a-n_H}{n_b-n_H}=\frac{n_a-n_H}{0-n_H}=-1\times\frac{z_b}{z_c}\times\frac{z_c}{z_a}=-1\times\frac{57}{24}\times\frac{24}{9}=-\frac{19}{3}$$

$$\frac{n_a-n_H}{n_e-n_H}=-1\times\frac{z_e}{z_d}\times\frac{z_c}{z_a}=-1\times\frac{55}{22}\times\frac{24}{9}=-\frac{20}{3}$$

整理后得

$$\frac{n_a}{n_e}=146.6$$

例 4 表 6-1 中的序号 7，已知 $z_a=z_b=z_c$，当齿轮 b 固定时（即 $n_b=0$），求齿轮 a 与系杆 H 的传动比$\frac{n_a}{n_H}$。

解：

$$\frac{n_a-n_H}{n_b-n_H}=-\frac{z_b}{z_c}\cdot\frac{z_c}{z_a}$$

将各已知条件代入上式，得

$$\frac{n_a-n_H}{0-n_H}=-1$$

整理后得

$$n_a = 2n_H$$

即
$$\frac{n_a}{n_H} = 2$$

要注意的是，在判断锥齿轮啮合正负号时，因其行星轮与其基本构件的回转中心不平行，故不能用外啮合的对数判断，而应逐对的推断。

第三节　行星齿轮传动装置的装配要点

一、各类行星齿轮传动装置的装配条件

1. NGW 型行星齿轮传动的装配条件

为使各个行星齿轮都能够均布地装入两中心轮之间，行星齿轮的数目与各轮齿数之间必须有一定的关系。设需要在如图 6-1 所示的中心轮 1 和 3 之间装入 K 个行星齿轮，并要求均布，也就是行星齿轮相互间角度为 $\phi = \frac{360°}{K}$。下面分析 K 与各齿轮齿数间的关系。

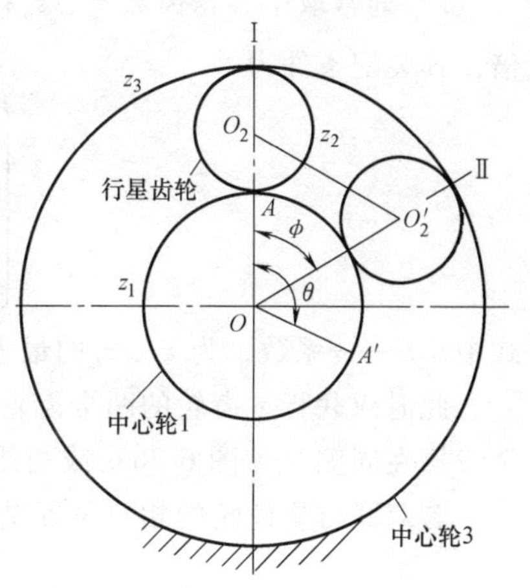

图 6-1　在中心轮 1 和 3 之间均布 K 个行星齿轮

如图 6-1 所示，先装入第一个行星齿轮，圆心为 O_2，装好后，中心轮 1 与 3 的轮齿之间的相对位置通过该行星齿轮而产生了联系。为了在相隔 ϕ 处装入第二个行星齿轮，可以设想把中心轮 3 固定起来而转动中心轮 1，使第一个行星齿轮圆心的位置由 O_2 转到 O_2'，并使 $\angle O_2OO_2' = \phi$。这时中心轮 1 上的 A 点转到 A' 位置，转过的角度为 θ。θ 与 ϕ 的关系可按式（1）求出，即

$$\frac{\theta}{\phi} = \frac{n_1}{n_H} \tag{1}$$

因为
$$\frac{n_1 - n_H}{0 - n_H} = -\frac{z_3}{z_1}$$

所以
$$\frac{n_1}{n_H} = \frac{z_1 + z_3}{z_1} \tag{2}$$

中心轮 1 从 A 点到 A' 点必须转过整数齿时，也就是中心轮 1 与中心轮 3 的齿的相对位置又恢复到与开始装第一个行星齿轮时相同，在原来装第一个行星齿轮的位置 O_2 处一定能装入第二个行星齿轮。同样，可装入第三个、第四个、…、第 K 个行星齿轮。满足上述条件的 θ 值应使中心轮 1 转过整数齿 N，即

$$\theta = N \cdot \frac{360°}{z_1} \tag{3}$$

将式（1）~式（3）联立并将 $\phi = \frac{360°}{K}$ 代入，得

$$\frac{z_1 + z_3}{K} = N$$

这就是 NGW 型行星齿轮传动装置的装配条件，也就是两中心轮齿数之和 $z_1 + z_3$ 应能被行星齿轮数 K 整除。

为了能与表 6-1 中的序号 1 一致，将上式改为

$$\frac{z_a + z_b}{n_\omega} = 整数$$

式中　n_ω——行星齿轮数。

2. NGWN 型行星齿轮传动的装配条件

1）通常取中心轮齿数 z_a、z_b 和 z_e 或（$z_a + z_b$）及 z_e 均为行星齿轮数目 n_ω 的整数倍，其装配条件为

$$\begin{cases} \frac{z_a + z_b}{n_\omega} = 整数 \\ \frac{z_c z_b + z_e z_d}{E n_\omega} = 整数 \end{cases}$$

式中　E——系数，为 z_c、z_d 的最大公约数。

此时双联行星齿轮的两个齿轮的相对位置应这样确定：齿轮 c 和齿轮 d 各有一个齿槽在同侧（见图 6-2b）或两侧（见图 6-2a），装配情况如图 6-2d 所示。

若双联行星齿轮的相对位置是在制造时确定的，则各行星齿轮两齿圈的齿位定

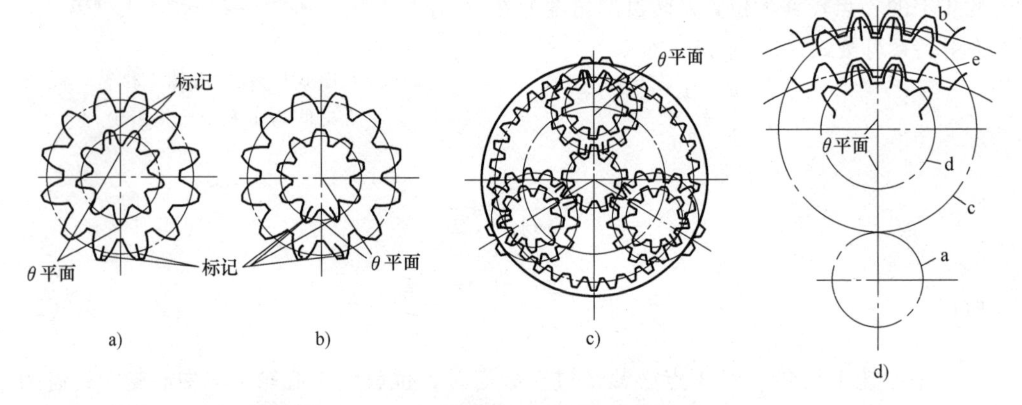

图 6-2　NGWN 型行星齿轮传动的装配示意图

a）两行星齿轮齿槽对称线位于行星齿轮轴线两侧　b）两行星齿轮齿槽对称线位于行星齿轮齿线同侧　c）NW 型行星齿轮传动的装配情况　d）NGWN 型行星齿轮传动的装配情况

向必须相同，即两齿圈中须有一个齿槽的对称中心线均处于同一平面内，并在该齿槽两侧的两个齿上打上对齿标记线，如图 6-2a、b 所示，以装配时的定位依据。对于 WW、NN 型行星齿轮传动的双联行星齿轮，两齿槽的对称线应位于行星齿轮轴线的同侧；对于 NW 型行星齿轮传动的双联行星齿轮，两齿槽的对称线应位于行星齿轮轴线的两侧；对于 NGWN 型行星齿轮传动，两齿槽对称线为了记忆简便，一般采取位于行星齿轮轴线同侧（也可以在两侧）。

2）当中心轮齿数 z_a、z_b、z_e 中的一个或几个的齿数不是行星齿轮个数 n_ω 的整数倍时，其装配条件为

$$\frac{z_a+z_e}{n_\omega}+\left(1-\frac{z_d}{z_c}\right)\left(E\pm n-\frac{z_a}{n_\omega}\right)=\text{整数}$$

当 $\frac{z_a}{n_\omega}=$ 整数时，$E=\frac{z_a}{n_\omega}$，n 为正整数，从 1、2、3……中选取。

当 $\frac{z_a}{n_\omega}\neq$ 整数时，E 为稍大于 $\frac{z_a}{n_\omega}$ 的整数，n 为正整数或 0，从 0、1、2、3……中选取。

3. WW 型行星齿轮传动的装配条件

1）当中心轮的齿数 z_a、z_b 为 n_ω 的整数倍时（此时计算和装配最简单），双联行星齿轮的相对位置应该使齿轮 c 和齿轮 d 各有一个齿槽的对称线位于行星齿轮轴线的同侧（见图 6-2b）。

2）当一个或两个中心轮的齿数非 n_ω 的整数倍时，其装配条件为

$$\frac{z_a+z_b}{n_\omega}+\left(1+\frac{z_d}{z_c}\right)\left(E\pm n-\frac{z_a}{n_\omega}\right)=\text{整数}$$

式中　E、n 均为整数。

当 $\frac{z_a}{n_\omega}=$ 整数时，$E=\frac{z_a}{n_\omega}$，n 从 1、2、3……中选取。

当 $\frac{z_a}{n_\omega}\neq$ 整数时，E 为稍大于 $\frac{z_a}{n_\omega}$ 的整数，n 从 0、1、2、3……中获取。

4. NW 型行星齿轮传动的装配条件

1）当中心轮的齿数 z_a、z_b 为 n_ω 的整数倍时，双联行星齿轮的相对位置应使齿轮 c 和齿轮 d 各有一个齿槽的对称线位于行星齿轮轴线的两侧（见图 6-2a），装配情况如图 6-2c 所示。

2）当一个或两个中心轮的齿数非 n_ω 的整数倍时，其装配条件为

$$\frac{z_a+z_b}{n_\omega}+\left(1-\frac{z_d}{z_c}\right)\left(E\pm n-\frac{z_a}{n_\omega}\right)=\text{整数}$$

式中　E、n 均为整数。

当$\frac{z_a}{n_\omega}$=整数时，$E=\frac{z_a}{n_\omega}$，n 从 1、2、3……中选取。

当$\frac{z_a}{n_\omega}\neq$整数时，E 为稍大于$\frac{z_a}{n_\omega}$的整数，n 从 0、1、2、3……中获取。

如果两行星齿轮的相对位置是在安装时确定的（安装时可以调整），行星齿轮传动的齿数不受本条件限制。

二、各类行星齿轮传动装置的装配要点

前面已经介绍了各类行星齿轮传动形式的装配条件，但满足装配条件并不等于可以任意装配，在具有双联行星齿轮的传动装置中，只有行星齿轮处于特定的相对位置时方能将各齿轮顺利地装入。如何确定“特定位置”是装配的关键。

1. NGW 型行星齿轮传动装置的装配要点

这种行星齿轮传动装置满足的装配条件是$\frac{z_1+z_3}{n_\omega}$=整数。如图 6-1 所示，在 O_2 的位置装入行星齿轮 z_2 后，中心轮 z_3、z_1 和行星齿轮 z_2 都被固定，这时我们在 O_2' 的位置装第二个行星齿轮时，在转角 ϕ 内$\left(\phi=\frac{2\pi}{n_\omega}\right)$，中心轮 z_3 若有 $P+\Delta m$ 个齿（P 为整数，$\Delta m<1$），中心轮 z_1 必有 $Q-\Delta m$ 个齿（Q 为整数），这样才能使 z_1+z_3 为整数。因此在 O_2'点装第二个行星齿轮时，只要相对于第一个行星齿轮顺时针自转 Δm 个齿的角度即可顺利装入，也就是说在装第二个行星齿轮时，只要与 z_3 正确啮合，必定能与 z_1 正确啮合，不需对准某一特定齿，第三个及以后的行星齿轮都如此。行星齿轮在转架（系杆）上可以处在任何相对位置，转架都能从轴向装入中心轮。

2. 具有双联行星齿轮传动装置的装配要点

在 NW、WW、NN、NGWN 型的行星齿轮传动装置中均使用双联行星齿轮。为使各行星齿轮都能从轴向装入中心轮而不发生错位干涉，前面已经讲过，应使双联齿轮两齿圈中须有一个齿槽的对称中心线均处于同一平面内，并在该齿槽两侧的齿上打上对齿标记，作为装配时的定位依据。

当与行星齿轮相啮合的各中心轮的齿数均为行星齿轮数的整数倍时，装配时只需将行星齿轮的定位齿槽中心线（θ 平面）与转架上的连心线 OⅠ、OⅡ等对准即可顺利装入。我们常用的标准行星减速器的各中心轮齿数均为行星齿轮数的整数倍(通常行星齿轮数为 3)，所以标准减速器装配起来比较容易。

当一个或几个中心轮的齿数不是行星齿轮数的整数倍时，则各行星齿轮定位齿槽中心线（θ 平面）不在同一相位上。装配时，第一个行星齿轮对位齿槽对称线（θ 平面）应放在 OⅠ线上，其余各行星齿轮对位齿槽的对称线（θ 平面）必须与连心线 OⅡ、OⅢ等相应成一定角度才能装入中心轮中，各行星齿轮所转过的角度取决于中心轮及行星齿轮的齿数参数，组装时可根据制造单位在各对应啮合齿

（或槽）上所打的标记进行装配。如无啮合标记，则可逐齿试装以定其所处的位置。也可以通过计算确定行星齿轮的轮齿定位齿槽对称中心线（θ平面）与转架上连心线OⅡ、OⅢ等所成的角度β_i，从而确定行星齿轮的装配位置。与OⅡ所成的角度为β_2，与OⅢ所成的角度为β_3，依此类推。

$$\beta_i=-\frac{360°}{z_c}(i-1)\left(E\pm n-\frac{z_a}{n_\omega}\right)$$

式中　i——第i个行星齿轮；

n——使装配条件成立的值。

β_i为第i个行星齿轮的对位标记线（θ平面）与对应的转架上的连心线所成的角度。当$\beta_i<0$时，表示由中心线向逆时针方向转过的角度；当$\beta_i>0$时，表示由中心线向顺时针方向转过的角度。

例1　在NW型双联行星齿轮传动中（见表6-1中的序号2），已知$z_a=8$，$z_b=35$，$z_c=20$，$z_d=10$，$n_\omega=3$，求β_2和β_3。

解：因z_a、z_b均不是3的倍数，$\frac{z_a}{n_\omega}=\frac{8}{3}$，取$E=3$代入装配条件式

$$\frac{z_a+z_b}{n_\omega}+\left(1-\frac{z_d}{z_c}\right)\left(E\pm n-\frac{z_a}{n_\omega}\right)=\text{整数}$$

将已知条件代入，有

$$\frac{8+35}{3}+\left(1-\frac{10}{20}\right)\left(3\pm n-\frac{8}{3}\right)=\text{整数}$$

当$n=1$时，满足装配条件式，有

$$\begin{aligned}\beta_2&=-\frac{360°}{z_c}(i-1)\left(E\pm n-\frac{z_a}{n_\omega}\right)\\&=-\frac{360°}{20}\times(2-1)\left(3\pm1-\frac{8}{3}\right)\\&=12°\text{或}-24°\end{aligned}$$

$$\begin{aligned}\beta_3&=-\frac{360°}{z_c}(i-1)\left(E\pm n-\frac{z_a}{n_\omega}\right)\\&=-\frac{360°}{20}\times(3-2)\left(3\pm1-\frac{8}{3}\right)\\&=24°\text{或}-48°\end{aligned}$$

装配时，先将第一个行星齿轮定位齿槽对称中心线（θ平面）与转架上连心线OⅠ对齐，装入双联行星齿轮1，则齿轮a与齿轮b固定。将第二个行星齿轮定位齿槽对称中心线（θ平面）与转架上连心线OⅡ对齐，然后顺时针旋转该行星齿轮12°（也可以逆时针旋转24°，效果是一样的），此时便可顺利地将行星齿轮从轴向装入中心轮中。用同样方法可将第三个行星齿轮装入中心轮中，只是该行星齿轮的

定位齿槽对称中心线（θ平面）与转架上连心线OⅢ对齐后顺时针转动行星轮24°即可装入。

行星齿轮由转架连心线所转过的角度β_i可在装配前预先做一标记线，装配时直接将标记线与转架连心线对齐即可（注意该标记线不要与θ平面混淆）。

例2 在NGWN型双联行星齿轮传动中（见表6-1中的序号4），已知$z_a=9$，$z_b=57$，$z_c=24$，$z_d=22$，$z_e=55$，$n_\omega=3$，求β_2和β_3。

解： z_a和z_b是n_ω的整数倍，但z_e不是n_ω的整数倍，$\dfrac{z_a}{n_\omega}=\dfrac{9}{3}=3$，取$E=3$，将其代入装配条件公式，即

$$\frac{z_a+z_e}{n_\omega}+\left(1-\frac{z_d}{z_c}\right)\left(E\pm n-\frac{z_a}{n_\omega}\right)=\text{整数}$$

$$\frac{9+55}{3}+\left(1-\frac{22}{24}\right)\left(3\pm n-\frac{9}{3}\right)=\text{整数}$$

当$n=8$（n前取“+”号）或$n=4$（n前取“-”号）时，满足装配条件公式，有

$$\begin{aligned}\beta_2&=-\frac{360°}{z_c}(i-1)\left(E\pm n-\frac{z_a}{n_\omega}\right)\\&=-\frac{360°}{24}\times(2-1)\left(3\pm n-\frac{9}{3}\right)\\&=-15°\times(\pm n)\\&=60°\text{或}-120°\end{aligned}$$

同理，

$$\begin{aligned}\beta_3&=-\frac{360°}{24}(3-1)\left(3\pm n-\frac{9}{3}\right)\\&=-30°\times(\pm n)\\&=120°\text{或}-240°\end{aligned}$$

β_2为第二个行星齿轮的定位齿槽对称中心线（θ平面）从转架连心线OⅡ顺时针转60°或逆时针转120°（它们的效果是一样的），也就是齿数为z_c的齿轮顺时针转过4个齿或逆时针转过8个齿。

β_3为第三个行星齿轮的定位齿槽对称中心线（θ平面）从转架连心线OⅢ顺时针转120°或逆时针240°，也就是齿数为z_c的齿轮顺时针转过8个齿或逆时针转过16个齿。

在装配第一个行星齿轮时，须将该双联行星齿轮的定位齿槽对称中心线（θ平

面）与转架上连心线 O Ⅰ对齐，装入中心轮中。将第二个、第三个双联行星齿轮的齿槽定位对称中心线（θ 平面）分别与转架连心线 O Ⅱ、O Ⅲ对齐，然后顺时针转动行星齿轮的角度分别为 60°和 120°，即可将行星齿轮顺利装入中心轮中。

以上是各类双联行星齿轮传动的装配要点，如果掌握不了上述方法，也可以采用多次试装，即当各对齿轮都在正确的啮合状态，没有“别劲”现象，而且有一定的齿侧间隙时方为装配合格。这种试装方法比较麻烦。

如果双联行星齿轮相对位置是在装配时确定的，则上述装配要点无效。需在装配时调整好相对位置，而后固定即可。

第四节　少齿差行星齿轮传动装置的装配要点

一、少齿差行星齿轮传动的工作原理

内啮合圆柱齿轮副，当内齿轮与外齿轮齿数差很少时，按表 6-1 中的 N 型或 NN 型组成的行星齿轮机构称为少齿差行星齿轮传动，简称少齿差传动。这种传动的特点是传动比大，体积小，运动平稳，齿形容易加工，拆装方便。少齿差传动最适用于大传动比、小功率场合，如很多机械或齿轮传动装置上。

做减速用的 N 型结构中，偏心轴（转臂）是输入轴。由于它的转动和内齿轮的限制，行星齿轮作平面运动，即行星齿轮既绕内齿轮位置固定的轴线做圆周平移运动，还绕自身轴线做回转运动。由于输出轴的轴线位置是固定不动的，因此必须通过输出机构才能把行星齿轮的回转运动传给输出轴。输出机构的形式很多，现以销孔输出机构（见图 6-3）为例说明其工作原理。

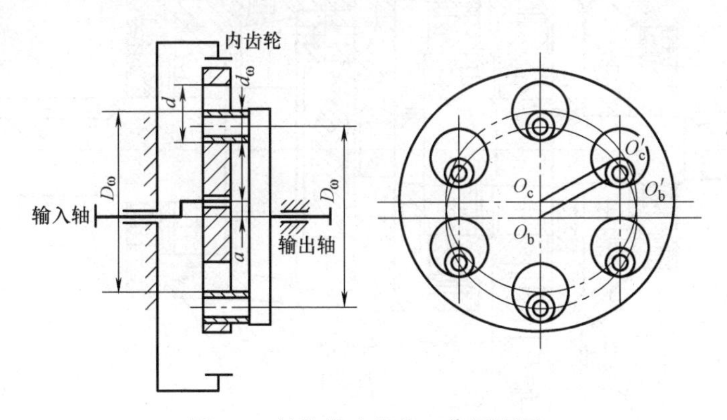

图 6-3　销孔输出机构工作原理图

在行星齿轮上，沿直径为 D_ω 的圆周上制有 n 个均布的直径为 d 的孔，通常称为等分孔，而在固定于输出轴的圆盘上，沿直径为 D_ω 圆周上均布 n 个直径为 d'_ω 的柱销，每个柱销上套有可转动的外径为 d_ω 的销套。这些带套的柱销分别插在行星齿轮上对应的等分孔中，使$\frac{d}{2}-\frac{d_{\omega}}{2}=a$。由图可知，这种传动可始终保持$O_{c}'O_{b}'//O_{c}O_{b}$。这个输出机构和平行四杆机构的运动情况完全相同，从而保证了行星齿轮与输出轴之间的传动比为1。

NN型传动形式的工作原理与N型相似，但不需另加输出机构，由外齿轮或内齿轮直接输出。

图6-4~图6-6所示分别为NN型内齿轮输出、NN型外齿轮输出和N型传动的传动图。

图6-7所示为NN型少齿差减速器。图6-8所示为用销孔输出机构的少齿差减速器（典型结构）。

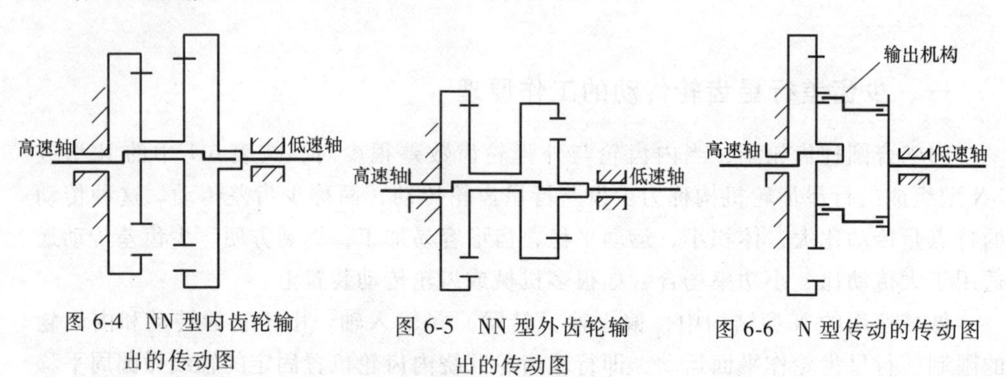

图6-4　NN型内齿轮输出的传动图　　图6-5　NN型外齿轮输出的传动图　　图6-6　N型传动的传动图

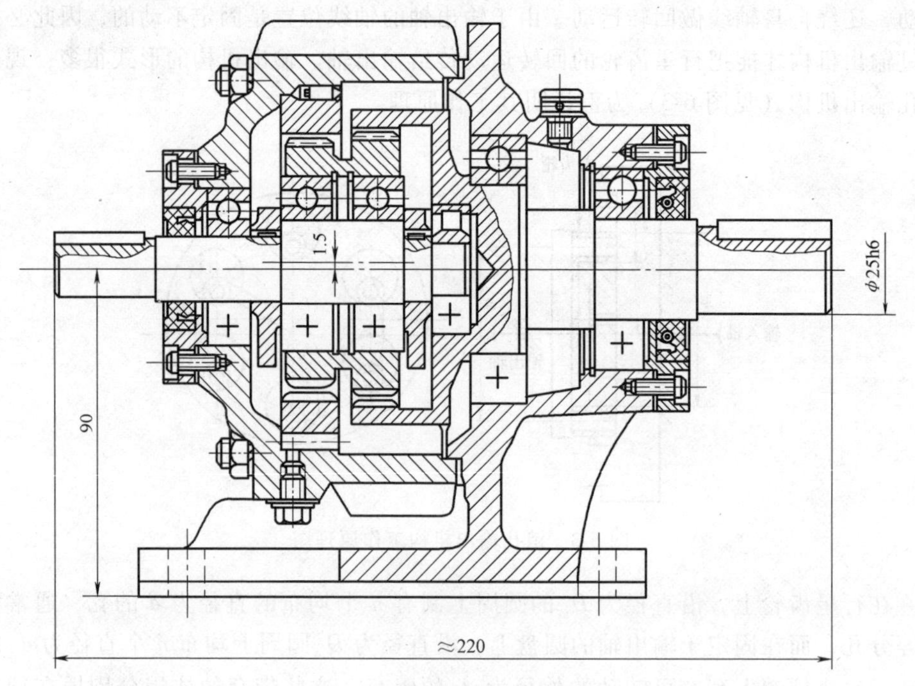

图6-7　NN型少齿差减速器

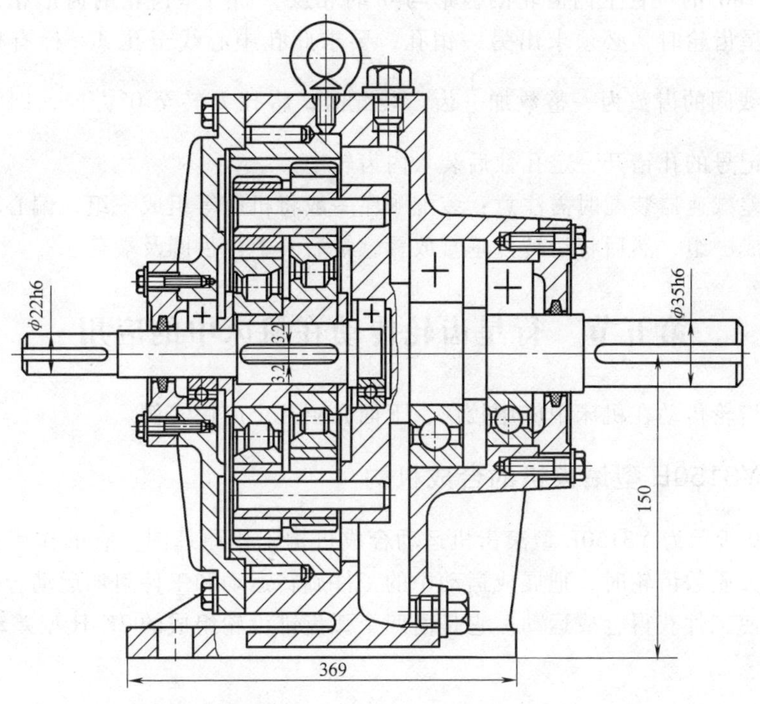

图 6-8　用销孔输出机构的少齿差减速器（典型结构）

二、少齿差行星齿轮传动装置的装配要点

当行星齿轮仅用单只时，装配时不必考虑孔与齿的位置关系。当用两只行星齿轮时，必须使行星齿轮的齿和孔在某特定位置才能使行星齿轮连同销轴机构装入内齿轮，并使两行星齿轮取得同步运转。一般在加工行星齿轮时，以精加工的销孔作为基准，并使某一齿的对称中心线与某一销孔中心线对准，加工完毕后在两只齿轮上打上对应的标记。

因为两行星齿轮是在互相错开 180°的位置上同内齿轮相啮合的，故在装配时不同齿数差和奇偶数与内齿轮啮合的两行星齿轮的装配位置不同。

1）内齿轮为偶数齿，齿数差为 $z_2-z_1=1$、3、5…（z_2、z_1分别为内齿轮和行星齿轮的齿数），即行星齿轮的齿数为奇数时，此时内齿轮在 0°和 180°处齿形相同（同为齿或同为槽），而行星齿轮在对应位置上的齿形相反，故必须将两行星齿轮的定位标记错开 180°后装入内齿轮中。

2）内齿轮的齿数为任意数（奇数或偶数），齿数差 $z_2-z_1=2$、4、6…时，此时行星齿轮与内齿轮齿数同为奇数或偶数。装配时将两个行星齿轮上的定位标记放在同一方向上即能与内齿轮啮合。

3）内齿轮为奇数时，齿数差 $z_2-z_1=1$、3、5…，即行星齿轮的齿数为偶数时，此时相隔180°的位置上内齿轮的齿形与0°时相反，而行星齿轮的齿形相同。在装第二个行星齿轮时，必须求出另一销孔，要求此孔中心线至孔 A（标有标记的销孔）中心线间的齿数为一整数加$\frac{1}{2}$齿。装配时，将孔 B 转至0°方向，即将两行星齿轮上打记号的孔错开一定孔数后装入内齿轮中。

少齿差减速器装配时需注意：装配顺序一般将机座等组成一组，偏心轴、行星齿轮等组成一组，然后将运转件垂直放置，最后套上内齿圈及端盖。

第五节　行星齿轮传动在机床中的应用

行星齿轮传动在机床中应用较广，下面介绍几个应用实例。

一、Y3150E型滚齿机的合成机构

图6-9所示为Y3150E型滚齿机运动合成机构工作原理图。它的作用是在加工斜齿轮及大质数齿轮时，把展成运动中的工件旋转运动和工件附加运动合成后传到工作台，使工件获得合成运动。它是由四个弧齿锥齿轮组成的2K-H型差动轮系。

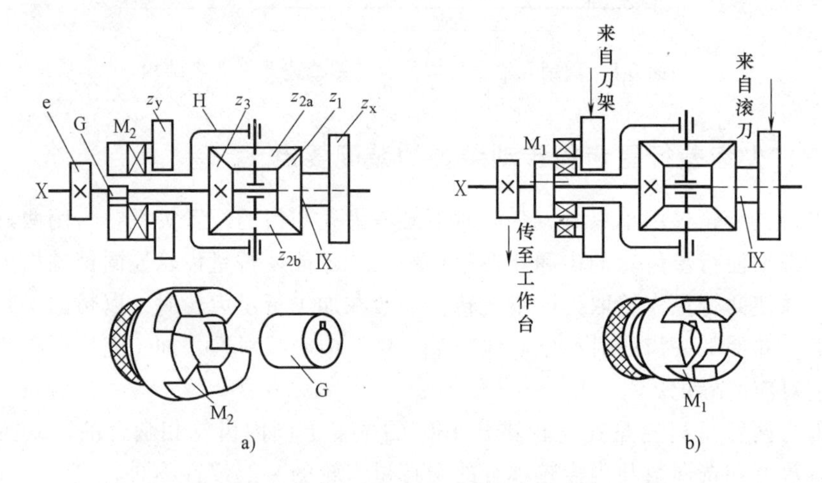

图6-9　Y3150E型滚齿机运动合成机构工作原理图

a）加工斜齿圆柱齿轮时的合成机构传动　b）加工直齿圆柱齿轮时的合成机构传动

当加工直齿圆柱齿轮时，工件不需要附加运动，为此需卸下离合器 M_2 及套筒G（在此前应卸下齿轮e），而将离合器 M_1 装在轴Ⅹ上，如图6-9b所示。M_1 通过键和轴Ⅹ连接，其端面齿爪只与转臂H的端面齿爪结合，此时轴Ⅹ、转臂H和轴Ⅸ便连成一个整体。因此，在展成传动链中，运动由齿轮 z_x 经合成机构直接传给齿轮e。此时，合成机构的传动比 $i_{合成}=1$。

当加工斜齿轮或大质数齿轮时，工件需要附加运动，为此需卸下离合器 M_1，

在轴X上先装上套筒G（用键与轴连接），再将离合器M_2空套在套筒G上。如图6-9a所示，离合器M_2的端面齿爪与空套齿轮z_y的端面齿爪以及转臂H左部套筒上的端面齿爪同时结合，将它们连接在一起，因而刀架的运动可通过齿轮z_y传给转臂H，$n_y = n_H$。

设n_X、n_{IX}、n_H分别为轴X、轴IX（z_x）及转臂H的转速，则

$$\frac{n_X - n_H}{n_{IX} - n_H} = -\frac{z_1}{z_{2a}} \cdot \frac{z_{2a}}{z_3}$$

因为

$$z_1 = z_{2a} = z_3 = 30$$

所以

$$\frac{n_X - n_H}{n_{IX} - n_H} = -1$$

$$n_X = 2n_H - n_{IX}$$

在展成运动传动链中，来自滚刀的运动由齿轮z_x经合成机构传至轴X，此时设定$n_H = 0$，则$\frac{n_X}{n_{IX}} = -1$，即$i_{合成} = -1$。

在附加运动传动链中，来自刀架或工作台的运动由齿轮z_y传给转臂H，再经合成机构传给轴X，此时设定$n_{IX} = 0$，则$\frac{n_X}{n_H} = 2$，即$i_{合成} = 2$。

综上所述，在加工斜齿圆柱齿轮或大质数齿轮时，展成运动和附加运动同时通过合成机构传动，并分别按传动比$i_{合成} = -1$及$i_{合成} = 2$，经轴X和齿轮e传往工作台。

此合成机构在齿轮机床中应用广泛，如各类滚齿机、刨齿机和花键铣等。

二、组合机床他驱式机械滑台的快慢速传动系统

他驱式机械滑台的传动系统如图6-10所示。它采用WW型双联行星齿轮传动，快速与工进分别由快速电动机和工进电动机驱动。该传动系统有死挡铁停留程序，当滑台顶在死挡铁后，装在蜗杆轴上的安全离合器打滑，压上限位开关，经延时后快速退回。各传动齿轮的齿数如下：$z_1 = 24$、$z_2 = 27$、$z_3 = 18$、$z_4 = 33$、$z_5 = 21$、$z_6 = 27$、$z_7 = 40$、$z_8 = 60$、$z_9 = 2$、$z_{10} = 60$。丝杠导程为10mm，电动机转速均为1440r/min。

1. 快速移动速度

快速移动时，工作进给电动机不转，由于蜗杆副的自锁作用，系杆不转。

快速移动速度：

$$\begin{aligned} v &= 1440 \times \frac{z_1}{z_2} \times \frac{z_3}{z_4} \times \frac{z_5}{z_6} \times 10 \\ &= 1440 \times \frac{24}{27} \times \frac{18}{33} \times \frac{21}{27} \times 10\text{mm/min} \\ &= 5430\text{mm/min} \end{aligned}$$

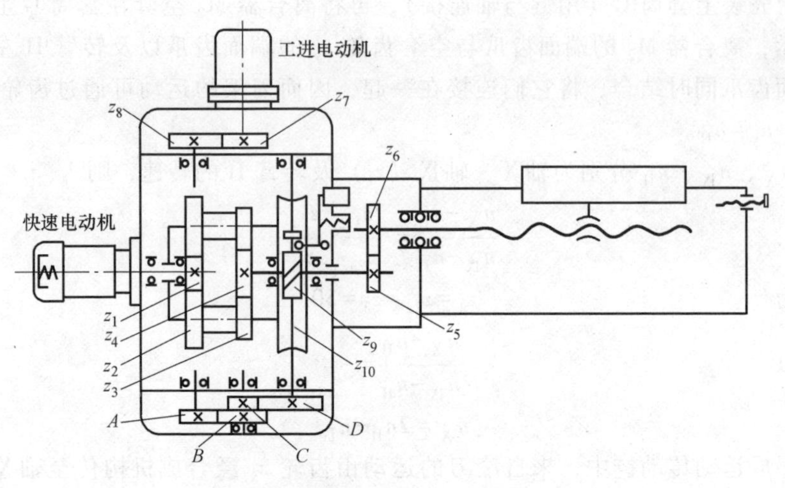

图 6-10 他驱式机械滑台的传动系统

2. 工作进给速度

此时，快速电动机被刹住，即 $n_1=0$。

$$\frac{n_4-n_{\mathrm{H}}}{n_1-n_{\mathrm{H}}}=(-1)^2\cdot\frac{z_1}{z_2}\cdot\frac{z_3}{z_4}$$

$$\frac{n_4-n_{\mathrm{H}}}{0-n_{\mathrm{H}}}=\frac{24}{27}\times\frac{18}{33} \tag{1}$$

而
$$n_{\mathrm{H}}=1440\times\frac{z_7}{z_8}\times\frac{A}{B}\times\frac{C}{D}\times\frac{z_9}{z_{10}}$$

$$=1440\times\frac{40}{60}\times\frac{A}{B}\times\frac{C}{D}\times\frac{2}{60}$$

令 $i=\frac{A}{B}\times\frac{C}{D}$，则

$$n_{\mathrm{H}}=32i \tag{2}$$

其中，A、B、C、D 均为挂轮齿数。将式（2）代入式（1），得 $n_4=16.5i$

工作进给速度 $v_s=16.5i\times10=165i$（mm/min）

工作进给速度可由挂轮调整。

类似的机构还在齿轮机床的差动机构、镗床平旋盘的进给机构、转盘铣床回转工作台的快慢速转换机构、龙门铣床工作台的快慢速转换机构及行星减速器等有广泛的应用。

三、M2110 型内圆磨床横向粗、细进给转换机构

横向进给机构可以实现砂轮的手动进给（包括粗进给和细进给）和自动进给。

如图 6-11 所示，手轮 26、壳体 28 和棘轮 5 用螺钉连为一体，空套在中心齿轮 25 和 14 的外圆上，中心齿轮 25 与丝杠 20 用键连接，在壳体 28 上的轴承孔中装有偏心轴 31，轴上空套着双联行星齿轮 29。

拉出星形手把 30 并转动偏心轴 31，利用偏心轴使行星齿轮 29 与中心齿轮 14、25 脱开，同时由于齿轮径向向外偏移，推压杠杆 19 的下端部，使它在壳体 28 上的轴销逆时针摆动，于是其上端凸出的齿爪嵌入中心齿轮 25 的齿槽中，将壳体 28 与中心齿轮 25 连为一体，此时摇动手轮 26 便可直接带动丝杠 20 旋转，经丝杠一螺母副使砂轮做粗进给。

拉出星形手把 30 并转 180°，则偏心轴使行星齿轮 29 与中心齿轮 14、25 啮合，杠杆 19 在弹簧 18 的作用下反向摆动，其上端的凸爪从中心齿轮 25 的槽中脱出，壳体 28 与中心齿轮 25 不再连成一体，此时手轮 26 变为行星齿轮传动中的系杆。由下面的计算可知，手轮每转 1 转，丝杠转$\frac{1}{15}$转，砂轮架移动 0.2mm，实现细进给。砂轮架横向进给分为手动进给和自动进给两种，手动进给又分粗、细两档。

手动粗进给时，齿轮 z_4（齿数为 30）与手轮连为一体。此时，手轮 26 可通过齿轮 z_4 直接带动丝杠 20 转动，实现粗进给。

细进给时，拉出偏心轴 31，并转过 180°，使行星齿轮 z_2（齿数为 29）、z_3（齿数为 28）与中心齿轮 z_1（齿数为 29）、z_4（齿数为 30）啮合。因为齿轮 z_1 固定不转，因而此传动机构为行星传动，手轮成为行星传动中的系杆。设齿轮 z_4 的转速为 n_4，齿轮 z_1 的转速为 n_1（显然 $n_1=0$），手轮的转速为 n_H，则

$$\frac{n_4-n_H}{n_1-n_H}=(-1)^2\times\frac{z_1}{z_2}\times\frac{z_3}{z_4}$$

即
$$\frac{n_4-n_H}{0-n_H}=\frac{29}{29}\times\frac{28}{30}=\frac{14}{15}$$

整理后得
$$\frac{n_4}{n_H}=\frac{1}{15}$$

也就是说，手轮转 1 转，丝杠转$\frac{1}{15}$转。丝杠的螺距为 3mm，所以手轮转 1 转，砂轮架横向移动量为 $S=\frac{3}{15}\text{mm}=0.2\text{mm}$，手轮上的刻度盘 24 的刻度有 100 格，因此每格的进给量为 0.002mm，直径上的磨削量为 0.004mm。

利用杠杆 9 可做定量手动进给。用手按下杠杆 9 一次，装在其上的棘爪 11 推动棘轮 5 转动一次，然后经行星齿轮传动带动丝杠 20 转动一次，使砂轮进给一次。棘轮的齿数是 100，每转过一个齿，砂轮横向进给量为 0.002mm。砂轮每次进给量的大小可用螺钉 10 调节。

利用装在工作台前侧 T 形槽上的凸轮块可实现自动进给。工作台向左移动时，

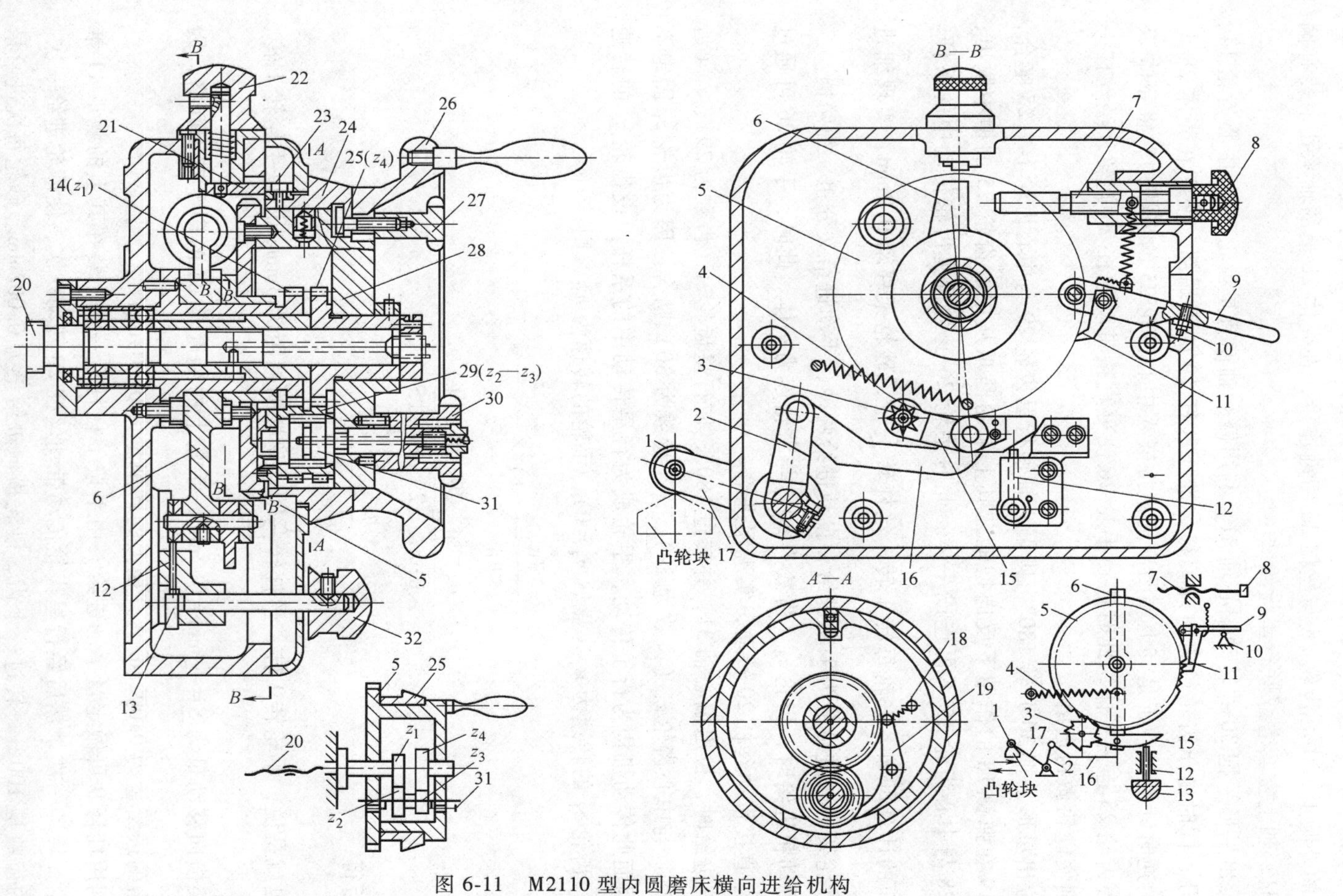

图 6-11 M2110 型内圆磨床横向进给机构

1—滚轮 2、9、17、19—杠杆 3—星轮 4、18—弹簧 5—棘轮 6—摆杆 7—螺杆 8、32—手把 10—螺钉 11—棘爪 12—顶杆 13—凸轮 14、25—中心齿轮 15—行星支架 16—连杆 20—丝杠 21—限位块 22—零位手把 23—挡铁 24—刻度盘 26—手轮 27、30—星形手把 28—壳体 29—行星齿轮 31—偏心轴

凸轮块将滚轮 1 抬起，通过杠杆 17、2 和连杆 16 使装在摆杆 6 上的行星支架 15 绕棘轮 5 的轴心线向右摆动，此时星轮 3 从棘轮上滑过。当工作台反向向右运动时，凸轮块离开滚轮 1，在弹簧 4 的作用下，行星支架 15 和星轮 3 反向摆回原处，直至摆杆 6 的上端碰上螺杆 7 为止。在这一过程中星轮拨动棘轮转过一定齿数，使砂轮横向进给。进给量的大小可由手把 8 调整。转动手把 8 使螺杆 7 伸出或缩回，改变摆杆 6 的摆动角度，可以调节横向进给量。

手轮上刻度盘 24 空套在壳体 28 上，用星形手把 27 经钩形螺钉紧固在手轮端面上。刻度盘外圆上用螺钉固定着零位挡铁 23，与零位手把 22 上的限位块 21 配合使用，用于控制工件尺寸。在磨削一批工件时，当第一个工件磨至所需尺寸后，旋松星形手把 27，转动刻度盘 24，使零位挡铁 23 与限位块 21 靠紧，然后重新旋紧星形手把 27。经过这样调整后，再磨削后续工件，只要转动手轮到挡铁 23 与限位块 21 靠紧，便可获得与首件相同的尺寸，但是砂轮磨损或砂轮修整后应重新调整。如果不用挡铁控制尺寸，只需将零位手把 22 转开，使限位块躲开挡铁即可。

转动手把 32 可接通或断开自动进给，图 6-11 所示为接通时的位置。将手把转动 180°，凸轮 13 把顶杆 12 向上顶起，使行星支架 15 右端翘起，则左端星轮 3 与棘轮 5 脱开，自动进给断开。

第六节　行星齿轮传动的常见故障及排除方法

1. 发热

这类故障多在检修时重新装配后产生，特别是对于具有双联行星齿轮的机构，由于装配不当，没有按本章第三节和第四节所介绍的方法进行装配，当有零件磨损时，间隙较大，往往差一个齿也能装进去，这时齿轮的啮合间隙就很小甚至为零，运行很短时间就会发热。为了解决这一问题，必须重新装配。装配完毕后可以用手摇动机构运转，如果轻松自如，则说明装配没有问题；如果感觉沉闷，有“别劲”现象，则说明装配有问题，应重新装配。

润滑不良也可导致机构发热，如多数机构采用稀油飞溅润滑，当缺油时将发生干摩擦，因而引起发热。这时应及时按规定加润滑油。

2. 异响

异响的多数原因是轴承损坏，特别是滚针轴承更容易损坏，较轻时为“嘎啦嘎啦”响，严重时就会影响齿轮啮合，以至于整个机构憋死。这时必须拆卸检查，及时更换损坏的轴承。

齿轮打牙也会有异响，往往是“咔咔”响。发现这种情况应立即停机检查，否则会伤及其他齿轮，如果有损坏的齿轮应及时更换。

3. 闷车

装配不正确，在“别劲”的情况下勉强装入齿轮时，机构运动不通畅，原动件就会被闷住。出现这种情况时必须重新装配。

有的行星齿轮轴的支承为滑套，当润滑不良或滑套中进入杂质时就容易研死，导致行星机构无法运行。此时需要进行检修。

4. 输出转速不准

在有两个自由度的机构中需有两个动力源方能有确定的输出，在快慢速转换装置中，通常需将其中一个动力源刹住，只留另一个动力源工作，这样才有输出。如果该刹住的没有刹住，就会影响输出转速；如果刹车完全失效，就不会有输出。因此，刹车装置的松紧会影响输出转速。当输出转速不够时，就应检查刹车装置并进行调整或修复。例如，图 6-10 中的快速电动机刹车片过松就会影响滑台的进给速度。

5. 溜车

在图 6-10 所示的他驱式机械滑台的传动系统中，当由快速转为慢速时，由于快速电动机刹车迟缓，快速就有一段超程（也叫溜车），立式滑台更为严重。这可能是由于刹车调得过松或刹车片磨损造成的，对症处理便可解决问题。

6. 机构失效

有的差动机构的系杆是壳体，当不需要差动时壳体可用来定位，如果壳体未定住位，则差动机构就会失效。所以要确保壳体定位可靠。

第七章

集中自动润滑系统的工作原理与维护

现代数控机床的润滑多采用自动润滑。润滑系统分为循环系统和全损耗系统；循环系统属于专用系统，需根据机床结构要求专门设计，不具有通用性；全损耗系统涵盖了机床润滑点的绝大部分，已经标准化及通用化。本章重点介绍全损耗系统的工作原理及维护。

全损耗系统按供油方式分为单线阻尼系统、容积式系统和递进式润滑系统。

润滑系统的组成包括：

1）泵：提供具有一定压力的清洁润滑油，有手动泵、机械泵、电动泵和气动泵等。

2）油量分配器：将润滑油按比例或定量分配到各润滑点，分为阻尼式、定量式和递进式分配器。

3）输出系统：包括管道接头、硬管或软管、分配接头等各种附件，按要求向润滑点输送润滑油。

4）过滤器：过滤杂质，保证提供清洁的润滑油。

5）电子程控器和液压阀、压力开关、感应开关、液位开关等：控制液压泵按要求周期工作，具有对系统压力、液位进行监控和报警以及对系统状态进行显示等功能。

第一节　单线阻尼润滑系统的工作原理及维护

一、单线阻尼润滑系统的组成与工作原理

1. 系统及泵站的组成与工作原理

单线阻尼润滑系统如图 7-1 所示，它由泵站 1（可使用手动泵、电动泵和气动泵等）、过滤器 2、阻尼式分配器 3 及管路等组成。泵站内装有液压泵、进油过滤器、调压阀、压力继电器、液位发信开关、单向阀和压力表等。图 7-2 所示为泵站工作原理图。各元件的作用如下：

液压泵：提供一定压力和流量的液压油。

过滤器：过滤油中杂质。

调压阀：调整系统压力（压力的高低会影响各润滑点的流量）。根据要求，系

统压力调整在 1～10bar（1×10^5～10×10^5Pa）。调压阀在这里用作溢流阀。

压力继电器：当系统压力低于继电器调整压力时发出报警，以防止系统严重泄漏引起压力降低。

液位发信开关：当润滑油箱油位低于规定的油位时报警，以提示加油。

单向阀：液压泵停止供油时，可防止因接头密封不严导致主管路中的油倒流及进入空气。

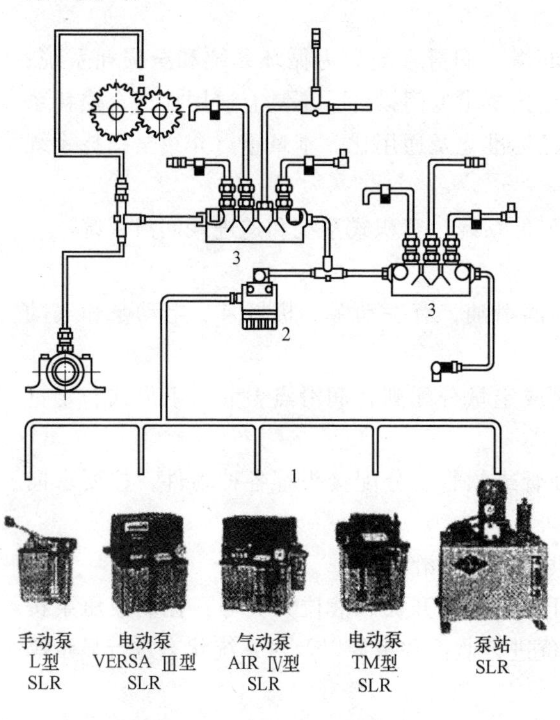

图 7-1 单线阻尼润滑系统

1—泵站 2—过滤器 3—阻尼式分配器

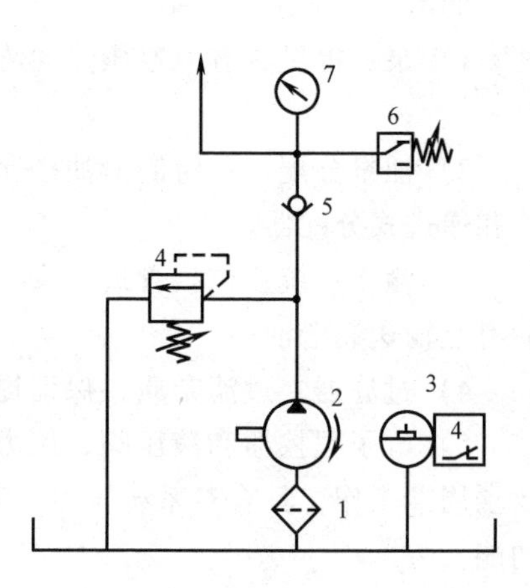

图 7-2 泵站工作原理图

1—过滤器 2—液压泵 3—液位发信开关 4—调压阀 5—单向阀 6—压力继电器 7—压力表

2. 阻尼式分配器的工作原理

液压泵输送的定量润滑油充满系统主管路后，系统建立压力，当系统压力升高至大于阻尼式计量件（见图 7-3）单向阀的起动压力时，液压油经过滤网、阀体与针状节流杆间的缝隙，打开单向阀（克服锥形弹簧弹力），经管路到润滑点。到润滑点的油量与缝隙大小、系统压力和供油时间有关。当液压泵供油完毕，系统压力低于计量件中的单向阀起动压力时，则计量单向阀自行复位，关闭出油通道，以防止支管中的油倒流。

液压泵的供油时间为液压泵起动至压力达到调整值的时间再延续 5～10s，液压

泵停歇的间歇时间按机床说明书要求设定。

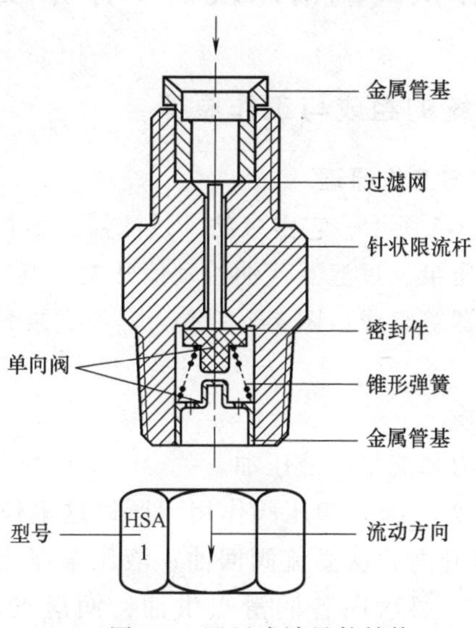

图 7-3　阻尼式计量件结构

3. 单线阻尼润滑系统的特点

1）各润滑点为节流式供油，系统利用流体阻力分配润滑点油量。润滑点油量受系统压力和供油时间的影响，所以油量误差大。

2）根据阻尼式分配器的结构特点，供油压力不易过高，一般应在 1～10bar（1×10^5～10×10^5Pa）之间。

3）用于中小型机床，润滑点数小于 30 点。

4）结构简单，造价低廉。

二、单线阻尼润滑系统常见故障及可能产生的原因

1）液压泵运转时所有润滑点无油。

可能产生的原因：压力阀压力调整过低，全部油液从泵站泄油口泄出；有的管路泄漏严重；液压泵失效；吸油过滤器堵塞；油位过低，液位开关失效。

2）有的润滑点不来油。

可能产生的原因：该润滑点分配器堵塞，特别是滤油网堵塞；该润滑点管路的油管被压扁，或者严重泄漏。

3）液压泵不打油。

可能产生的原因：液位过低，液位开关失灵；进油过滤器堵塞；进油管路密封不严，吸入空气；液压泵失效。

4）液压泵连续运转不停。

可能产生的原因：液压泵运行时间设定不正确或时间继电器失效。

第二节　容积式润滑系统的工作原理及维护

一、容积式润滑系统的组成与工作原理

1. 系统及泵站的组成与工作原理

容积式润滑系统如图 7-4 所示，它由泵站、过滤器、容积式分配器和管路等组成，其中泵站由油箱、液压泵、过滤器、油位发信开关、调压阀、单向阀、自动卸压阀、压力表和压力继电器等组成。图 7-5 所示为容积式泵站的原理图。各元件的作用如下：

过滤器：过滤油中杂质。

液压泵：提供一定压力和流量的液压油。

调压阀：调整系统压力，因有卸压阀作用，所以这里作溢流阀使用。每次向容积式分配器供油，压力升高后从溢流阀回油；液压泵停止后压力降低，卸压阀卸荷，则油由卸荷阀溢出。每次向各润滑点供油，润滑点的总油量与调整压力无关。

单向阀：当液压泵停止供油或供油压力小于自动卸压阀压力时，仍由单向阀保持有一定压力。

压力继电器：压力继电器有高压开关和低压开关。当系统达到设定值（稍低于调压阀的调整压力）即高压时，开关发出信号，泵延时后停止；当系统压力低于此开关设定值时报警，表明管路或单向阀有泄漏。

液位开关：用于油箱低油位报警。

自动卸压阀：当油压大于自动卸压阀的调整压力时，液压油经分配器到润滑点；当油压小于自动卸压阀的调整压力时，供油路断开，并由单向阀保压。

泵站的工作过程如下：

液压泵打油，液压油打开液控换向阀（自动卸压阀），然后进入主润滑管路。调压阀限定系统最高压力。

液压泵停止，液控换向阀在弹簧的作用下回位，主油管中的液压油通过单向阀回油箱。单向阀保持主油路一定压力。

2. 容积式系统的工作步骤

液压泵起动，管路压力上升，液压油推动注油件活塞完成储油，分配器排出定量润滑油后出油口封闭，所有分配器完成一次排油，油压达到高压开关设定压力；液压泵继续工作至电气设定时间（5~20s）；多余液压液通过调压阀回油箱，液压泵停止，系统自动卸荷，管路油压达到系统设定低压；注油活塞靠弹簧力返回；注油件上腔补充油液，等待下一润滑循环。液压泵的间歇时间按机床说明书的规定设定。

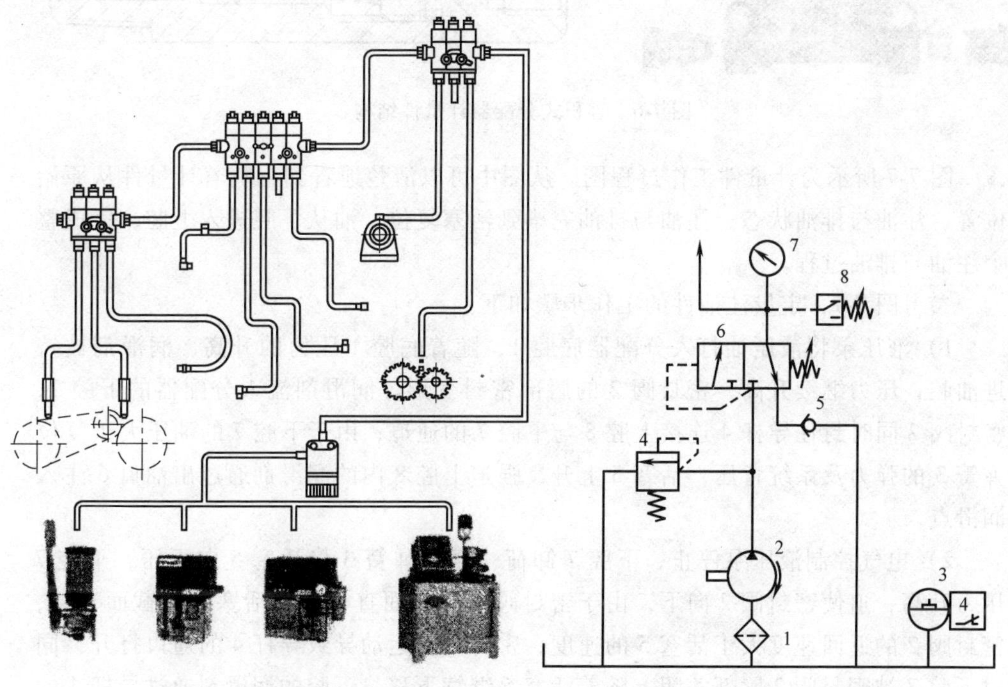

图 7-4　容积式润滑系统

图 7-5　容积式泵站原理图

1—过滤器　2—液压泵　3—油位发信开关
4—调压阀　5—单向阀　6—液动卸压阀
7—压力表　8—压力继电器（高低压均发信号）

二、容积式分配器计量件的结构和工作原理

图 7-6 所示为容积式分配器计量件的结构。液压泵起动后，主油管路逐渐升压，向计量件注入油剂，计量件下腔压力克服弹簧力推动活塞向右（此时由耐油橡胶做成的伞形挡圈唇部被打开，伞形挡圈也称密封阀）将上次计量件中左腔存储的定量油通过导杆中心孔排出，液压泵压力随之上升至 2MPa，溢流阀溢流。液压泵停止后，压力下降，计量件活塞在弹簧力作用下向右移动复位，密封阀封闭计量件进油口，储存在下腔的油通过导杆中心孔压入左腔储油，压力降为 0.5MPa，

活塞回到原位。

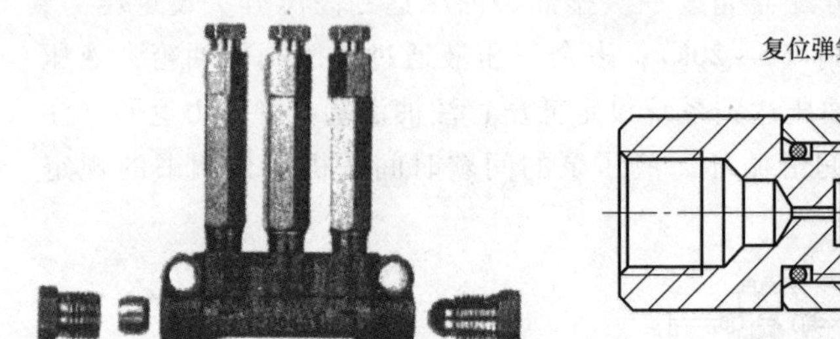

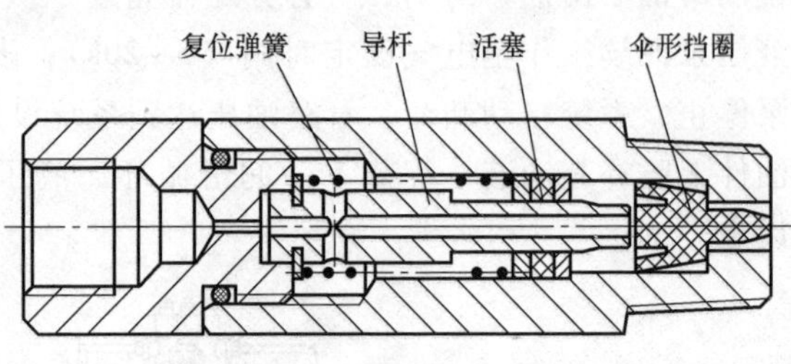

图 7-6　容积式分配器计量件结构

图 7-7 所示为计量件工作过程图。从图中可以清楚地看到，随着计量件从原始位置、注油与排油状态、注油与排油完毕到活塞复位，油从下腔进入上腔，完成整个注油与排油过程。

参考图 7-7，定量注油件的工作步骤如下：

1）液压泵将液压油打入分配器底腔 1，随着底腔 1 压力的升高，润滑剂被挤进油腔；压力继续升高，密封阀 2 的唇部密封变形，润滑剂流入分配器的下腔 7，密封阀 2 同时封住导杆 4 连接上腔 8 与下腔 7 的通道；由于下腔 7 的油压大于复位弹簧 3 的弹力及系统背压，活塞 5 上升，强迫上腔 8 内的润滑剂通过出油口 6 注入润滑点。

2）电气控制液压泵停止，下腔 7 卸荷，复位弹簧 3 将活塞 5 向下压，下腔 7 压力升高，迫使密封阀 2 向下，由于密封阀 2 的截面直径小于活塞 5 的截面直径，密封阀 2 的返回速度大于活塞 5 的速度，密封阀的运动导致导杆 4 的通口打开，同时下腔 7 被密封阀 2 唇部关闭，随着活塞 5 继续下移，下腔的润滑剂通过导杆 4 的通道进入上腔 8。

3）完成了第二步的油液补充循环后，密封阀 2 关闭下腔 7、底腔 1、上腔 8 相互间的通道，分配器充满油液，等待下一次润滑过程。

三、容积式润滑系统的日常维护

1）起动润滑系统，检查润滑过程是否正常，主管路压力是否达到 20bar（20×10^5Pa）左右。

2）外观检查各分配器及接头有无漏油现象。

3）检查各分配器工作是否正常。

① 松开润滑部位前的接头，擦干油液。

② 起动液压泵，检查接头处滴油后应无油滴出，确认后拧紧接头。

③ 若出现接头不滴油及连续滴油均为不正常，此时需清洗或更换分配器。

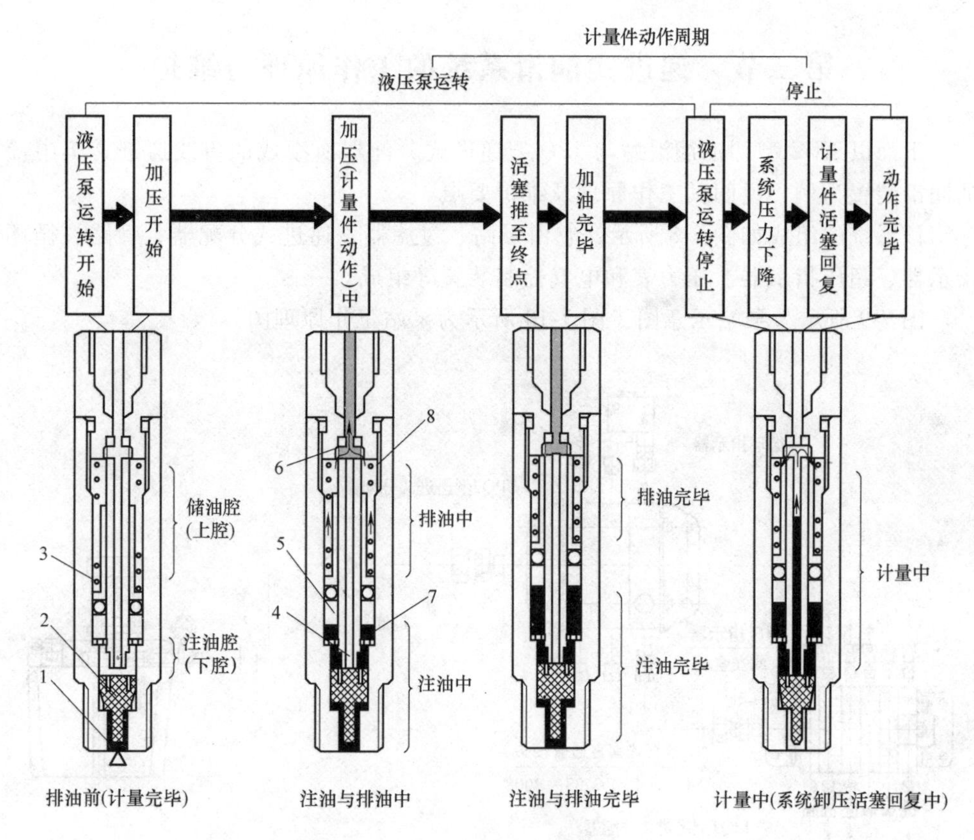

图 7-7　计量件工作过程图

1—底腔　2—密封阀　3—复位弹簧　4—导杆　5—活塞　6—出油口　7—下腔　8—上腔

四、容积式润滑系统的常见故障及诊断

1）泵连续运转。

可能的原因：管路、分配器或润滑油箱内部泄漏严重，使压力达不到高压开关（压力继电器）设定值；高压开关故障，电气没有压力到达信号。

2）润滑点不出油。

可能的原因：分配器堵塞；系统压力不足，不能推动分配器弹簧；泵源不卸压，分配器活塞不能复位，无法补充油液。

3）润滑点连续流出油液。

可能的原因：分配器密封损坏，漏油严重。

4）润滑站油量消耗急剧增大。

可能的原因：管路或分配器漏油；高压开关或其他电气控制元件故障导致频繁打油。

第三节　递进式润滑系统的工作原理与维护

下面以 XHZ 型稀油润滑站与 JPQ 型递进式分配器所组成的单线递进式集中稀油润滑装置为例，说明其工作原理及维护要点。

该系统的组成如图 7-8 所示，它由泵站、过滤器、递进式分配器、管路、循环指示器、超压指示器、压力表和电气控制装置等组成。

图 7-9 所示为泵站示意图，图 7-10 所示为泵站工作原理图。

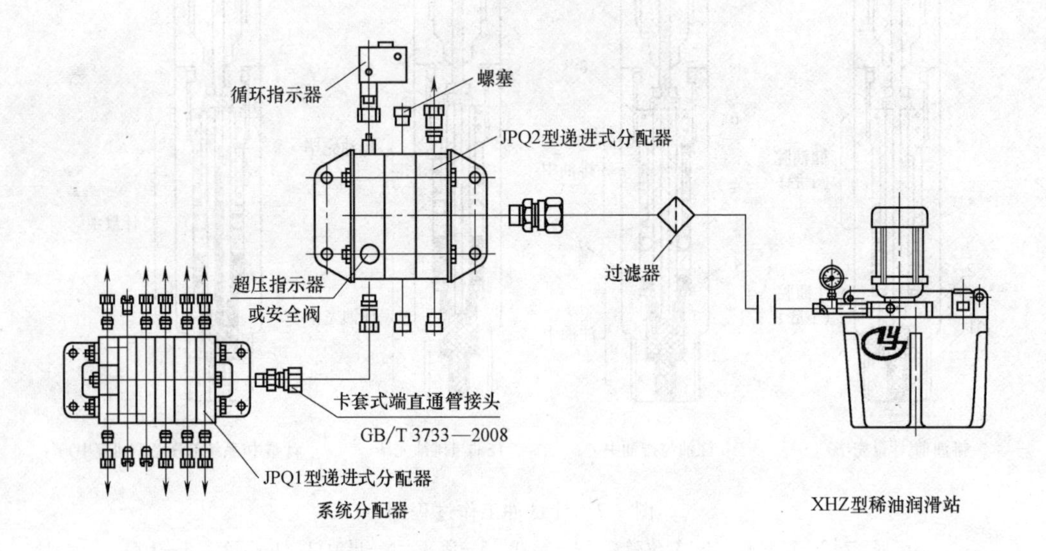

图 7-8　单线递进式集中稀油润滑装置组成

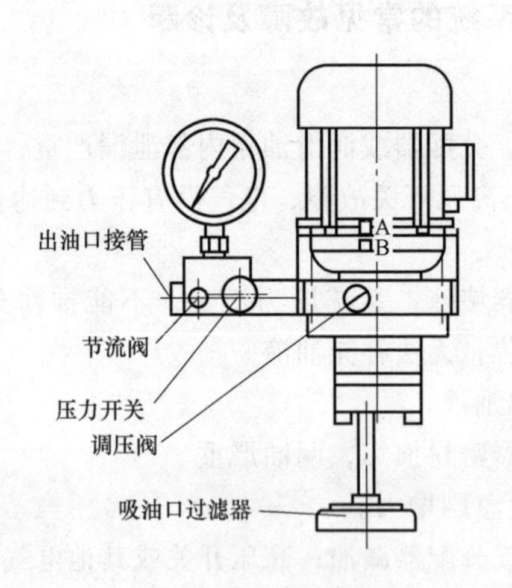

图 7-9　泵站示意图

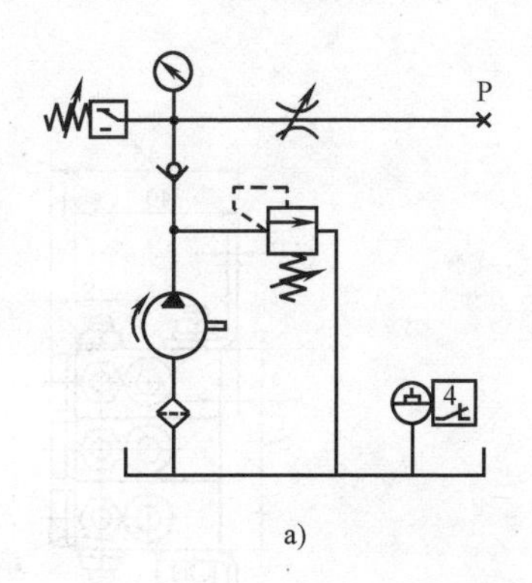

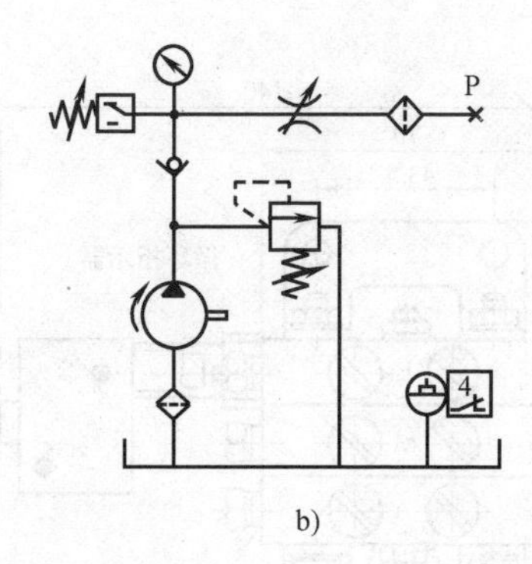

图 7-10　泵站工作原理图

a）2.5～6.3L 油箱润滑原理图　b）10～25L 油箱润滑原理图

一、泵站的工作原理

泵站由油箱、齿轮泵（电动机驱动）、过滤器、单向阀、调压阀、节流阀、压力表、压力继电器和液位开关等组成。

各元件的作用如下：

齿轮泵：由电动机驱动，为系统提供一定压力和流量的润滑油。

过滤器：过滤油中杂质，以防分配器堵塞。

调压阀：在本系统中作为安全阀，超压时系统的油经此阀回油箱。该阀的调整压力为 28bar（28×10^5Pa）。

节流阀：作为整个润滑系统的开关。

压力继电器：系统压力高于压力继电器调整压力时发出警报。

液位开关：液位低于某值时发出警报。

二、JPQ 型递进式分配器的工作原理

JPQ 型递进式分配器分为 JPQ1 型和 JPQ2 型两大系列。JPQ1 型系列的额定给油量为 0.07～0.32mL/次，JPQ2 型系列的额定给油量为 0.5～2.0mL/次，使用时可根据润滑点的耗油量与不同点数来选择。若润滑点数多或润滑点分散可以采用 JPQ2 型为一级分油，JPQ1 型为二级分油，两者串联，即为母片组带动子片组，如图 7-8 所示。可以在分配器上配备循环指示器和超压指示器，以观察润滑系统运行状况与故障显示。

图 7-11 和图 7-12 所示分别为 JPQ1 型及 JPQ2 型递进式分配器的外观图。

递进式分配器的工作原理如图 7-13 所示。

柱塞所处位置如图 7-13a 所示，液压油推动柱塞 C，左腔油由出油口②输出；与此同时，柱塞 A 的左腔与液压油相通，液压油推动柱塞 A，右腔油由出油口③输

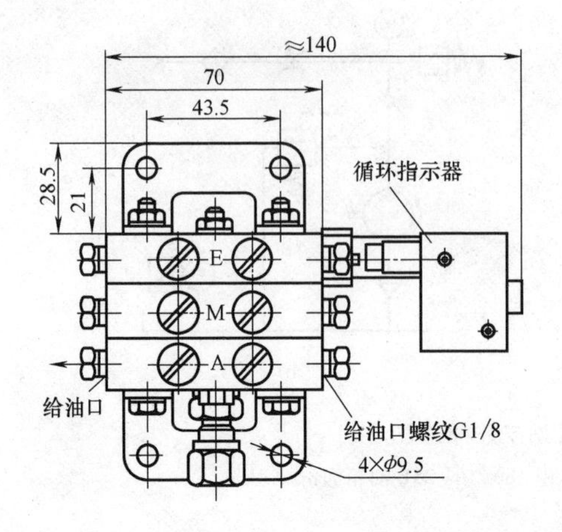

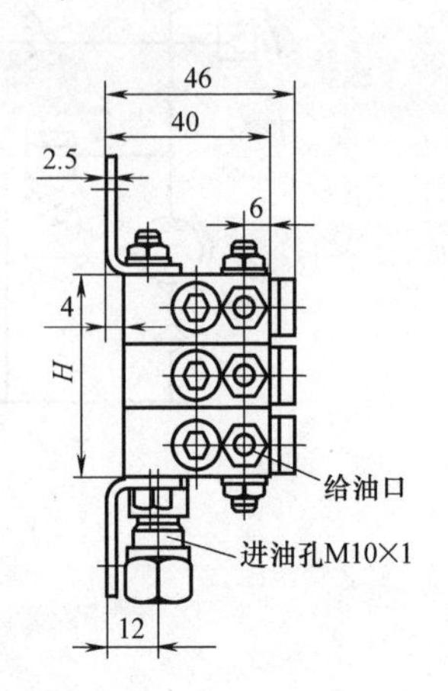

图 7-11 JPQ1 型递进式分配器

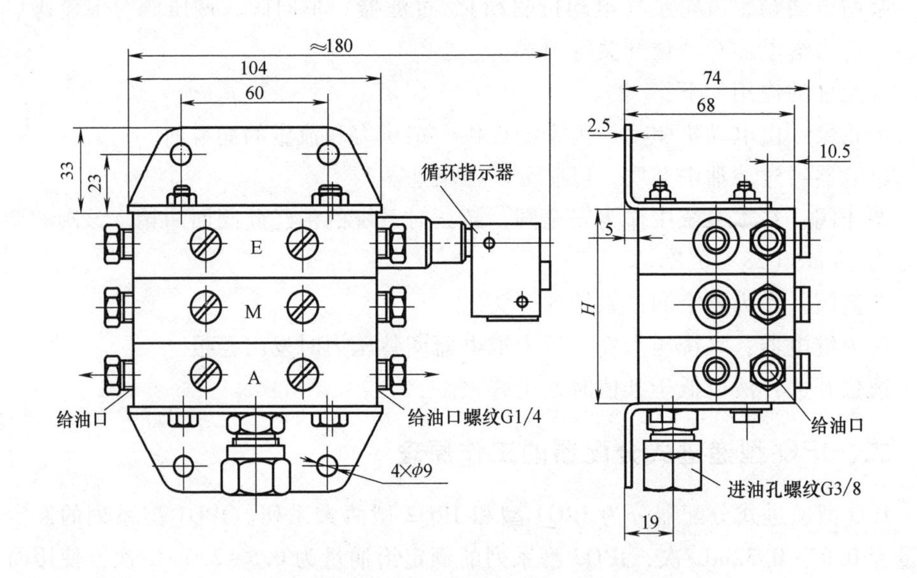

图 7-12 JPQ2 型递进式分配器

出，如图 7-13b 所示。

根据上述原理，其他柱塞 B、C、A、B 依次以出油口④、⑤、⑥、①的顺序输出，周而复始，将液压油强制、定量并按顺序输送给各润滑部位。

从递进式分配器的工作原理可知，如果出现某一出油口堵塞，则会导致该分配器全部不出油。

分配器片组中的其中一片设有循环指示杆，每循环动作一次，当指示杆动作接

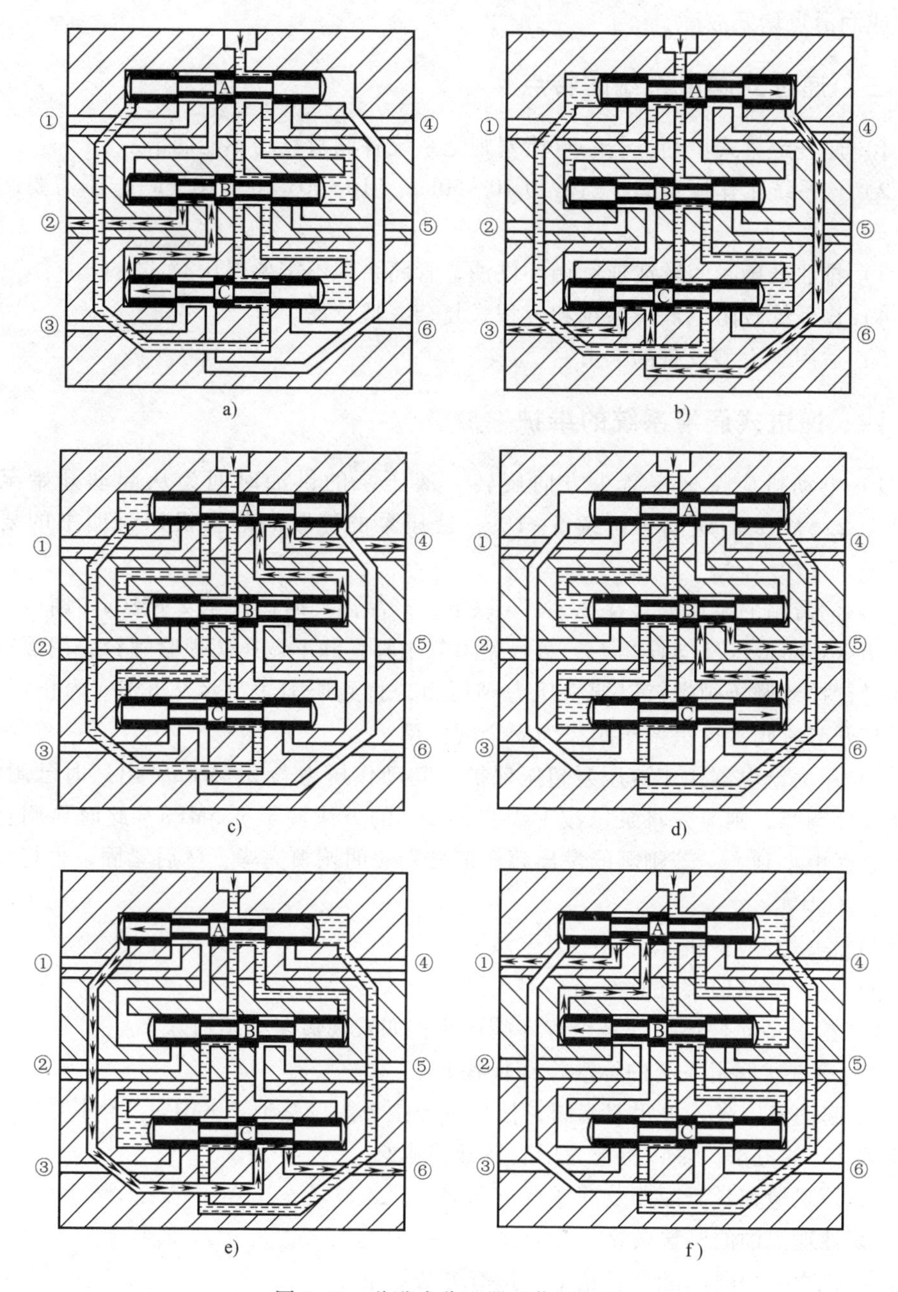

图 7-13　递进式分配器工作原理图

a）柱塞 C 动作，出油口②出油　b）柱塞 A 动作，出油口③出油　c）柱塞 B 动作，出油口④出油
d）柱塞 C 动作，出油口⑤出油　e）柱塞 A 动作，出油口⑥出油　f）柱塞 B 动作，出油口①出油

触限位开关时，限位开关发信，显示该循环动作完成。

超压指示器的作用是当系统压力超载时，超压指示杆伸出，以供观察及判断某管道或润滑点堵塞故障。

三、递进式润滑系统的特点

1）递进定量式供油，若一点堵塞则全系统各润滑点均不能润滑。

2）该系统工作压力高，通常为10 ~60bar（10×10^5 ~ 60×10^5Pa），不需要卸荷装置。

3）排油准确，间歇或连续循环供油，管路系统不需要保压。

4）该系统较阻尼润滑系统和容积式复杂，造价高。

5）适用于大型设备的润滑。

四、递进式润滑系统的维护

1）电动机应按标定箭头方向旋转，液压泵的供油时间为从起动开始至压力升至2.5MPa的时间再延续5~10s，液压泵的停歇间隔按机床说明书的要求设定。

2）润滑站的泵压调整在2.8MPa以下，产品出厂时已调至2.8MPa。调压时应先将调压阀向低压反向拧几下，然后关闭节流阀，卸下调压阀锁紧螺钉，用螺钉旋具顺时针拧动调压阀螺钉以调整压力阀压力，直到压力表显示2.8MPa为止锁死。然后打开节流阀。这里调压阀作为安全阀使用。

3）压力继电器用于液压泵超压保护，其动作压力为2.5MPa，出厂时已调好。如果需要调节，则应先将泵压按上面步骤2）的方法调至2.5MPa，此时再调整压力继电器由小到大，若刚刚能发出超压信号则表明调整完毕，然后紧固，再将泵压调至2.8 MPa。

4）润滑剂应按机床说明书要求添加。

5）拆装管路时要注意清洁，避免脏物进入。

6）检查各元件连接处是否有渗漏现象，如发现渗漏必须消除。

7）递进式润滑系统的标准检查步骤如下：

① 起动液压泵，关闭节流阀，检查泵压是否为调整值2.8MPa，若不是应按上面步骤2）的方法调整，检查完毕后打开节流阀。

② 外观检查各分配器及润滑点有无漏油现象。

③ 处理漏油的阀块及接头。

④ 检查分配器功能是否正常。检查方法如下：

a. 任选一润滑点接头，擦干油液。

b. 起动液压泵，检查接头处有无周期性油液滴出。

c. 如果有周期性油液滴出，则表明整个系统无堵塞。

d. 如果无油液滴出，则表明系统堵塞，应执行以下操作：松开第一级分配器所有出油口接头，起动液压泵，观察各出油口有无出油，如果没有出油，应拆下此

分配器，清洗或更换；如果有周期性出油，则接上接头后再检查第二级分配器，直到找到堵点。

五、递进式润滑系统的常见故障与排除方法（见表7-1）

表7-1　递进式润滑系统的常见故障与排除方法

序号	故障现象	故障原因	排除方法
1	电动机运转，泵无油排出，或排出的油中有气泡	液位开关失灵，油箱缺油	检修液位开关，加油
		油液黏度太大或进油口过滤器堵塞	更换为机床规定的油液，清洗过滤器
		泵内进入空气（油位低，进口滤油器堵塞，进口连接密封不严都可引起进入空气）	找出进入空气的原因，对症处理
2	电动机运转有噪声，压力表摆动大	与序号1故障相同	按序号1方法排除
		齿轮泵磨损严重	修复或更换齿轮泵
3	系统因压力低引起分配器不动作（无油排出）	管路或接头泄漏	紧固或更换泄漏件
		调压阀或压力继电器调节不正确	按照"递进式润滑系统的维护"所介绍的方法调整
4	系统工作压力已达规定值，压力继电器发信，但分配器不动作（无油排出）	管路压扁或堵塞	更换管路
		润滑点的润滑部位堵塞	清洗疏通润滑部位
		分配器堵塞	清洗或更换分配器
		管路中过滤器堵塞	清洗过滤器
5	电动机不运转	电源断路，控制电路故障	检查电源及控制电路，对症处理
		电动机损坏	更换电动机

六、排除泵站故障的操作方法

1. 排出气体

卸下图7-9所示泵站的出油口接管，打开节流阀（节流阀杆上的孔方向水平为开），接通电源，直至排出的油无气泡后再连接出油口接管。

2. 调压阀的操作方法

将图7-9所示泵站的节流阀关闭（节流阀杆上的孔方向垂直为关闭），卸下调压阀锁紧螺钉，再用螺钉旋具调节螺孔内的调压阀螺钉，顺时针转为压力上升，逆时针转为压力下降。

若调压阀调整时无压力，压力表指针不动，则可能是因调压阀密封面被脏物粘住，需清洗调压阀。依次取出堵头、调压螺钉、弹簧、弹簧座和钢球，用煤油清洗，然后再装配并进行调压。

将调压阀压力调至2.8MPa，然后连接油管接头，打开节流阀。

七、排除分配器故障的操作方法

1）检查分配器进油口是否有脏物堵塞，若有需卸下进油口管接头，检查并清洗螺孔内进油管道。

2）检查分配器内腔是否被堵塞，若有需将内六角螺钉（图 7-11 侧视图左排有内六角头的螺钉）按顺序卸下，取出铜垫片并按顺序放好（注意：出油量不同采用的工作活塞及垫片规格不同），然后将工作活塞逐一推向另一侧。若工作活塞已在另一侧可反向推动活塞，如果发现活塞滑动不自如，应取出清洗活塞与活塞孔，清洗时需注意以下几点：

① 工作活塞属选配件，各柱塞不准互换，必须按原位置装配。

② 分配器、中间片、尾片之间的油路通道不同，密封垫片也不同，绝对不能互换及正反面装配。

③ 中间片出油量相同的，片组之间可以互换，如果中间片组出油量不同或某一侧有两点或数点合并一点出油，其之间的中间片组绝对不能互换。

④ 多余不用的分配器出油口不准用螺塞堵塞，否则将导致分配器所有进油口不出油，分配器失效。多余的孔可采用三通接头连接使用。

第八章

机床导轨的结构与检修

机床导轨用来支承和引导运动部件沿着规定的轨迹运动，并保证相关部件之间正确的相对位置。

导轨是成对的，导轨副支承件上的导轨称为支承导轨，运动件上的导轨称为动导轨。动导轨相对于支承导轨做直线运动或回旋运动，并只有一个自由度。

导轨按摩擦性质分为滑动导轨和滚动导轨，其中滑动导轨包括普通滑动导轨、液体动压导轨和液体静压导轨。

机床大修时，最大的工作量是恢复导轨精度。

第一节　对导轨的要求

导轨的性能好坏直接影响机床的加工精度、承载能力和使用寿命。下面介绍导轨应满足的要求。

一、对导轨的一般要求

1. 刚度

导轨的刚度指抵抗载荷的能力，要求受载后变形小。刚度包括支承导轨和动导轨自身的刚度及导轨副的接触刚度。

2. 导向精度

所谓导向精度是指动导轨运动轨迹的准确度。它取决于导轨的结构类型以及导轨的几何精度、接触精度、油膜刚度和导轨的热变形等。

3. 精度保持性

精度保持性主要由导轨的耐磨性决定，它与导轨的摩擦性质、导轨材料、工艺方法、润滑方式及导轨变形等有关。

4. 低速平稳性

导轨要保证低速运动时不爬行。低速平稳性与导轨结构、导轨精度以及导轨材料的动、静摩擦因数差等有关。

5. 结构简单，易维修

结构简单是指导轨易制造。易维修主要指导轨拆装方便。对淬硬导轨应有足够的淬硬深度，以防止研伤；对于不淬火的导轨要易刮研。

二、对导轨精度和表面粗糙度的要求

1. 几何精度

直线导轨的几何精度包括：垂直面及水平面内导轨的直线度；两导轨面间的平行度；导轨与其他相关表面、轴线等的相对位置精度（包括垂直度和平行度等）。

圆导轨的几何精度包括：圆导轨平面度；圆导轨平面与轴线垂直度；圆导轨工作台的端面跳动和径向跳动；圆导轨的工作台与相关面或轴线的平行度或垂直度。

2. 接触精度

导轨副的接触精度一般采用着色法检验，支承导轨与动导轨着色后合研。对于磨削或精刨表面用接触面积指标衡定，不应低于表 8-1 中所规定的指标。对于刮研导轨表面用接触点数指标衡定，不应低于表 8-2 中所规定的指标。

表 8-1　机械加工导轨表面的接触面积占比

机床类型	结合面性质			
	滑动(滚动)导轨接触面积占比(%)		移置导轨(只在调整时用,加工时不用)接触面积占比(%)	
	长度方向	宽度方向	长度方向	宽度方向
普通机床	70	50	60	40
精密机床	75	60	65	45
高精度机床	80	70	70	50

注：机械加工指精刨、导轨磨床磨削等加工。用导轨磨床配磨导轨副为常见加工。

表 8-2　刮研导轨表面的接触点数（点/方）

机床类型	刮研面性质				
	滑动(滚动)导轨接触点数		移置导轨接触点数		镶条压板接触点数
	每条导轨宽/mm		每条导轨宽/mm		
	≤250	>250	≤100	>100	
普通机床	10	8	8	6	6
精密机床	16	12	12	10	10
高精度机床	20	16	16	12	12

注：1 方 = 1in = 25.4mm×25.4mm。

3. 机械加工导轨表面粗糙度

滑动导轨表面粗糙度可按表 8-3 选取。对于移动速度大于 30m/min 的滑动导轨及淬硬的导轨，表面粗糙度应比表内提高一级。滚动导轨的表面粗糙度为 $Ra<0.4\mu m$。

表 8-3 机械加工滑动导轨表面粗糙度 *Ra* （单位：μm）

机床类型		支承导轨 *Ra*	动导轨 *Ra*
普通机床	中、小型	1.6	3.2
	大型	3.2~1.6	3.2
精密机床		1.6~0.4	3.2~1.6

三、对导轨材料的要求及材料搭配

导轨材料应满足耐磨、易加工、成本低、不变形、摩擦因数小的要求。常见的材料有铸铁、钢、塑料（通常为贴塑）。贴塑导轨应与本体热胀系数相近，对温度和湿度变化不敏感。

支承导轨与动导轨的材料应有合理的搭配，以提高耐磨性，降低摩擦因数。一般情况下，支承导轨要硬些，动导轨要软些，常见的搭配如下：铸铁-铸铁、铸铁-淬火铸铁、铸铁-淬火钢、有色金属-铸铁、塑料-铸铁、淬火钢-淬火钢。上述搭配中，前者为动导轨，后者为支承导轨。除铸铁导轨外，其他导轨均为镶装导轨。

铸铁导轨与本体为一体，多采用灰铸铁。如果淬火，可用接触电阻加热淬火，在导轨磨床上加装淬火头移动淬火，淬火深度可达 0.2~0.3mm，硬度达 50HRC，淬火后表面进行去毛刺处理；铸铁淬火也可采用表面高频感应淬火，淬火深度可达 1.2~2.5mm，淬火硬度达 50HRC 左右，淬火后在导轨磨床上磨削，可与动导轨配磨。

钢导轨为镶装导轨，通常用 45、40Cr、T8、GCr15 等表面淬火或全淬火，硬度达 52~58HRC。也可用 15、20Cr、20CrMnTi 等渗碳淬火，渗碳深度为 1.5~2.5mm，硬度达 56~62HRC。还有用 38CrMoAlA 渗氮处理，渗氮深度为 0.5mm，硬度为 800~1000HV。钢导轨镶装后用导轨磨精加工。

有色金属导轨为镶装导轨，通常用铸造锡青铜或铸造铝青铜来制造，多用于重型或微型导轨上。

塑料导轨为粘贴导轨或镶装导轨，它有摩擦因数低、耐磨性能好、刮削容易等特点，应用越来越多。常用的塑料导轨的材料有聚四氟乙烯、酚醛夹布胶木等，其中聚四氟乙烯的应用更为广泛。

第二节 普通滑动导轨的结构与调整

一、直线运动导轨

1. 导轨截面形状

直线导轨截面形状主要有 4 种，即 V 形、矩形、燕尾形和圆柱形，每种之中

还有凹凸之分。图 8-1 所示为各种导轨截面形状示意图。

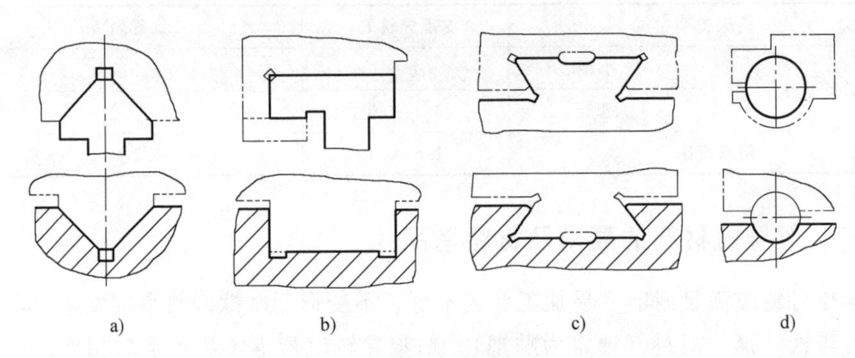

图 8-1 各种导轨截面形状示意图

a）V 形导轨 b）矩形导轨 c）燕尾形导轨 d）圆柱形导柱

图 8-1a 所示为 V 形导轨。这种导轨导向性能好。V 形支承导轨上凸时不易存留铁屑和杂质，但是润滑油也不易存留，适用于铁屑多的场合。V 形支承导轨下凹时可得到充分润滑，甚至可循环润滑，适用于刨床或铁屑少的场合。V 形导轨的角度一般为 90°，重型机床为 110°~120°。

图 8-1b 所示为矩形导轨。这种导轨承载能力强，容易加工，但导向性较差，主要用于导向性要求不高的重型机床。

图 8-1c 所示为燕尾形导轨。这种导轨高度较小，可承受颠覆力矩，但是刚度较差，加工和检验都较麻烦，适用于受力小、层次多的小型导轨。

图 8-1d 所示为圆柱形导轨。这种导轨易于加工，不易进入铁屑，但是刚度较差，磨损后不能补偿，应用在小型轻载的场合。

2. 导轨截面的组合

直线导轨通常由两条导轨组合而成。图 8-2 所示为直线运动导轨常用组合形方式。

图 8-2a 所示为两条导轨均为 V 形的组合。这种组合导向性好，不需镶条调整间隙，但是加工、检验及修理都较复杂，主要用于精度要求高的机床，如内圆磨床、丝杠车床、坐标镗床和齿轮机床等。

图 8-2b 所示为两条矩形导轨组合方式。这种组合分为一条导轨两侧导向和分别由两条导轨外侧导向两种。前者称为窄式组合，后者称为宽式组合。窄式组合比宽式组合的应用更多。这种组合多用于普通精度的机床和重型机床，如组合机床、龙门铣床、拉床、卧式镗床及重型机床等。

图 8-2c 所示为矩形和 V 形导轨的组合。这种组合兼有导向性好、刚度好、制造较容易的优点，应用最为广泛。如普通车床、磨床和龙门刨床等均使用这种导轨。

图 8-2d 所示为燕尾形导轨组合。这种组合用一根镶条就可调整燕尾形间隙，

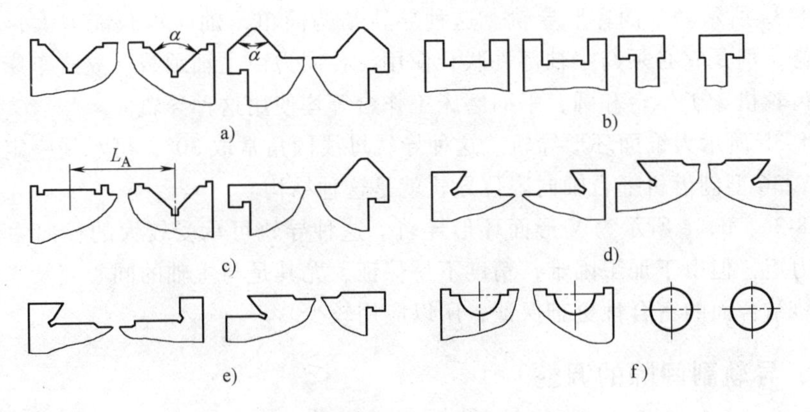

图 8-2　直线运动导轨常用组合形式

a）两条（凹或凸）V 形导轨组合　b）两条（凹或凸）矩形导轨组合

c）矩形导轨和 V 形导轨组合　d）两条（凹或凸）燕尾形导轨组合

e）燕尾形导轨和矩形导轨组合　f）两条（内或外）圆柱形导轨组合

牛头刨床和插床的滑枕导轨、升降台铣床的升降导轨及工作台导轨、普通车床的刀架导轨等均使用这种导轨。为了拆装方便，有的燕尾形导轨一侧是可拆卸的。

图 8-2e 所示为燕尾形与矩形导轨的组合。这种组合兼有承载能力大和调整方便的优点，多用于横梁、立柱和摇臂等导轨。

图 8-2f 所示为两条圆柱形导轨组合。这种组合一般用于颠覆力矩较小的场合，如攻丝机导轨和加工中心斗笠式刀盘导轨等。

二、回转运动导轨

回转运动导轨的截面形状有平面、锥面和 V 形面三种，如图 8-3 所示。

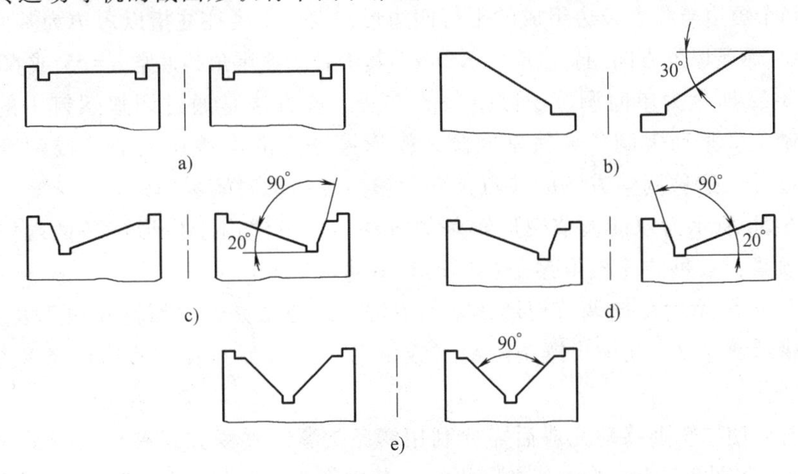

图 8-3　回转运动导轨截面形状

a）平面环形导轨　b）锥面环形导轨　c）、d）、e）V 形面环形导轨

图 8-3a 所示为平面环形导轨。这种导轨结构简单，轴向承载能力大，易于制造和维修，但是它必须与主轴部件联合使用，径向力由主轴承载。立式车床主轴工作台、齿轮机床工作台和圆台平面磨床工作台等均使用这种导轨。

图 8-3b 所示为锥面环形导轨。这种导轨母线倾角常取 30°，可承受一定的径向载荷。Y236 型刨齿机摇台轴向限位导轨就是这种结构。

图 8-3c、d、e 所示为 V 形面环形导轨。这种导轨可承受较大的径向力和一定的颠覆力矩，但由于加工困难，精度不易保证，尤其是与主轴的同心度及支承导轨与动导轨结合面的密合性更难保证，所以应用较少。

三、导轨副间隙的调整

导轨副的滑动间隙常通过镶条（斜铁）和压板来调整。

镶条可用来调整矩形导轨和燕尾形导轨的滑动间隙，应放在导轨受力小的一侧。常用的镶条有平镶条和楔形镶条两种。

1. 平镶条

图 8-4 所示为用平镶条调整导轨副间隙的示意图。它靠螺钉 1 移动镶条 2 的位置调整导轨副的间隙。图 8-4a、b 所示结构因为镶条较薄，用几个螺钉同时调整往往在螺钉处的镶条接触硬一些，刚度较差。图 8-4c 用螺钉 1 调整间隙后用螺钉 3 将镶条紧固，这种方法较 8-4a、b 所示结构刚度要好。

2. 楔形镶条

图 8-5 所示为用楔形镶条调整导轨副间隙的示意图。楔形镶条两面分别与支承导轨和动导轨接触，刚度较好。楔形镶条（斜铁）的斜度一般为 1∶40～1∶100，其中 1∶50 和 1∶100 应用较多。

燕尾形导轨楔形镶条的斜度应该注意是在哪个测量基面上的斜度。例如，楔形镶条截面为两个短边与两个长边组成的平行四边形，设计斜度往往指以短边为基面的斜度 K，那么在镶条厚度方向的斜度应为 $K\sin\alpha$，其中 α 为燕尾角，通常 $\alpha=55°$或 $60°$。

图 8-5a 所示为单向调节楔形镶条的方法。该方法是通过调解螺钉 1 的凸缘带动楔形镶条 2 移动来调节导轨副间隙。楔形镶条上的沟槽在配刮（或配磨）后确定加工位置。这种调整方法的缺点是楔形镶条在运动时容易窜动。

图 8-5b 所示为双向调节楔形镶条的方法。该方法由于楔形镶条两端同时调节并互相顶紧，故可防止楔形镶条在运动时窜动。

图 8-5c 所示为单向调节楔形镶条的方法。该方法是通过螺钉 6 和 7 以及销轴 9 来调整楔形镶条 8。在楔形镶条配刮（或配磨）完成后再加工楔形镶条 8 与销轴 9 配合的圆孔。

有时滑动导轨副移动完成后需要利用镶条夹紧。夹紧方式有自动和手动两种方式。图 8-6 和图 8-7 所示为镶条夹紧机构（其中图 8-6 所示为 C5112A 型立式车床横梁镶条夹紧机构的调整图，图 8-7 所示为 X63WT 型铣床升降台镶条夹紧结构图）。

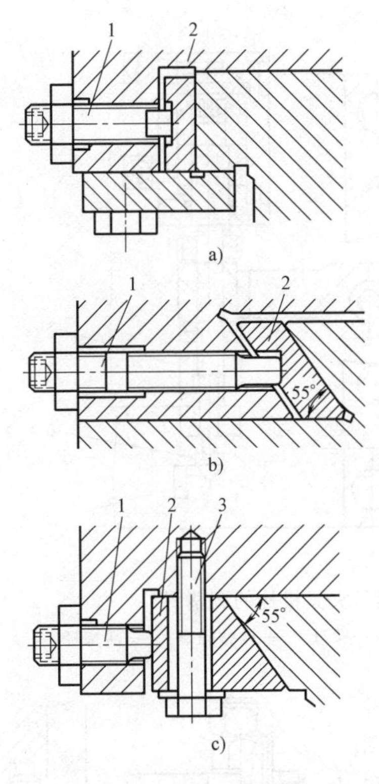

图 8-4 用平镶条调整导轨副间隙示意图

a）矩形平镶条 b）平行四边形平镶条

c）梯形平镶条

1、3—螺钉 2—镶条

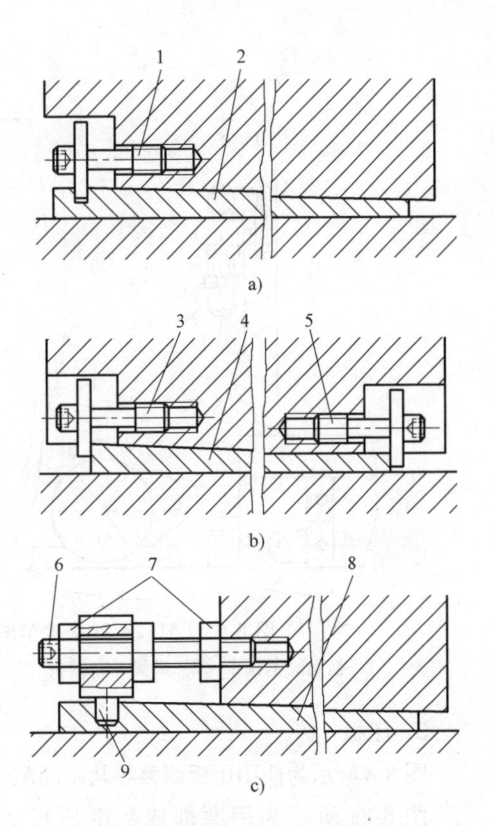

图 8-5 用楔形镶条调整导轨副间隙示意图

a）、c）单向调节楔形镶条 b）双向调节楔形镶条

1、3、5、6—螺钉 2、4、8—楔形镶条

7—螺母 9—销轴

如图 8-6 所示，横梁可沿立柱导轨升降，在不需升降时由液压缸通过杠杆使横梁牢固地夹紧在立柱上。横梁与立柱的滑动间隙由横梁导向镶条 2 通过螺母 4 来调整。横梁的夹紧由横梁夹紧镶条 1 来完成。当按下升降按钮时，管路Ⅰ进油，管路Ⅱ出油，活塞向下运动，带动杠杆顺时针转动，杠杆上的扇形齿轮带动横梁夹紧镶条 1 上的齿条向上移动，使镶条放松，此时开关被压合，横梁可自由升降。当松开升降按钮时，升降停止，活塞反向运动，开关被松开，杠杆使横梁夹紧镶条 1 将横梁楔紧在立柱上。横梁夹紧镶条的放松位置可利用调整螺母 5 来调整。

X63WT 型铣床的升降、横向和纵向导轨均用楔形镶条来调整间隙，其结构如图 8-7 所示。当需调整间隙时，松开上方的螺母，用螺钉旋具拧动螺钉即可调整间隙，调整完后再将螺母拧紧（螺母将小柱销压入螺钉凸缘的坑中，实现定位）。当需锁紧时，只要旋转带六方的螺塞推动楔形镶条便可使导轨楔紧。当螺塞返回时，因螺钉有凸缘定位，故仍能恢复到原来位置，不需再行调整。

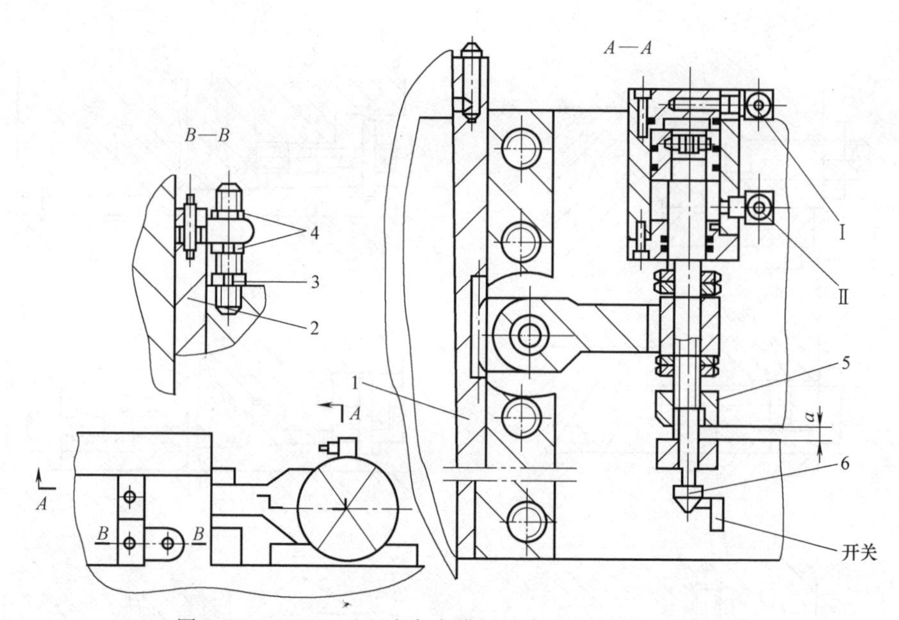

图 8-6　C5112A 型立式车床横梁镶条夹紧机构的调整图

1—横梁夹紧镶条　2—横梁导向镶条　3—螺钉　4—螺母　5—调整螺母　6—活塞杆

3. 压板

图 8-8 所示为使用压板调整导轨副间隙的示意图。

图 8-8a 所示为用磨削或刮削压板 3 的 e 和 d 面来调整间隙。加工前应根据间隙大小及压板的磨损情况确定 e 与 d 面的高度差。

图 8-8b 所示为用改变垫片 4 厚度的方法来调节间隙。这种结构比图 8-8a 所示结构的刚度略差。

图 8-8c 所示为用压板与导轨间的平镶条 5 来调节间隙。这种结构比图 8-8a、b 所示结构的刚度差，多用于受力不大的场合。

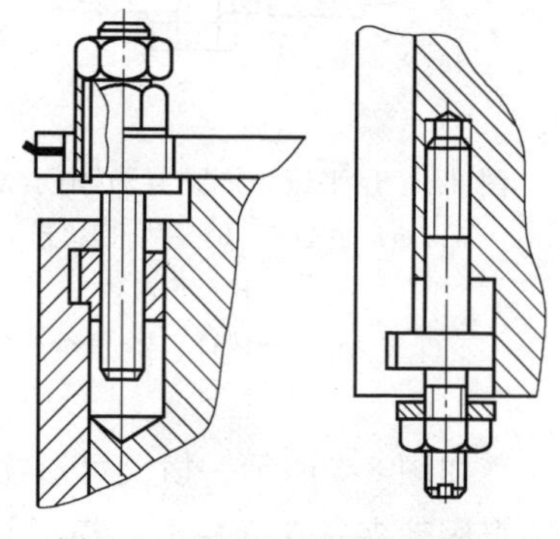

图 8-7　X63WT 型铣床升降台镶条夹紧结构

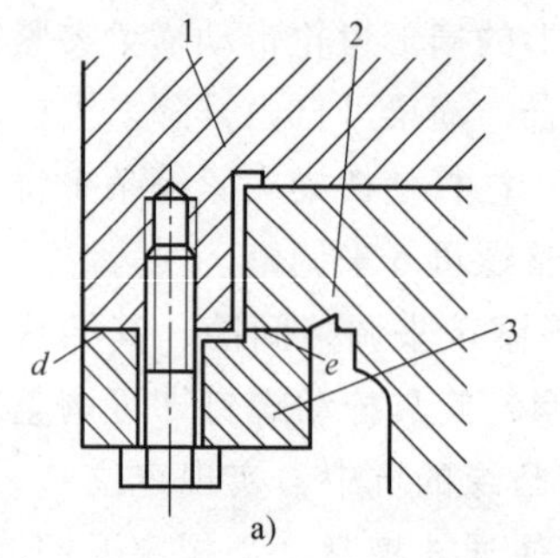

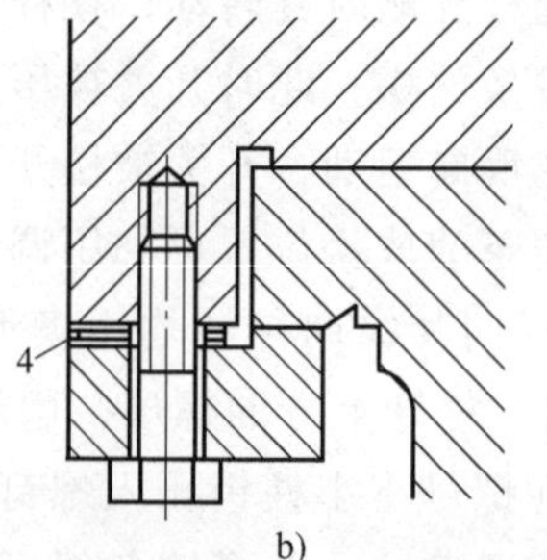

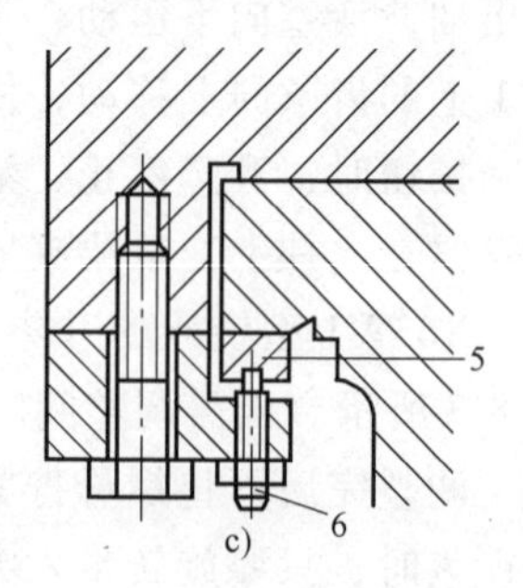

图 8-8　使用压板调整导轨副间隙示意图

1—床鞍（或溜板）　2—床身　3—压板　4—垫片　5—平镶条　6—调节螺钉

第三节　动压导轨的结构与调整

动压导轨的工作原理与动压轴承的相同。形成油楔的条件：有若干个沿运动方向逐渐收缩的油囊；支承导轨与动导轨有足够的相对运动速度；供给一定黏度的润滑液。

现以C512型立式车床工作台动压导轨为例，说明其润滑工作原理。如图8-9所示，该机床油囊在支承导轨环形平导轨上，共8个。在环形平导轨上沿径向方向均布8个深0.8mm的沟槽，槽端距平导轨边缘15mm，沟槽通过孔道与进油管路连通。每个油囊的斜面经刮削加工而成，在130mm长度上由0.8mm逐渐变浅刮成一个楔形面，8个楔形面的方向相同。动导轨（工作台）只能沿逐渐收缩的方向转动，如果需要在两个方向旋转，则应在沟槽的两侧都开楔形面。

供油系统由专门的齿轮泵7供油，经片式过滤器6、调压阀4和节流阀1进入环形供油管路，然后分配给每个油囊；回油路经回油通道后进入分配器3，以润滑其他部件。

油楔的压力由工作台的旋转形成，所以液压泵的供油压力不宜过高，0.1~0.2MPa就可以了。如果油压过大，工作台会浮起，影响工作台的刚度。

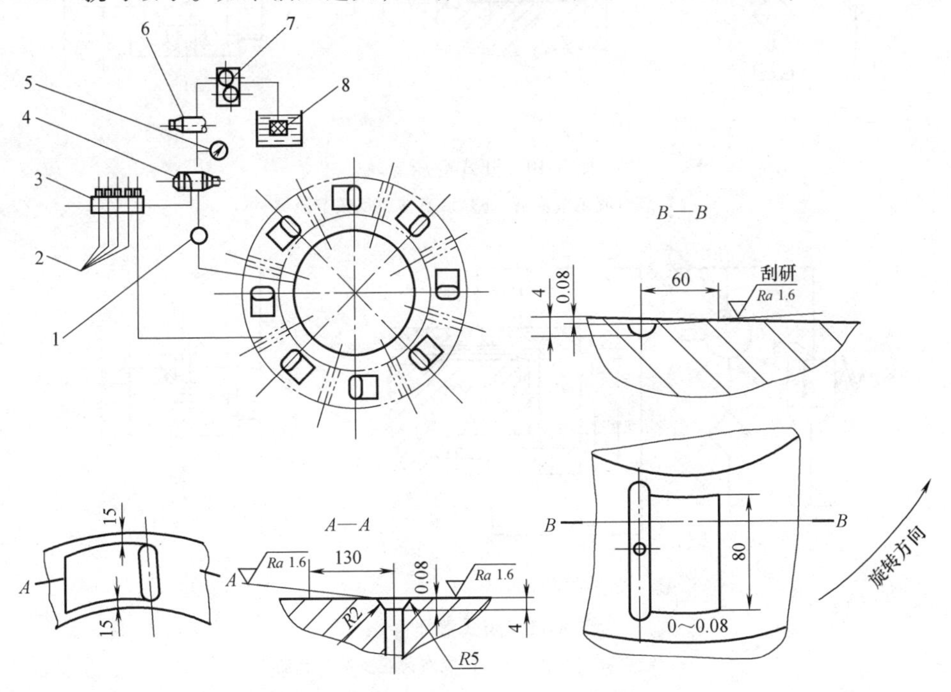

图8-9　C512型立式车床工作台导轨润滑示意图

1—节流阀　2—润滑其他部位的支管　3—分配器　4—调压阀
5—压力表　6—片式过滤器　7—齿轮泵　8—网式过滤器

第四节 静压导轨的结构与调整

静压导轨是在支承导轨和动导轨间强制形成压力油膜。当负载增大时，油膜压力也随之增大，具有足够的油膜刚度。

静压导轨副是一种完全液体摩擦的导轨，有很低的摩擦因数，导轨没有磨损，具有导轨低速运动时无爬行、精度稳定、吸振性好及降低传动功率等优点，但是由于结构比较复杂，需要一套专用的液压站，所以只有在要求较高的导轨上应用。

一、静压导轨的工作原理

静压导轨分为开式和闭式两种。图 8-10 所示为开式静压导轨示意图，图 8-11 所示为闭式静压导轨示意图。静压导轨的节流器常用的有毛细管固定节流器和薄膜反馈节流器两种。

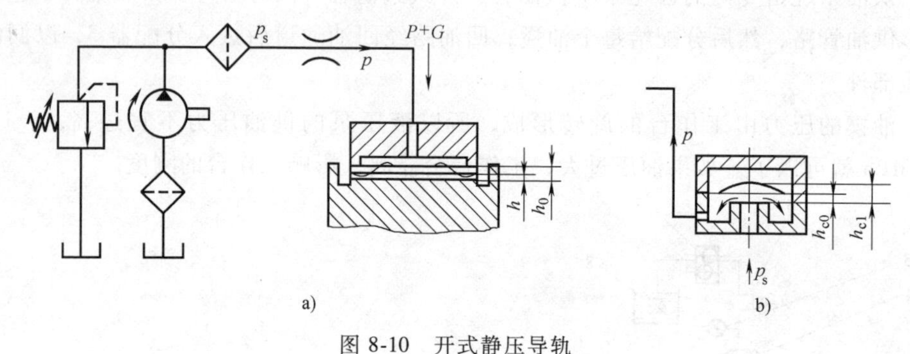

图 8-10 开式静压导轨

a）装有固定节流器 b）装有薄膜反馈节流器

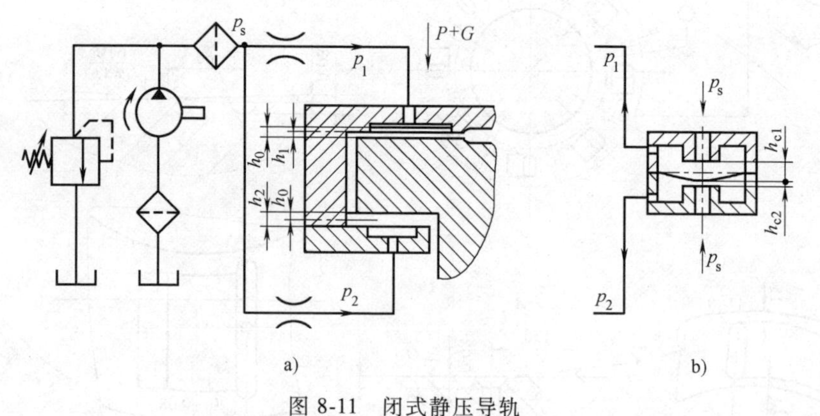

图 8-11 闭式静压导轨

a）装有固定节流器 b）装有薄膜反馈节流器

静压导轨的工作原理和静压轴承的相同。在图 8-10 中，油腔在动导轨上，当动导轨受到向下的力 W 后（$W=P+G$，其中 P 为负载，G 为重力），油膜厚度从 h_0

变成 h，导轨的液阻增大，流量减小，而通过节流器的流量与 p_s-p_i 的差值成正比（p_s为进油压力，p_i为油腔压力）。此时供油压力不变，由于流量的减小而使 p_i 值增大，因而形成与力 W 方向相反的抗力，动导轨有了新的平衡。

不妨用数学模型说明其工作原理。设节流器的液阻为 R，导轨缝隙的液阻为 R_1，通过节流器的流量 $Q=\frac{p_s-p}{R}$，通过导轨缝隙的流量 $Q_1=\frac{p}{R_1}$。

根据流量连续原理 $Q=Q_1$，有$\frac{p_s-p}{R}=\frac{p}{R_1}$，整理后得 $p=\frac{1}{1+\frac{R}{R_1}}p_s$。

结论：当动导轨受载荷 W 时，引起导轨缝隙减小，从而 R_1 增大，p 值增大，以抵抗载荷 W，形成新的平衡。

在图 8-11 中，如果给动导轨加一载荷 W（$W=P+G$），此时上导轨间隙由 h_0 变成 h_1，下导轨间隙 h_0 变成 h_2（h_0 为不受载荷时的原始间隙）。由于 h_1 变小，h_2 变大，所以经缝隙的流量 $Q_1<Q_2$，因而 $p_1>p_2$，形成向上的抗力，以抵抗载荷 W。设加载 W 后上腔的液阻为 R_1，下腔的液阻为 R_2，无载荷时上下腔的液阻为 R_0，显然 $R_1>R_0>R_2$。设固定节流器的液阻为 R，可以得到 $p_1=\frac{1}{1+\frac{R}{R_1}}p_s$，$p_2=\frac{1}{1+\frac{R}{R_2}}p_s$，因而得 $p_1>p_2$，由此形成抵抗载荷 W 的升力。

如果采用薄膜节流器，由于薄膜的反馈作用，故使 p_1 与 p_2 的差进一步增大，如图 8-11b 所示，因此提高了导轨的油膜刚度。

二、导轨油腔的结构与油膜厚度

静压导轨的油腔开在动导轨面上，以防外漏。每条导轨的油腔数目不少于两个，动导轨长度在 2m 以内时开 2～4 个油腔，在 2m 以上时每隔 0.5m 开一个油腔。图 8-12 所示为静压导轨油腔的形状。其中Ⅱ型和Ⅳ型应用较多。

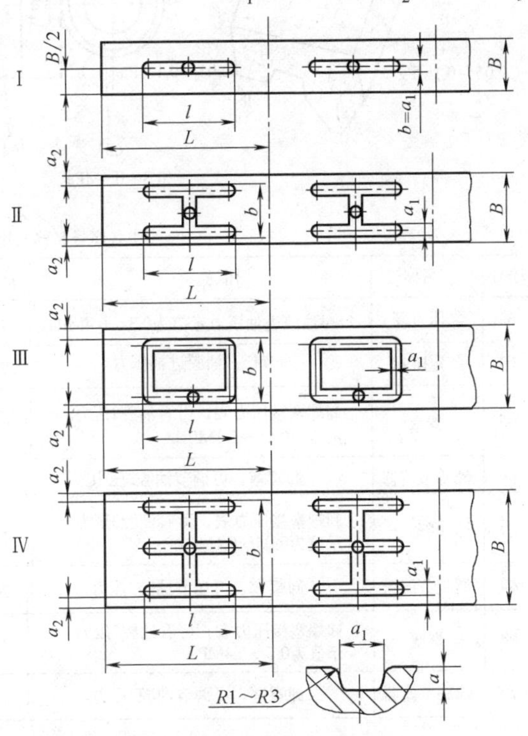

图 8-12　静压导轨的油腔

油膜厚度越大，则刚度越差，导轨容易出现漂移；油膜厚度越小，刚度就越高，但是最小油膜厚度受导轨精度、表面粗糙度及部件刚度的限制，否则就不能实现纯液体摩擦，所以油膜厚度又不能过小。一般取 h 在 0.010~0.025mm 之间；大型机床取 h=0.03~0.06mm。用百分表检测动导轨在液压泵开启前后的表针读数差，即为油膜厚度。在不同位置上测量的油膜厚度要基本保持一致。

三、静压导轨的应用实例

图 8-13 所示为 MB1620 型半自动端面外圆磨床砂轮架静压导轨及压力调整示意图。

压力表㉒显示 V 形导轨 5、6 油腔的进油压力（螺旋管节流器之前的压力），也就是液压泵经过滤器后的压力，其压力值为 1.0MPa 左右。

压力表⑥③显示平导轨 1、2 油腔及 V 形导轨 3、4 油腔的进油压力（节流器之前的压力），它是由定压阀（减压阀）⑥④调节，其调整压力为 0.3~0.4MPa。

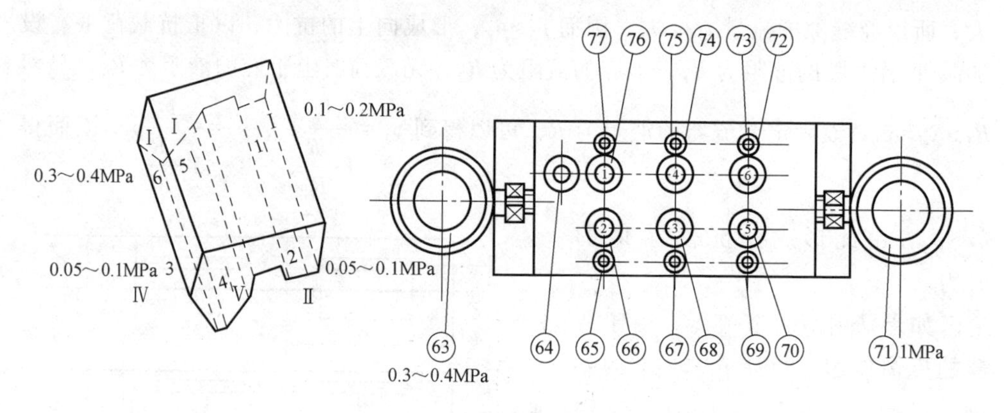

图中各序号名称及用途

序号	名称	用途	序号	名称	用途
63	压力表	1～4油腔进油压力示值为0.3～0.4MPa	71	压力表	静压导轨接进油压力要求1MPa
64	定压阀	调节1～4油腔进油压力	72	螺旋节流器	卸螺塞，可调节油腔6压力
65	螺塞	卸螺塞接压力表，可看油腔2压力示值为0.05～0.1MPa	73	螺塞	卸螺塞接压力表，可看油腔6压力示值为0.3～0.4MPa
66	螺旋节流器	卸螺塞，可调节油腔2压力	74	螺旋节流器	卸螺塞，可调节油腔4压力
67	螺塞	卸螺塞接压力表，可看油腔3压力示值为0.05～0.1MPa	75	螺塞	卸螺塞接压力表，可看油腔4压力示值为0.05～0.1MPa
68	螺旋节流器	卸螺塞，可调节油腔3压力	76	螺旋节流器	卸螺塞，可调节油腔1压力
69	螺塞	卸螺塞接压力表，可看油腔5压力示值为0.3～0.4MPa	77	螺塞	卸螺塞接压力表，可看油腔1压力示值为0.3～0.4MPa
70	螺旋节流器	卸螺塞，可调节油腔5压力			

图 8-13　MB1620 型半自动端面外圆磨床砂轮架静压导轨及压力调整示意图

各油腔中的压力由各自油腔的螺旋管（毛细管）节流器调整，卸下节流器对应的压力表螺塞，装上压力表就可显示该油腔中的压力。

油腔1的压力调整值为0.1~0.2MPa，油腔2~4的压力调整为0.05~0.1MPa，油腔5、6的压力调整为0.3~0.4MPa。

第五节　滚动导轨的结构与调整

滚动导轨可以通过滚珠、滚柱、滚针等滚动体将支承导轨与动导轨隔离，将两导轨间滑动摩擦转变为滚动摩擦。其优点是：因滚动导轨的移动摩擦因数小，所以运动灵活；动、静摩擦因数相近，不易产生爬行；可以预紧做无间隙滚动，从而提高刚度；由于滚动导轨已成为通用件，由专业厂家制造，因而精度高；几乎可以做到无维修，润滑简便。它的缺点是：抗冲击吸振性差；对灰尘、碎屑较敏感，需要有良好的防护。

一、直线滚动导轨的结构

直线滚动导轨由导轨体、滑块滚柱或滚珠、保持器、端盖等组成。当滑块与导轨体相对移动时，滚动体在导轨体和滑块之间的圆弧支承槽内滚动，并通过端盖内的滚动从工作负荷区转到非工作负荷区，然后又滚动回到工作负荷区，不断循环，从而把导轨体和滑块之间的移动变成滚动体的滚动。为防止灰尘和脏物进入导轨滚道，滑块两端及下部均装有塑料密封垫，滑块上还有润滑油杯。

直线滚动导轨副如图8-14所示。它由4列滚珠、保持器、支承块及导轨等组成，4列滚珠分别配置在导轨的两个肩部，可以承受上下左右各方向的载荷，也就是可承受颠覆力矩和侧向力。

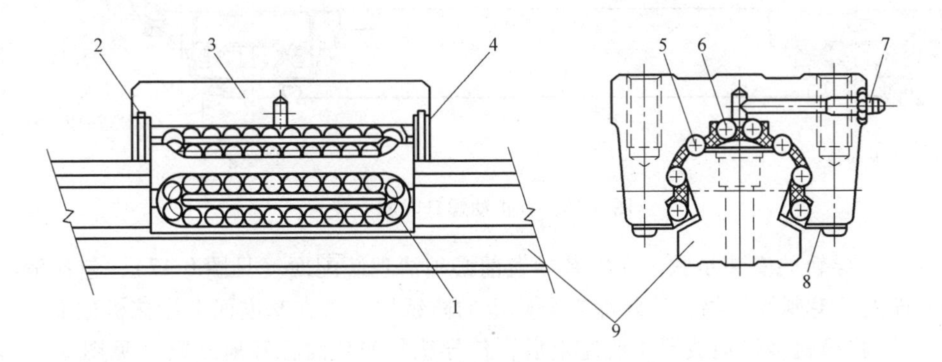

图8-14　直线滚动导轨副

1—保持器　2—压紧圈　3—支承块　4—密封板　5—承载钢珠列
6—反向钢珠列　7—加油嘴　8—侧板　9—导轨

现在不少数控机床采用滚动导轨支承块，并将其做成独立的标准部件。其结构如图 8-15 所示，它由防护板 1、端盖 2、滚柱 3、导向片 4、保持器 5 和本体 6 等组成。使用时，用螺钉将滚动导轨块固定在导轨上面，当运动部件移动时，滚柱 3 与导轨面不接触而绕本体 6 循环滚动。滚动导轨块通常固定在动导轨上，此时动导轨不需淬硬磨光。

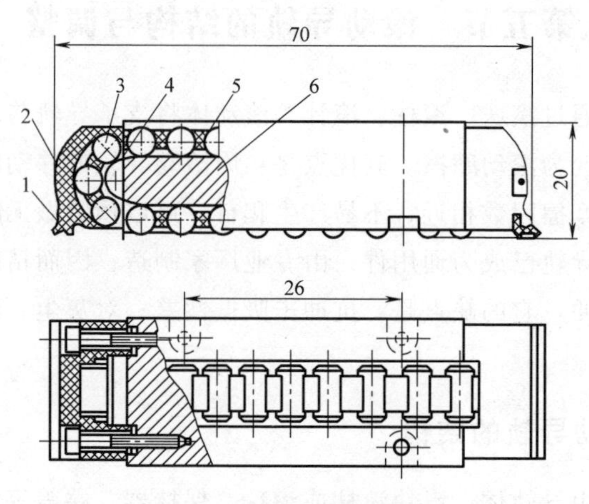

图 8-15　滚动导轨支承块

1—防护板　2—端盖　3—滚柱　4—导向片

5—保持器　6—本体

二、滚动导轨的安装

1. 有止动螺钉时的安装（见图 8-16）

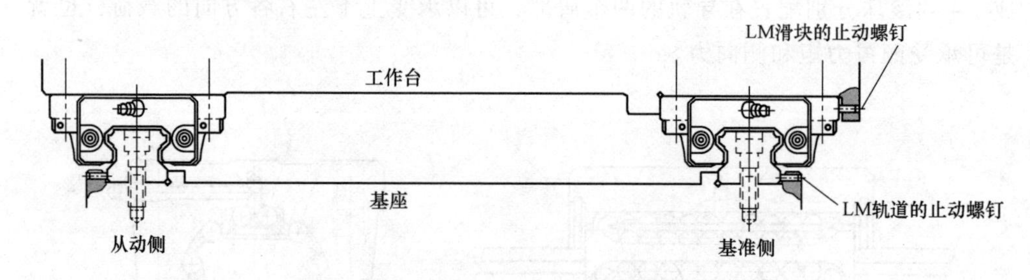

图 8-16　有止动螺钉时的安装

（1）导轨的安装步骤　在安装导轨前必须清理装配面（见图 8-17），包括清除安装面上的毛刺及污物，清除涂在导轨上的防锈油，并在基准面上涂抹机械油。

1）将导轨轻轻地放置于底座上后，使导轨与安装面轻轻地靠紧（见图 8-18）。此时要检查安装孔与螺纹孔是否吻合，若不吻合应修复，硬性装入会降低导轨精度。

2）按顺序将导轨的止动螺钉拧紧，使导轨靠紧横向安装面（见图 8-19）。

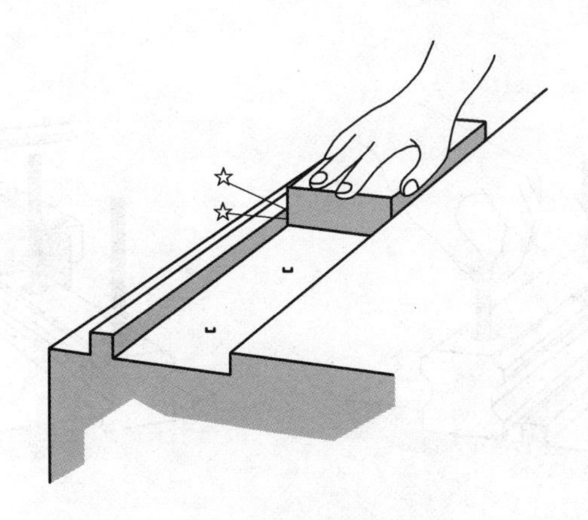

图 8-17　清理装配面

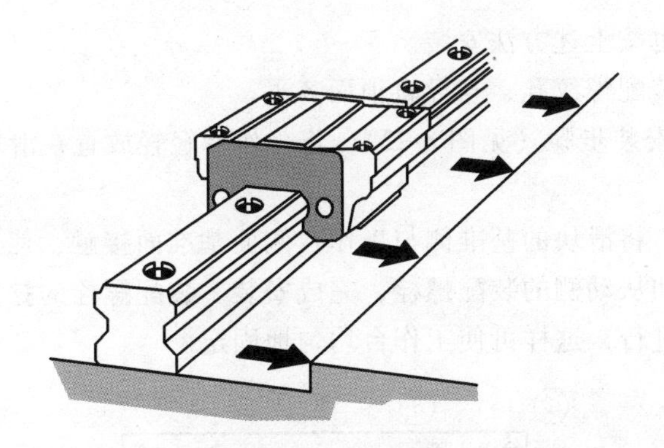

图 8-18　使导轨与安装面轻轻地靠紧

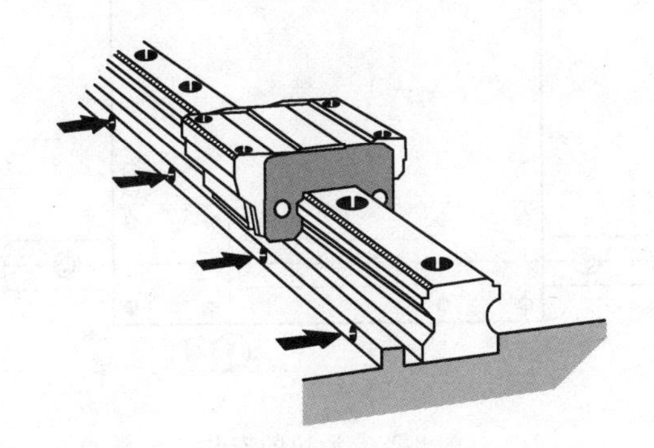

图 8-19　使导轨靠紧横向安装面

3）使用扭力扳手将装配螺栓按规定的力矩拧紧，拧紧的顺序是从中间向两侧依次拧紧，这样可获得稳定的精度（见图 8-20 和图 8-21）。

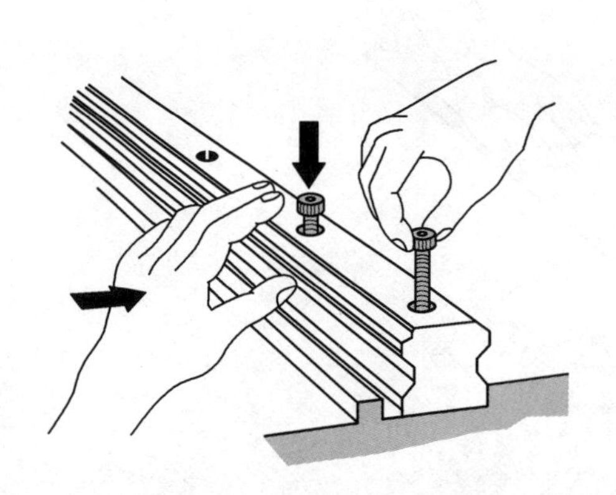

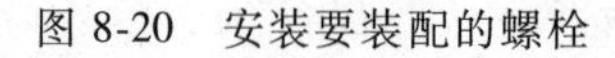

图 8-20　安装要装配的螺栓

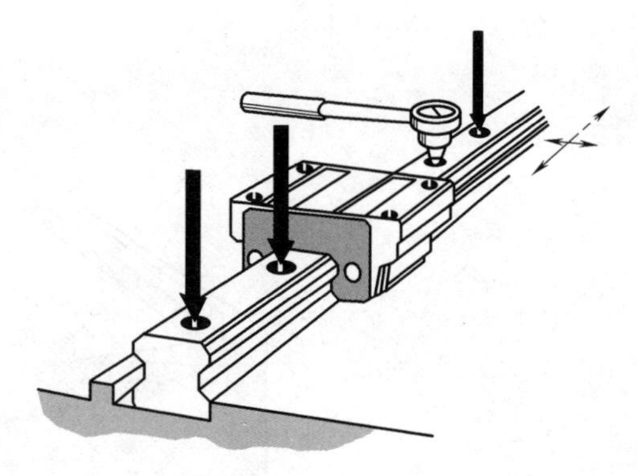

图 8-21　将要装配的螺栓从中间向两侧依次拧紧

其余的导轨也按上述方法安装。

将孔盖打入装配螺纹孔，与导轨顶面齐平。

（2）滑块的安装步骤（见图 8-22）　将工作台轻轻放置在滑块上，不完全锁紧安装螺栓。

通过止动螺钉将滑块的基准侧与工作台侧面基准面接触，使工作台定位。

锁紧基准侧和从动侧的装配螺栓，完成安装。装配螺栓的拧紧顺序按①→②→③→④→⑤→⑥进行，这样可使工作台均匀地固定。

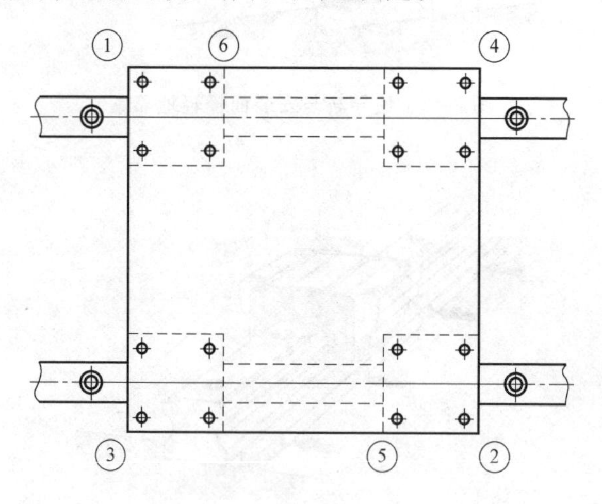

图 8-22　滑块的安装

2. 导轨无止动螺钉时的安装（见图 8-23）

（1）基准侧导轨的安装（见图 8-24）　将装配螺栓稍微拧紧后，用台虎钳将轨道侧面与侧向基面靠紧，然后按顺序依次拧紧固定螺栓。

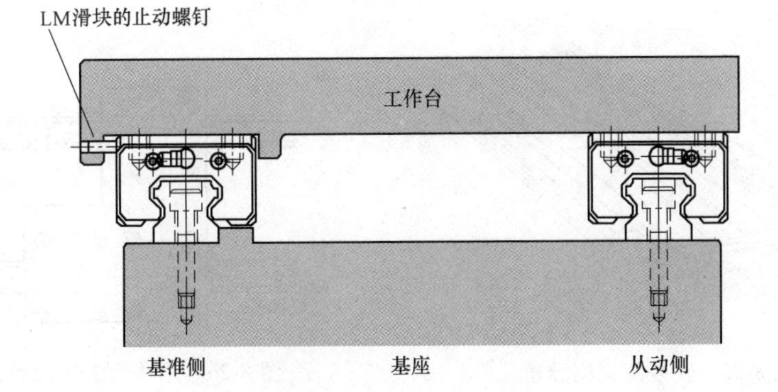

图 8-23　导轨无止动螺钉时的安装

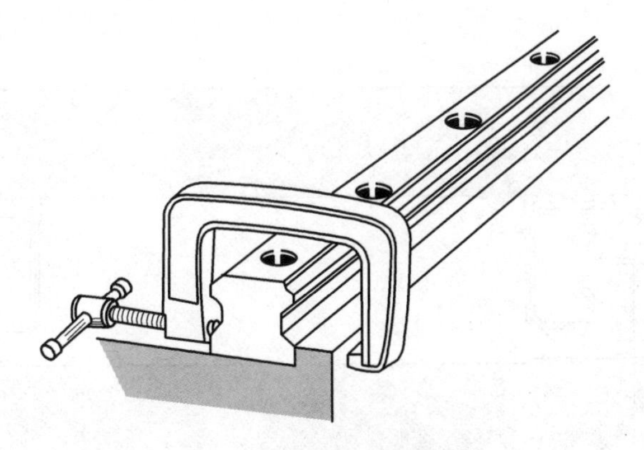

图 8-24　基准侧导轨的安装

（2）从动侧导轨的安装　基准侧导轨安装完成后，采用直尺测量法安装从动侧导轨（见图 8-25），以保证两导轨平行。将放在两导轨之间的标准直尺通过千分表调整到与基准侧导轨横向基准面平行，然后以直尺为基准，通过千分表调整从动侧导轨的直线度，从端部按顺序将装配螺栓固定。

也可以用移动工作台的方法安装从动侧导轨（见图 8-26）。将基准侧的两个滑块固定在工作台上（如果不方便，可做一比较轻便的临时工作台），而将从动侧导导轨与一个滑块稍微拧紧在工作台上。将千分表固定于工作台上，使千分表测头与从动侧导轨滑块侧面接触，工作台从一端移动到另一端，边移动边调整从动侧导轨边紧固螺栓，直至从动侧导轨与基准侧导轨平行。

3. 基准侧轨道无横向基准面的安装（见图 8-27）

利用临时基准面的方法（见图 8-28），使用底座上轨道安装部附近所设的基准面，从轴端开始进行轨道直线度的调节。

也可以采用标准直尺法（见图 8-29），将装配螺栓稍微拧紧后，以直尺为基准，从轨道一端开始，通过千分表，一边调整轨道侧面基准面的直线度，一边将螺栓全拧紧。

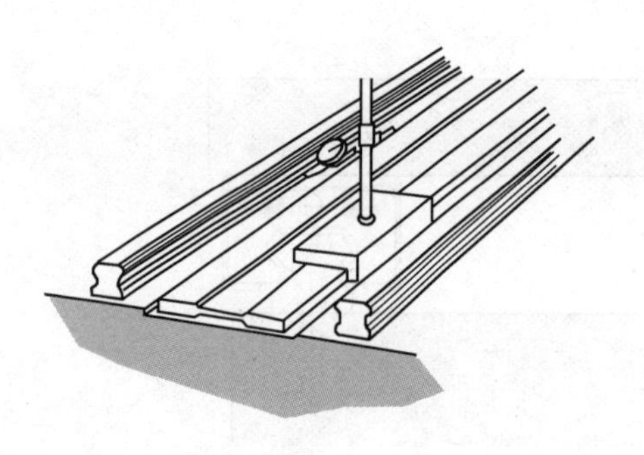

图 8-25 安装从动侧导轨

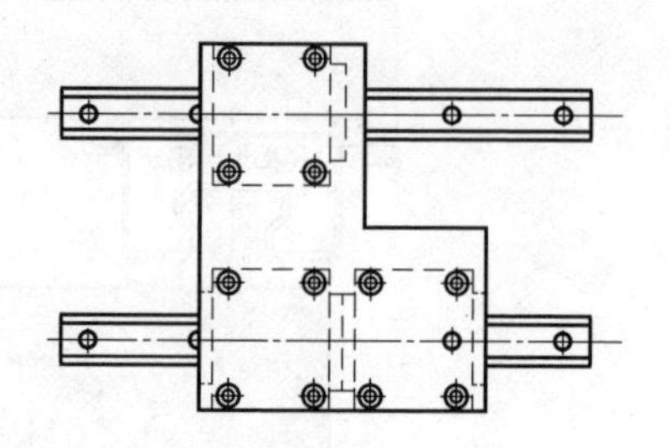

图 8-26 用移动工作台的方法安装从动侧导轨

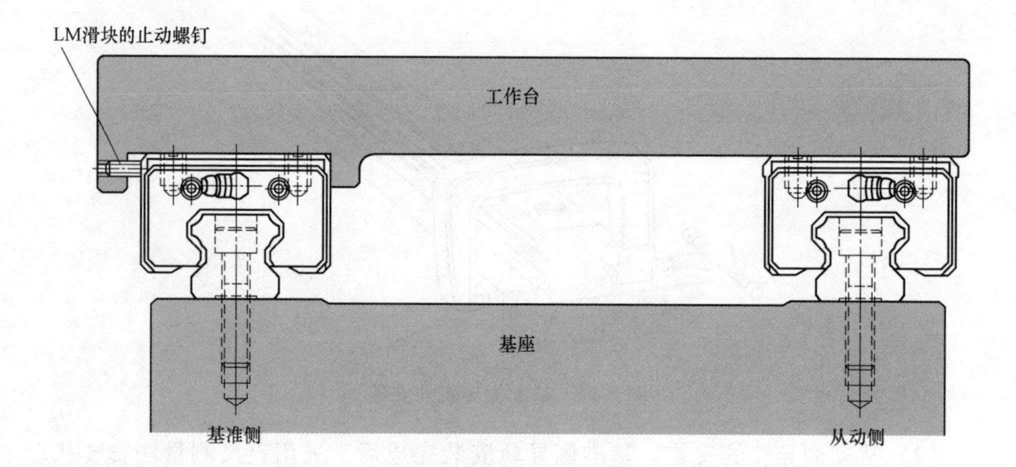

图 8-27 基准侧轨道无横向基准面的安装

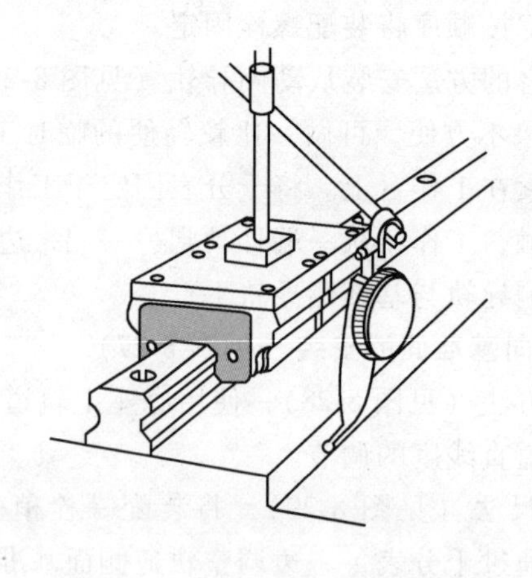

图 8-28 利用临时基准面的方法

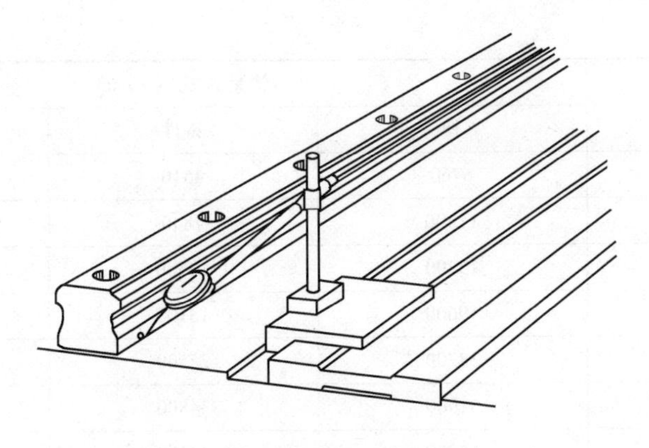

图 8-29　采用标准直尺法

从动侧导轨的安装方法同上。

三、导轨安装后的精度测量方法

滚动导轨的精度测量方法与滑动导轨的相同，在下一节将详细介绍。

单轴运行精度的测量方法如图 8-30 所示。将一个导轨上的滑块固定靠紧在检查用的平板上。可用直尺借助于千分表测量导轨在水平和垂直两个方向上的直线度，（见图 8-30a），也可用自动准直仪测量导轨在水平和垂直方向上的直线度，如图 8-30b 所示。

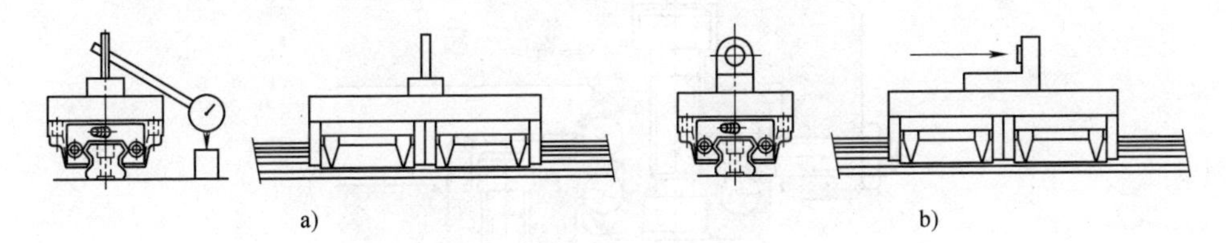

图 8-30　单轴运行精度的测量方法

a）使用千分表的测量方法　b）使用自动准直仪的测量方法

四、内六角螺栓用于安装导轨时的锁紧力矩（见表 8-4）

表 8-4　内六角螺栓用于安装导轨时的锁紧力矩

螺栓公称直径	锁紧力矩/N · cm		
	铁	铸件	铝材
M3	196	127	98
M4	412	274	206
M5	882	588	441
M6	1370	921	686
M8	3040	2010	1470

（续）

螺栓公称直径	锁紧力矩/N·cm		
	铁	铸件	铝材
M10	6760	4510	3330
M12	11800	7840	5880
M14	15700	10500	7840
M16	19600	13100	9800
M20	38200	25500	19100
M22	51900	34800	26000
M24	65700	44100	32800
M30	130000	87200	65200

五、滚动导轨的预紧

没有预紧装置的滚动导轨是靠加大滚珠或滚柱直径进行预紧的，支承导轨与滑块配对提供，无需维修人员调整。

有预紧装置的滚动导轨，调节预紧的方法如下：

1）使用调节螺栓。用调节螺栓紧压滑块进行预紧，如图 8-31 所示。

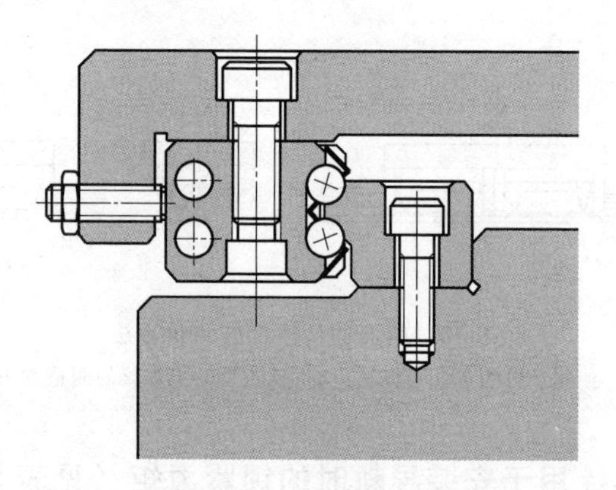

图 8-31　使用调节螺栓

2）使用楔铁。使用楔铁（见图 8-32）比用调节螺栓更为稳定，刚度更高。

3）使用偏心销调节预压，如图 8-33 所示。

六、滚动导轨的维护

1. 导轨的润滑

滚动导轨的润滑剂有润滑脂和润滑油。数控机床多采用自动润滑，用容积式或递进式集中润滑方式，详见第七章。

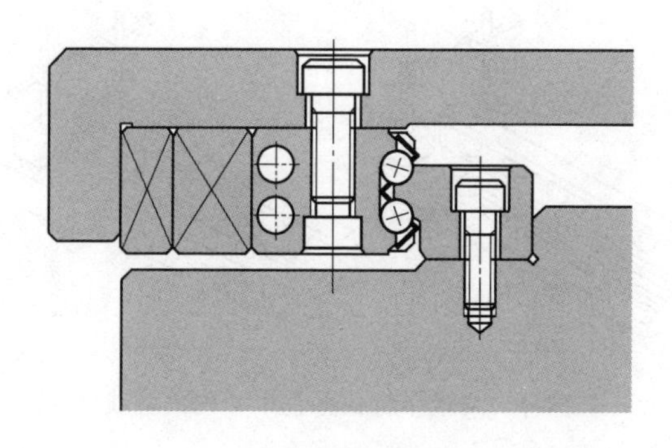

图 8-32　使用楔铁

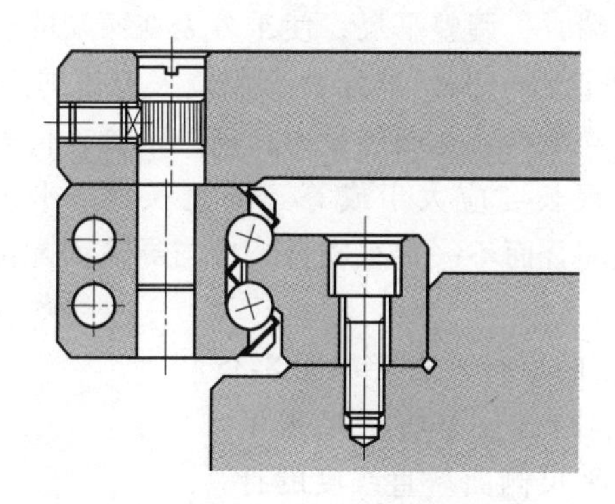

图 8-33　使用偏心销

2. 导轨的防护

滚动导轨对铁屑、微粒尘埃的敏感性很强，除滑块自身有防护装置外，对整个导轨副也要有专用的防护装置，一般有防护板式、刮板式、卷帘式和叠层式防护罩。滚动导轨在使用过程中应该防止损坏，防止铁屑堆积其上，一旦损坏应及时修理或更换。

第六节　导轨的检验

导轨的形状和位置精度直接影响机床的加工精度。导轨精度包括导轨的直线度、导轨间的平行度、导轨间的垂直度、单导轨的扭曲及导轨与传动基准轴线的平行度、垂直度等。

一、导轨直线度的检验方法

1. 平尺结合千分表比较法

1）垂直平面内直线度的检验方法（见图 8-34）。

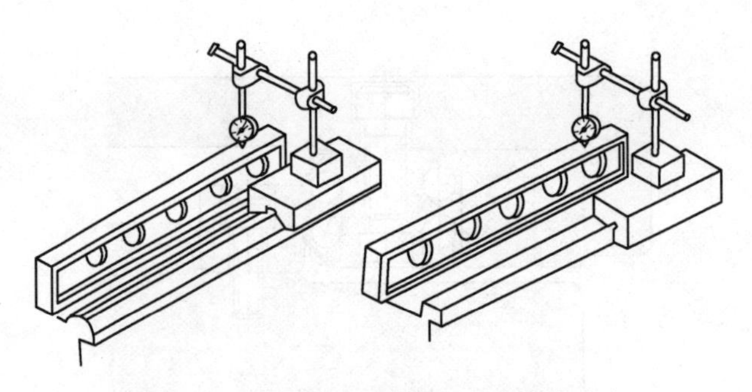

图 8-34　测量导轨在垂直平面内的直线度

将平尺工作面放成水平，置于被检导轨旁（越近越好），在导轨上放一配刮好的垫铁（即角度规，长度≥200mm），将千分表架固定于垫铁上，千分表测头抵在平尺上。垫铁在导轨两端时，调整平尺，使千分表在两端的读数相等，然后移动垫铁，每 200mm 读千分表读数一次，千分表读数最大差值即为导轨全长内直线度误差。根据测量的数据可判断导轨是凸还是凹，何处最高，何处最低。

要注意的是：①平尺长度应大于或等于导轨长度，平尺精度不应低于 6 级；②新购置的垫铁与导轨配合面不一定很吻合，应与导轨面配刮后使用；③滚动导轨可用滑块代替垫铁。

2）水平面内直线度的检验方法（见图 8-35）。

其测量方法同方法 1），只是将平尺水平放置，千分表测头触在平尺侧面。直线度的计算方法也同方法 1）。

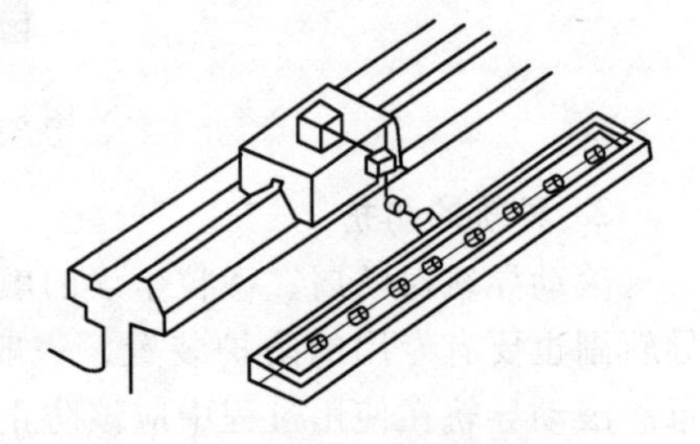

图 8-35　测量导轨在水平面内的直线度

2. 水平仪检验法

水平仪检验导轨直线度十分方便，检验长导轨时更能体现出它的优越性。但其只能检验在垂直面上的直线度。

机床上用的水平仪一般为框式，相邻边互相垂直，边长为 200mm，刻度值为 0.02mm/1000mm，这表示水平仪放在 1000mm 长的平尺上，如果平尺绝对水平，则水平仪气泡在中间，读数为 0；如果将平尺右端垫高 0.02mm，则水平仪气泡向右移动一个格。

为了保持水平仪精度，检验时常将水平仪放在垫铁上（垫铁与导轨滑动面应配刮，接触点均匀分布），垫铁长度为 200mm、250mm、500mm。转化为线值时，水平仪上的每格分别是 0.004mm、0.005mm 和 0.010mm。检验超过 4m 长的导轨时需用 500mm 长的垫铁。滚动导轨用滑块代替垫铁。

在图 8-36 所示的测量方法中，垫铁长 200mm，水平仪放置在垫铁上，每次移动 200mm 测量一次，便可得到导轨的直线度曲线图。可以看出：图 8-36 所示导轨

垂直面上的直线度为 0.004mm，中间凸。

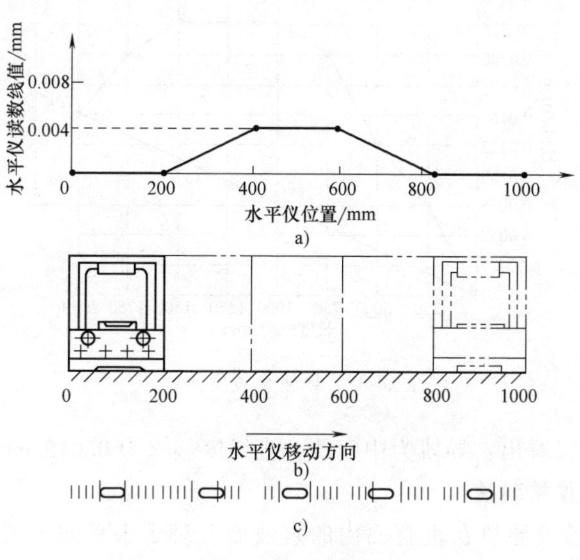

图 8-36　水平仪检测导轨直线度方法

a）直线度曲线图　b）检测过程　c）水平仪读数

水平仪的示值一般为 0.02，它表示气泡偏移一个格，在 1000mm 长度上的高度差为 0.02mm，气泡偏向高的一方。如果水平仪的长度为 250mm，则表示气泡偏移一个格，水平仪两端的高度差为$\frac{0.02}{1000}\times 250\text{mm}=0.005\text{mm}$。检测时通常在水平仪下放一 250mm 长的平行垫铁，与水平仪一起沿导轨纵向移动，每隔 250mm 测定一次。如果气泡移动方向与水平仪移动方向相同，记作“+”，反之为“-”。现以检测 2m 长床身导轨为例说明在垂直面上直线度的检测方法。

先将床身放平，然后从一端开始测量，水平仪每移动 250mm 测定一次，将每次测得的数据记录在表中（见表 8-5）。

表 8-5　测得的数据

位置	1	2	3	4	5	6	7	8
长度分段/mm	0~250	250~500	500~750	750~1000	1000~1250	1250~1500	1500~1750	1750~2000
格数	+1.5	+1	+1.5	+0.5	0	0	-0.5	-1
线值/mm	+0.0075	+0.005	+0.0075	+0.0025	0	0	-0.0025	-0.005

对于表中数据，可以用两种方法处理：一是图像法，二是计算法。这里只介绍图像法。

图像法是指用测得的数据画出图像，其中横坐标为长度分段，纵坐标为线值。用表 8-5 中的数据绘制导轨直线度曲线，结果如图 8-37 所示。

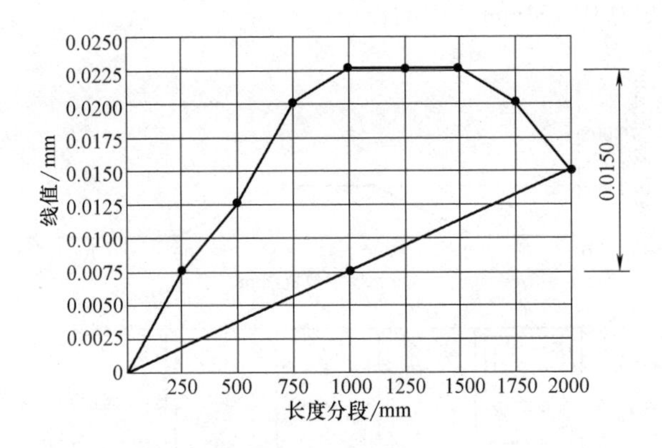

图 8-37　导轨直线度曲线

从图 8-37 可以看出：导轨为中间凸，直线度偏差为 0.015mm。

3. 光学平直仪检验法

水平仪只能检验导轨在垂直面内的直线度，对于水平面内的长导轨（不能超过 10m），直线度的检测常用光学平直仪（见图 8-38）。

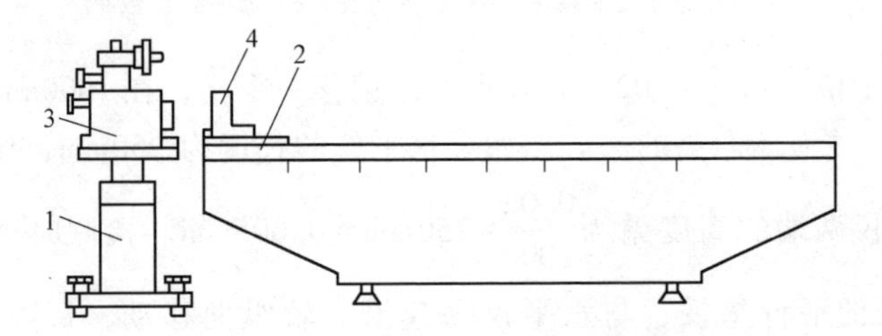

图 8-38　利用光学平直仪测量导轨的直线度

1—支架　2—垫铁　3—光学平直仪　4—反射镜

测量方法如图 8-38 所示，光学平直仪 3 配备一个能升降及调节水平的支架 1，导轨上配制一个安放反射镜 4 的垫铁 2。垫铁长度为 200mm（也可为 250mm、500mm）。支架及其上的光学平直仪放置在床身导轨的一端，调节支架使光学平直仪的镜头基本上平行于被测导轨，与反射镜等高；接通电源，观察目镜，使看到的“十”字图像位于视场中心；然后移动反射镜垫铁至导轨另一端（在移动过程中要防止反射镜在垫铁上移动），看“十”字是否在视场内，若不在应重新调节支架和光学平直仪，使垫铁在导轨两端“十”字图像都全部在视场内为止；而后将反射镜用橡皮泥固定在垫铁上。

将被测导轨按垫铁长度等分若干段并做好记号。将反射镜从导轨的一端向另一端移动。反射镜在第一个检测位置时，观察目镜，调节微调手轮，使可动的黑色基准线对准亮十字线的一边，记下手轮刻度值。顺次向前移动垫铁 200mm，再观察目镜，调整手轮，使黑基准线与十字线重合，记下手轮读数。重复上述步骤，直至

全长导轨测量完毕。再重测一遍，若两次在同一位置测量的数值相差在 2 格以内，可将两次测得的数值的均值作为测量数据；若两次在同一位置测量的数值相差 2 格以上，应重新固定仪器并重新测量。

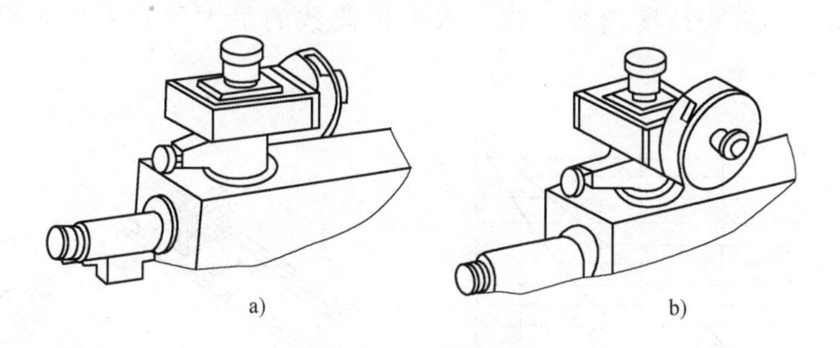

图 8-39　读数目镜的正确位置
a）测量导轨垂直面上的直线度　b）测量导轨水平面上的直线度

在测量导轨垂直面上的直线度时，读数目镜需按图 8-39a 所示位置放置；在测量导轨在水平面上的直线度时，读数目镜需按图 8-39b 所示位置放置（在两个位置上均需用夹紧螺钉固定）。

例如，用光学平直仪及长 200mm 的垫铁测量 2000mm 长导轨水平面上的直线度。测量的两组数据见表 8-6。

表 8-6　测量的两组数据　　（单位：μm）

内容	位置/mm									
	0~200	200~400	400~600	600~800	800~1000	1000~1200	1200~1400	1400~1600	1600~1800	1800~2000
由后向前读数	27.5	30	30.5	33	35.4	38	38	38.5	40.5	43
由前向后读数	28.5	31	31.5	34	36.2	39	40	39.1	41.5	44
平均值	28	30.5	31	33.5	35.8	38.5	39	38.8	41	43.5
减去第一段平均值 28	0	2.5	3	5.5	7.8	10.5	11	10.8	13	15.5
各位置的叠加数	0	2.5	5.5	11	18.8	29.3	40.3	51.1	64.1	79.6

根据表 8-6 中的数据，在坐标纸上逐个画出每个位置的方向线段，就形成了导轨直线度曲线，连接曲线两端的直线与曲线在纵坐标上的最长距离即为直线度偏差，其度量结果为 21μm，如图 8-40 所示。关于导轨弯曲方向的确定，光学平直仪的型号不同，测量结果也不相同。为了解决这个问题，可用平尺结合千分表检验法判断导轨的弯曲方向，如果平尺长度不够，可以只测导轨的一部分，如通过测量图 8-40中的 0~1000mm 内的弯曲方向就可判断全长的弯曲方向。

二、单导轨表面扭曲的检验方法

如图 8-41 所示，V 形导轨用 V 形垫铁，平导轨用平垫铁，水平仪横放在垫铁上，每移动一个垫铁长度读数一次，水平仪读数的最大代数差就是导轨的扭曲偏差。

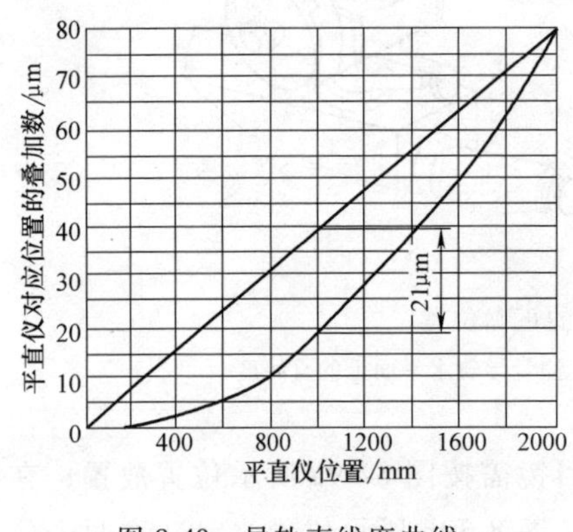

图 8-40　导轨直线度曲线

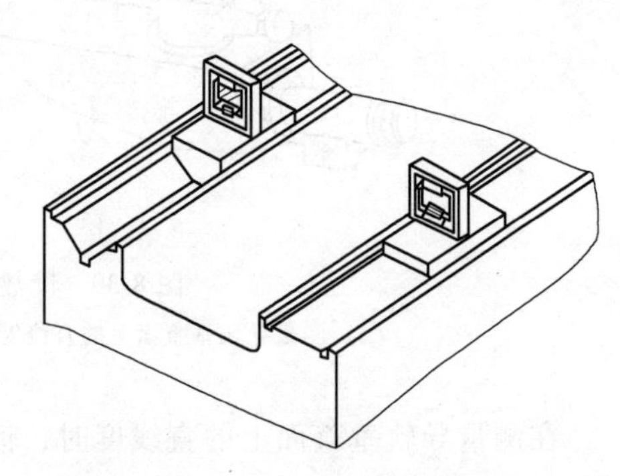

图 8-41　单导轨扭曲的检验

三、导轨平行度的检验方法

1. 千分表检验法

图 8-42 所示为在不同的场合下，用不同的专用垫铁（角度铁）、桥板结合千分表检验导轨与导轨表面的平行度。在导轨全长上千分表读数代数差的最大值即为平行度偏差。

2. 千分尺测量法

如图 8-43 所示，测量导轨前、中、后三个位置，比较三个读数的大小，千分表读数代数差的最大值即为两导轨的平行度偏差。

3. 桥板结合水平仪检验法

测量两条导轨在垂直面内的平行度可用此法。如图 8-44 所示，桥板在导轨上滑动，水平仪放在桥板上，每移动 250mm 或 500mm 计数一次，水平仪每 1m 或导轨全长上读数的最大代数差就是导轨平行度偏差。例如，所用的水平仪刻度值为 0. 02mm/1000mm，某导轨长 2m，测得在 1m 内最大差值为 2 格，在导轨全长上的最大差值为 3 格，则该导轨在 1m 长内垂直面的平行度偏差为 0. 04mm/1000mm，在导轨全长上的平行度偏差为 0. 06mm/1000mm。

四、导轨垂直度的检验方法

1. 方尺（方箱）结合千分表检验法

如图 8-45 所示，在床身导轨上放一方尺，在溜板上固定一千分表，测头触在

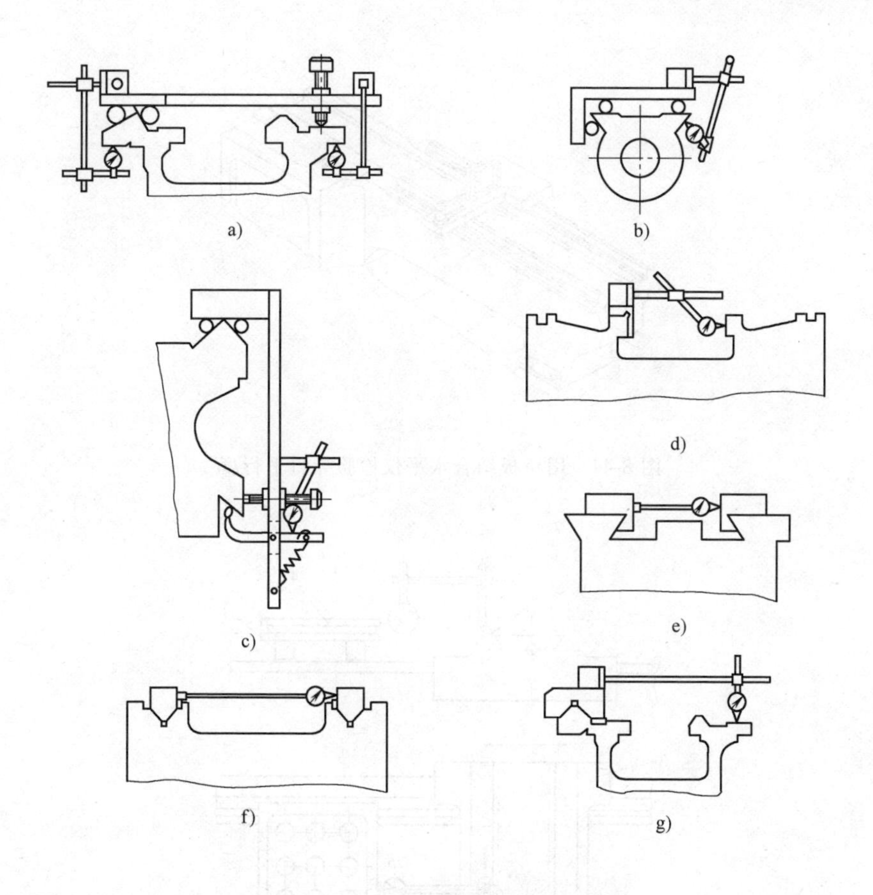

图 8-42　用千分表检验各种导轨平行度

a）车床导轨　b）牛头刨床滑枕导轨　c）横梁导轨　d）矩形导轨　e）燕尾形导轨
f）龙门刨床导轨　g）车床床身导轨

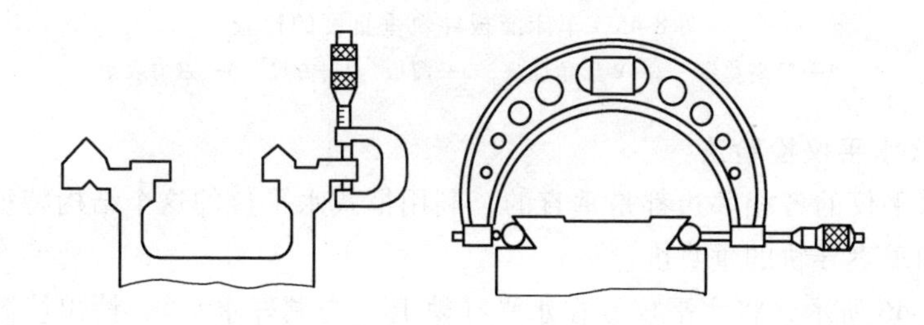

图 8-43　用千分尺测量导轨平行度

方尺 a 面，移动溜板，调整方尺使 a 面与溜板移动方向平行；然后在溜板燕尾形导轨上配一角度与燕尾吻合的角形垫铁，其上固定千分表座，千分表测头触在方尺 b 面上，移动角形垫铁，千分表读数的最大代数差就是横向导轨与床身导轨的垂直度偏差。如果没有方尺，可用框式水平仪卧放替代方尺。

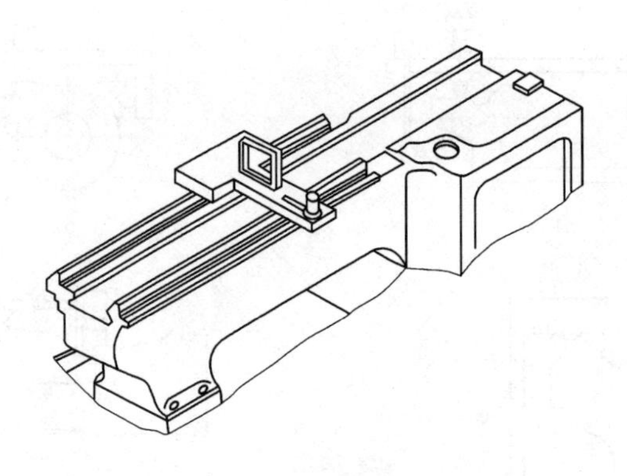

图 8-44　用桥板结合水平仪检验导轨平行度

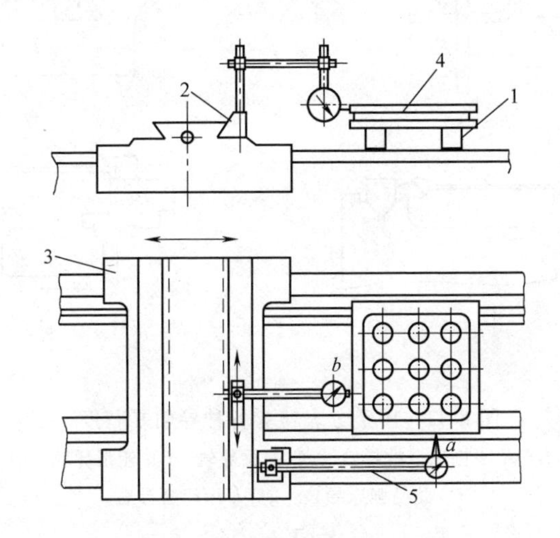

图 8-45　车床溜板导轨垂直度的检查

1—等高垫铁　2—V 形角度规　3—溜板　4—方尺　5—磁力表架

2. 框式水平仪检验法

框式水平仪的各相邻边都是垂直的，利用框式水平仪的这个结构特征便可以检测两个互相垂直导轨的垂直度。

如图 8-46 所示，将水平仪放在水平导轨上（先调好水平），读出读数，然后再将水平仪的侧面靠紧在垂直导轨上，读出读数。两次测得的读数的代数差即为两导轨的垂直度偏差。

五、导轨对轴线垂直度、平行度的检验方法

1. 用回转校表法测量轴线与平面导轨的垂直度

如图 8-47 所示，在主轴锥孔中插入一锥度检验棒（如果锥面不能自锁，应用

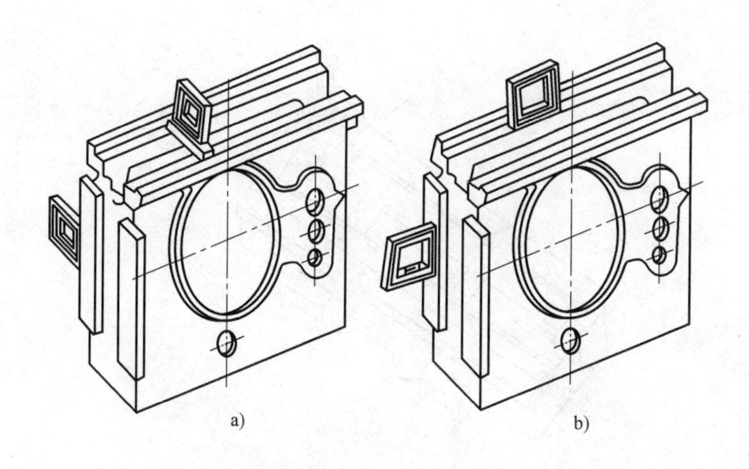

图 8-46　用框式水平仪检验牛头刨床导轨的垂直度
a）在水平导轨上测量　b）在垂直导轨上测量

拉杆拉紧锥柄），将专用千分表架固定在锥度检验棒上，用回转校表法测出轴线与平面导轨的垂直度，千分表读数的最大代数差即为垂直度偏差。在用此法时，必须将主轴轴向和径向跳动调整到最小状态。

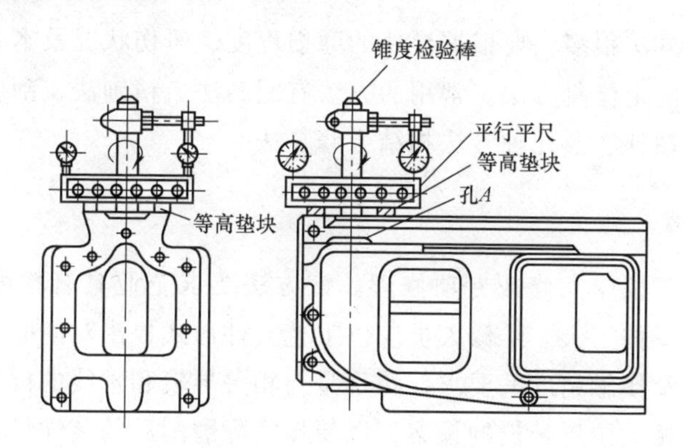

图 8-47　用回转校表法测量轴线与平面导轨的垂直度

2. 用千分表法测量导轨与轴线的平行度

如图 8-48 所示，在检测导轨与传动轴孔（或丝杠孔）轴线的平行度时，将孔中插入芯棒（芯棒与孔配做，无间隙）1 和 3，与导轨配刮的垫铁 2 沿导轨移动，千分表架固定在垫铁上，表头在芯棒的侧母线上随垫铁移动，千分表读数的代数差即为导轨与轴孔侧母线的平行度偏差。表头在芯棒的上母线时，可测得导轨与轴孔上母线的平行度偏差。

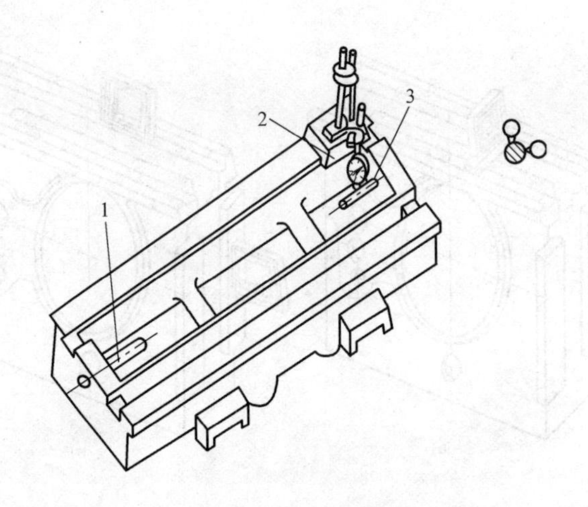

图 8-48　用千分表法测量导轨与轴线平行度

1、3—芯棒　2—垫铁

第七节　导轨的修复

导轨的修复方法很多，要根据导轨的磨损程度、研伤状况及本企业所具备的修复条件综合考虑确定修复方法。常用的方法有配磨法、精刨法、刮研法、塑料粘贴法、钎焊或铁粉粘补法及几种方法相结合修复法。

一、配磨法

配磨法适用于机床大修或专项修理。该方法要求企业具有精度较高的导轨磨床，有较熟练的操作工人。维修人员应以工艺文件形式提出对配磨的支承导轨和动导轨的位置精度及接触精度的要求，特别是与相关导轨和轴线的位置精度要求。维修人员还应制订相关位置补偿的预案，以便按实际磨削后的装配尺寸链的尺寸进行补偿。

二、精刨法

精刨法适用于修理大型导轨。企业需具有精密的龙门刨床。在导轨磨损严重、拉伤较深、面积较大且导轨无淬火的情况下可用精刨的方法修复。采用精刨法修复导轨时，需精刨时的找正基准、精刨表面与相关表面及轴线的位置精度都应保证。

三、刮研法

刮研法适用于机床导轨磨损较轻、无淬火的导轨。采用刮研法修复导轨时，需

边刮研边检验，反复操作多次。刮研是一项精细、劳动强度大的技术活。

四、塑料粘贴法

塑料粘贴法有其独特的优点，如摩擦因数低，静、动摩擦因数相近，可以有效避免爬行，同时可补偿装配尺寸链误差，比金属更易刮削。

常用的塑料是聚四氟乙烯软带，可按需要的厚度和尺寸进行选择。通常将其粘贴在动导轨上。

粘贴工艺要求严格，主要步骤包括：①清理，即清洗需粘贴的导轨表面，用钢刷、清洗剂清除油污，必要时可用切削加工（如磨削、刮削）方法清理；②粘贴，即用配制好的黏结剂进行粘贴，使涂层均匀、厚薄合适；③加压、即按规定重量和时间进行加压、固化；④对研修刮塑料导轨。以上粘贴工艺要严格按照操作规范进行，否则在使用过程中塑料软带有可能脱落。

要注意的是：平导轨与V形导轨所粘贴的软带厚度是不等的，若V形导轨为90°，则平面导轨软带厚度与V形导轨软带厚度比为$\sqrt{2}$。

五、钎焊或铁粉粘补法

当导轨局部有较深的研伤时，需先对该部位进行清理，清除油污，然后用钎焊的方法补焊。焊后可用角磨机打平，再进行刮研。

也可用铁粉加定比的黏结剂将已清理好的拉伤面补平，待固化后再进行修刮。

以上几种修复方法经常联合使用。例如，支承导轨用导轨磨磨削，而动导轨用配刮的方法修复，或支承导轨用导轨磨磨削，动导轨用塑料软带粘贴，然后再用配刮的方法进行修复。

第九章

数控机床自动换刀机构的维修

第一节　数控车床自动换刀四方刀架

经济型数控车床的自动换刀多采用四方刀架。它有四个刀位，刀架每转 90°，刀具转换一个刀位。刀号的选择和刀架的回转由加工程序指令控制。换刀时数控车床通过对目标刀号与当前刀号进行比较来确定刀架应转过的刀位数。

一、刀架的结构及工作原理

换刀时四方刀架的动作顺序是：收到换刀指令（目标刀位号）⟶刀架抬起⟶按刀位号转到位⟶刀架定位与夹紧⟶换刀结束发出完成信号。

根据结构和生产厂家不同，四方刀架的型号有 WZD_4 型、XD_{4B} 型和 SLD 型等，现以 XD_{4B} 型四方刀架为例说明其工作原理。图 9-1 所示为该刀架的结构。

当主机系统发出转位指令时，刀架电动机转动；电动机带动蜗杆 10 转动；蜗杆 10 带动蜗轮 9、螺杆 18 转动；蜗轮 9、螺杆 18 的转动使夹紧轮 14 上移，上移到一定程度后三齿盘松开（夹紧轮 14 与外齿圈 12、反靠盘 13 脱开），此时离合销 22 进入离合盘 17 的槽内，反靠销 23 同时脱离反靠盘 13 的槽；上刀体 15 开始转动，当上刀体 15 转到对应的刀位时，编码器 19 发出到位信号，电动机继续正转 15ms，停 25ms；系统收到到位信号后发出电动机反转并延时 1.2s 信号，电动机反转；上刀体 15 反转少许，反靠销 23 进入反靠盘 13 的槽，实现粗定位；上刀体 15 继续反转，夹紧轮 14 向下压紧在内、外齿圈的齿盘上，直到锁紧，经延时后定位结束，发出完成信号。

二、刀架的拆卸与安装

（1）拆卸顺序

1）拆下闷头 5，用内六角扳手顺时针转动蜗杆 10，使刀架处于松开状态。

2）拆下盖 20。

3）拆下刀位线，取出编码器 19。

4）拆下锁紧螺母 8，取下离合盘 17，罩座 16。

5）拆下电动机罩 25、电动机、连接座 24、轴承盖 4 和蜗杆 10。

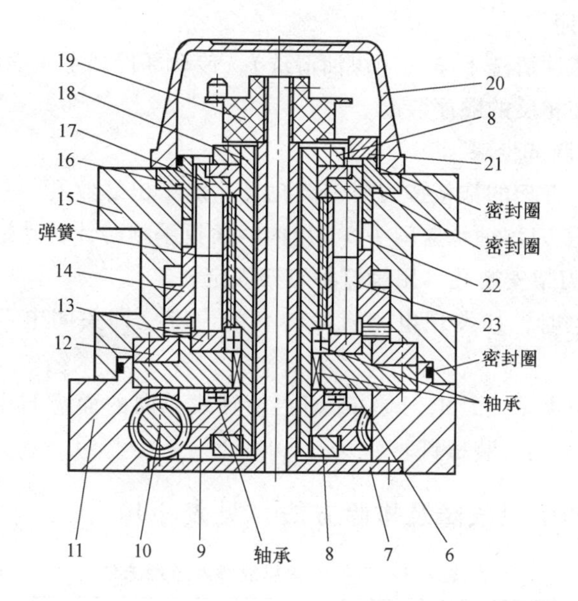

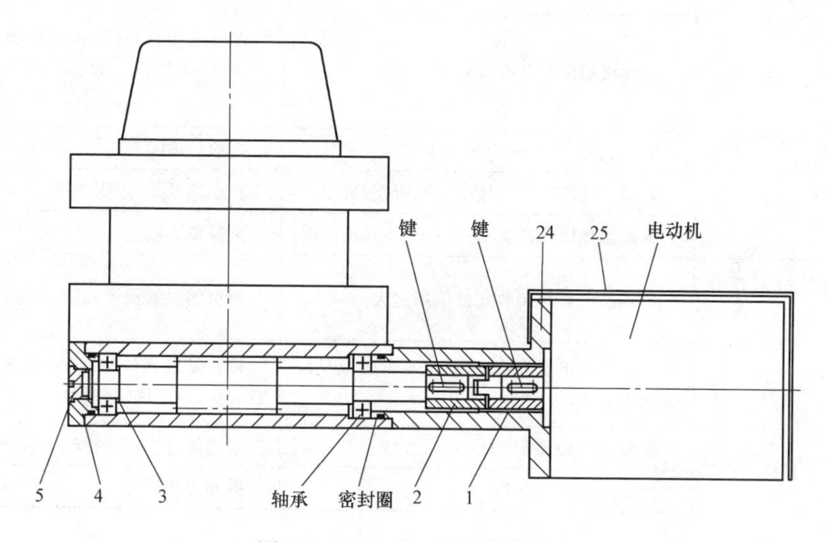

图 9-1　XD_{4B}型四方刀架结构

1、2—联轴器　3—调整垫　4—轴承盖　5—闷头　6—内齿圈　7—定轴　8—锁紧螺母　9—蜗轮　10—蜗杆　11—下刀体　12—外齿圈　13—反靠盘　14—夹紧轮　15—上刀体　16—罩座　17—离合盘　18—螺杆　19—编码器　20—盖　21—发信支座　22—离合销　23—反靠销　24—连接座　25—电动机罩

6）拆下定轴 7。

7）拆下锁紧螺母 8，取出蜗轮 9，取下平键和轴承。

8）拆下外齿圈 12。

9）拆下反靠盘 13 和内齿圈 6。

（2）装配顺序

1）将所有零件清洗干净（用煤油清洗），传动部件加定量润滑脂。

2）按与拆卸相反的顺序装配。

（3）安装及调试步骤

1）将要安装刀架的拖板按刀架安装孔尺寸加工出螺纹孔，然后将刀架置于拖板上。拧下刀架下刀体轴承盖闷头5，用内六角扳手顺时针转动蜗杆10，使上刀体15旋转45°露出刀架安装孔，用螺钉将刀架固定。

2）首次通电时，如发现电动机堵转有闷声应立即关闭电源，调换三相线的相序。

3）刀架定位夹紧后，上刀体15朝主轴轴线方向的面应与主轴平行，若不平行应找平行后再紧固安装螺钉。

三、刀架的常见故障及排除方法（见表9-1）

表9-1　刀架的常见故障及排除方法

故障现象	故障原因	排除方法
电动机停转，刀架不动作	电动机相位不对或信号方式不符	改变电动机相位，检查系统信号与刀架信号是否一致，若不一致需调一致
	机械故障	拆检处理
刀架连续转动不停	刀架工位信号线连接不良或折断	检查信号线，牢固连接
	编码器光敏元件失灵	更换编码器
刀架转位不到位或过冲	编码器发射与接收元件偏离过大	调整编码器位置
刀架不夹紧	刀位信号出现故障，电动机不反转或反转时间太短	检查发信元件和线路，检查电动机反转线路和反转延时时间
刀架重复精度低	安装螺钉松动	紧固螺钉，必要时安装定位销
	定位齿盘进入杂物	拆卸刀架清理

第二节　数控车床转塔刀架

数控转塔刀架是普及型及高级型数控车床的核心配套附件，可保证零件通过一次装夹自动完成车削外圆、内孔、圆弧、螺纹、切槽和切断等加工工序。

选刀传动机构按照形式的不同，分为行星齿轮选刀、凸轮选刀和槽轮选刀等。其定位方式均采用端齿盘方式。现以AK31型六工位行星齿轮选刀的卧式回转刀架为例说明其结构、工作原理、调整、维护及故障处理。

一、AK31 型刀架的结构与传动原理

图 9-2 所示为 AK31 型六工位卧式回转刀架的结构。该刀架采用三联齿盘作为分度定位元件，由电动机驱动并通过一对齿轮和一套行星齿轮系进行分度传动。工作程序为：主机控制系统发出转位信号后，电源接通电动机，制动器松开；电动机开始转动，通过电动机齿轮 2、齿轮 3（系杆）带动行星齿轮 4 公转，这时驱动齿轮 5（与主轴 11 键连接）为定齿轮；由于与行星齿轮 4 啮合的驱动齿轮 5、空套齿轮 23 齿数不同，因此行星齿轮 4 便带动空套齿轮 23 旋转；空套齿轮带动滚轮架 8 转过预置角度，使端齿盘后面的端面凸轮松开，端齿盘在弹簧 12 的作用下向后移动脱开端齿啮合，滚轮架 8 受到端齿盘后端面键的限制停止转动，这时空套齿轮 23 成为定齿轮；行星齿轮 4 通过驱动齿轮 5 带动主轴 11 旋转，实现转位分度；当主轴转到预选位置时，角度编码器 21 发出信号，电磁铁 17 得电将插销 13 压入主轴 11 的凹槽中；主轴停止转动，预分度接近开关 18 给电动机发出信号，电动机开始反向旋转，通过电动机齿轮 2、齿轮 3、行星齿轮 4 和空套齿轮 23 带动滚轮架反转，滚轮压紧凸轮使端齿盘向前移动，端齿盘重新啮合；这时滚轮架 8 周向的凸起使锁紧接近开关 19 发出信号，使电动机停止转动；制动器通电刹紧电动机，电磁铁断电，插销 13 被弹簧弹回，转位结束。其工作流程见图 9-3。

为了更清楚地理解行星齿轮选刀原理，做如下推演计算：设空套齿轮 23 的齿数为z_{23}，转速为n_{23}，驱动齿轮 5 的齿数为z_5，转速为n_5，齿轮 3 的齿数为z_3，转速为n_3（即系杆转速），行星齿轮 4 的齿数为z_4，则

① 当齿盘脱开、电磁铁供电或齿盘锁紧时$n_5=0$，由 $(n_{23}-n_3)/(n_5-n_3)=z_5 \cdot z_4/z_4 \cdot z_{23}$得

$$n_{23}=(1-z_5/z_{23})n_3$$

② 当主轴回转换刀时，滚轮架 8 不动，空套齿轮 23 不动，即$n_{23}=0$，由$(n_{23}-n_3)/(n_5-n_2)=z_5 \cdot z_4/z_5 \cdot z_{23}$得

$$n_5=(1-z_{23}/z_5)n_3$$

由于$z_5 \neq z_{23}$，所以 $1-z_5/z_{23}$或 $1-z_{23}/z_5$ 均不为零，所以①、②两种不同行星齿轮的传动路线可有不同的输出。

二、AK31 型刀架的电气元件

（1）接近开关　预分度接近开关由电磁铁上端突出的圆柱体发信柱控制，电磁铁通电衔铁动作后发信柱感应接近开关，发光二极管亮，否则不亮。

锁紧接近开关由滚轮架 8 的外周凸块控制，当刀架锁紧时，滚轮架反向转动直至凸块感应接近开关，发光二极管亮；若刀架未在锁紧位置上则发光二极管不亮。

接近开关电源为直流 24V，PNP 输出（高电平有效），驱动能力为 300mA。

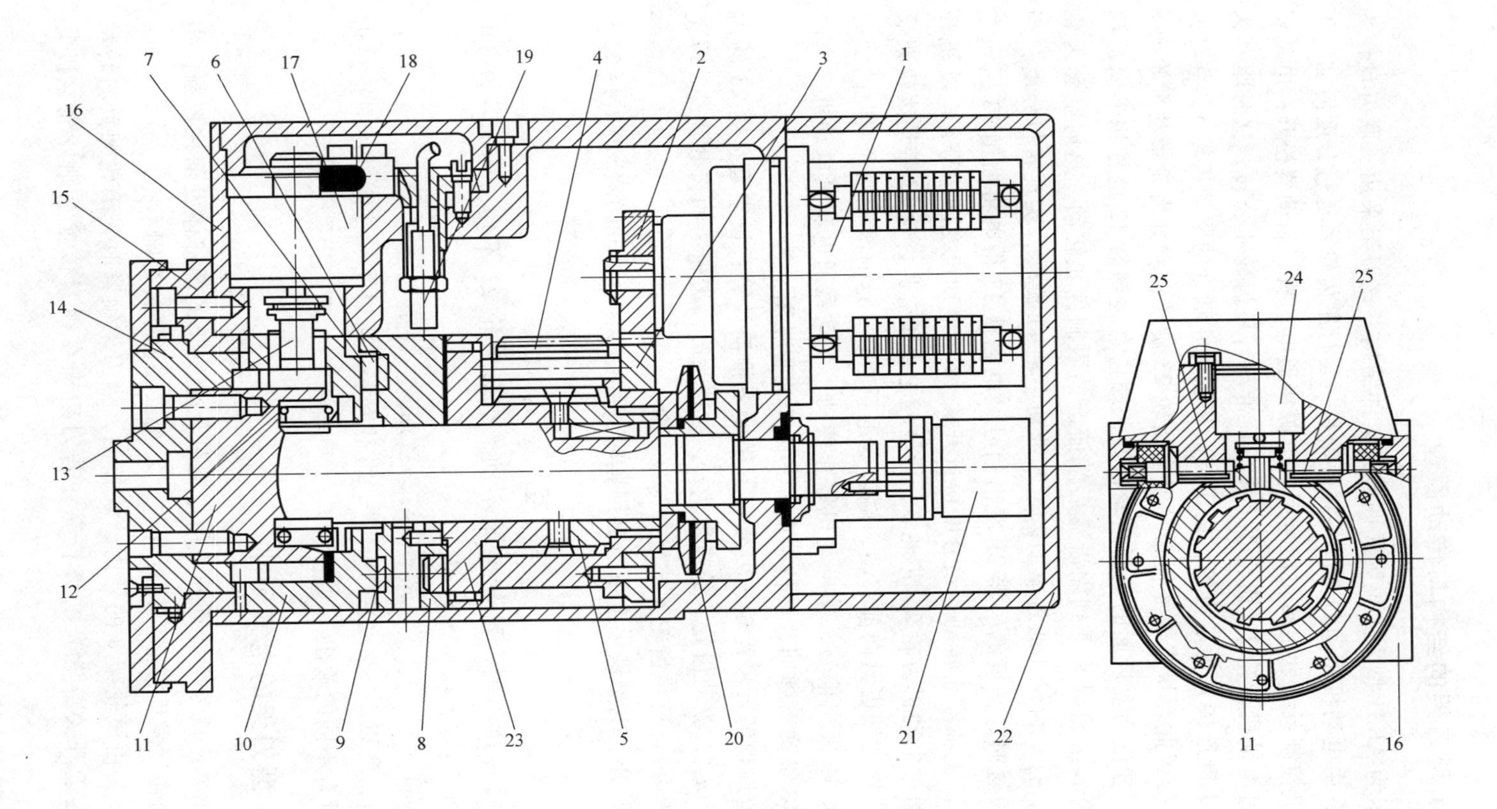

图 9-2 AK31 型六工位卧式回转刀架结构

1—电动机 2—电动机齿轮 3—齿轮 4—行星齿轮 5—驱动齿轮 6—滚轮架端齿 7—沟槽 8—滚轮架 9—滚轮 10—双联齿轮 11—主轴 12—弹簧 13—插销 14—动齿盘 15—定齿盘 16—箱体 17—电磁铁 18—预分度接近开关 19—锁紧接近开关 20—碟形弹簧 21—角度编码器 22—后盖 23—空套齿轮 24—电磁衔铁 25—吸振杆

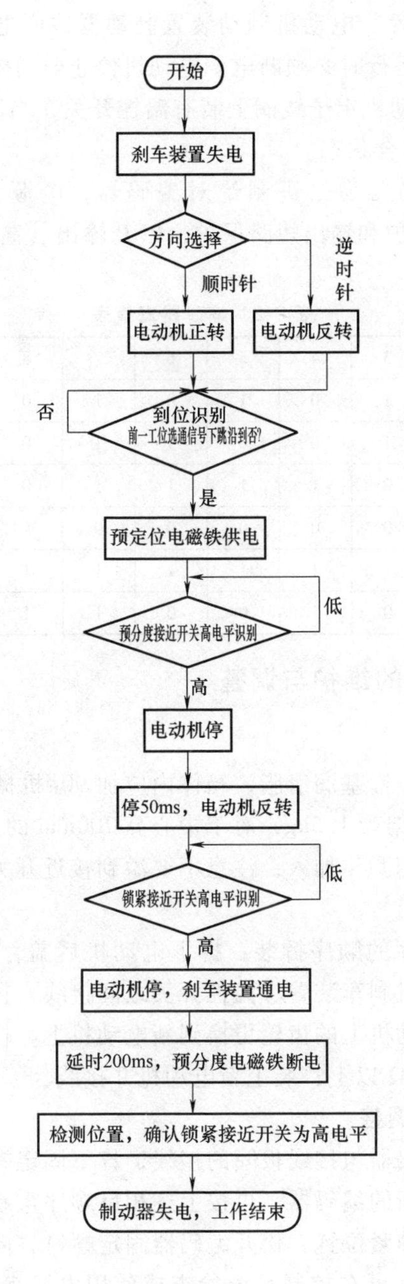

图 9-3　AK31 型六工位卧式回转刀架工作流程图

（2）电动机　电动机为三相力矩电动机，工作电压为三相交流 380V，频率为 50Hz。当刀架中心高为 200mm 时，所用电动机的堵转力矩为 18N·m，堵转电流为 7.5A，同步转速为 1500r/min。当刀架中心高为 100mm 时，电动机堵转力矩为 9.4N·m，堵转电流为 4.5A，同步转速为 1000r/min。

(3) 电动机制动装置　电动机制动装置制动器线圈电压为直流 24V，通电时为刹紧状态。当电动机运行时必须断电。电动机停止时通电制动。

(4) 温控开关　电动机定子线圈上装有温控开关，当温度高于 120℃时为断开状态，低于 120℃时为闭合状态。

(5) 编码器　编码器为二进制绝对编码器，电源为直流 24V，负载能力 50mA，具有反向极性保护和输出短路保护，PNP 输出（高电平有效）。表 9-2 为编码器真值表。

表 9-2　编码器真值表

位置	1	2	3	4	5	6	7	8	9	10	11	12
2^0	1	0	1	0	1	0	1	0	1	0	1	0
2^1	0	1	1	0	0	1	1	0	0	1	1	0
2^2	0	0	0	1	1	1	1	0	0	0	0	1
2^3	0	0	0	0	0	0	0	1	1	1	1	1
选通	1	1	1	1	1	1	1	1	1	1	1	1
奇偶校验	1	1	0	1	0	0	1	1	0	0	1	0

三、AK31 型刀架的维护与调整

1. 刀架的润滑

刀架的各轴承应涂以锂基润滑脂，箱体内应加 90#机械油进行润滑。润滑油量对于中心高 100mm 的刀架为 1.5kg，对于中心高 200mm 的刀架为 4.5kg。加油时可拆开上盖，打开螺塞后用漏斗加入，注意不要溢到接近开关，电磁铁和电缆孔中。

2. 电动机的更换

更换电动机时按下面的顺序拆装：拆下电动机后盖，卸下接线板支架及接线板，拆开接线板与电动机刹车装置、温控开关之间接线，拧下电动机固定螺栓，便可拆下电动机；将旧电动机上的齿轮更换到新电动机上，检查新电动机线圈及温控开关的绝缘是否在 1.5MΩ 以上；装上新电动机并接线。

3. 编码器的更换与调整

移开后盖，拆开编码器与接线板间的接线，拧下固定螺钉便可卸下编码器及编码器上的驱动轮，换上新的编码器，再按上述相反顺序重新装上各零部件并按下面步骤调整：①刀架处于锁紧位置，松开编码器固定螺钉，向一个方向慢慢转动编码器外壳到选通信号消失（可在控制系统检查或使用电压表检查）后在编码器支架上做一标记；②再向相反方向转动编码器至选通信号消失，再次在编码器支架上做一标记，两个标记间即为选通信号的区域；③慢慢转动编码器外壳至两个标记中间，拧紧固定螺钉，盖上后盖，编码器更换完毕。

4. 预分度接近开关的更换与调整

如果发现刀架在运行过程中预分度电磁铁通电后 1s 内接收不到预分度接近开

关信号应调整或更换预分度接近开关。

调整或更换预分度接近开关时，刀架处锁紧位置，用手压下电磁铁插销，这时预分度接近开关端面应调整到与电磁铁发信柱的距离为1mm左右。接通预分度接近开关电源，用手压下电磁铁插销，预分度接近开关上的发光二极管发光，当松开电磁铁后，发光二极管不发光，此时调整完毕。

5. 锁紧接近开关的更换与调整

如果发现刀架换刀结束后未发出换刀完成信号，则可能是因为锁紧接近开关问题。

调整或更换锁紧接近开关时，刀架处锁紧位置。拆出锁紧接近开关后，应测量开关与刀架的安装面至滚轮架周向凸起表面的高度 h，调整好锁紧接近开关使其安装面至开关端面距离为 $h-1$，安装固定锁紧接近开关，将开关接线连接到接线板。

接通预分度接近开关电源，发光二极管发光（可通过支架的小孔观察到），将刀架转到齿轮盘脱开位置，此时发光二极管不发光，调整完毕。

6. 预分度电磁铁的更换

移去顶盖，拆下预分度接近开关，再拆下预分度电磁铁及接线；装上新的预分度电磁铁，再装上预分度接近开关并调整开关位置。接线后通电检查预分度电磁铁和预分度接近开关动作是否正确。

四、液压驱动转塔刀架

图9-4所示为CK3225型数控车床液压转塔刀架结构，它有8个工位可供选择。

刀架的松、紧和转动均由液压系统驱动。当接到换刀信号后，液压缸6后腔进油，前腔回油，将中心轴2和刀盘1推出，使鼠牙盘12和11分离；随后，液压马达驱动凸轮5旋转，凸轮每转一周，拨过一个柱销，使刀盘转过一个刀位；同时，固定在中心轴2尾部的选位凸轮9压合计数开关10一次。当刀架转到新的预选工位时，液压马达停转，这时液压缸前腔进油，后腔回油，将中心轴2和刀盘1缩回，两鼠牙盘啮合并夹紧，此时盘7压下开关8，换刀完成并发出换刀完成信号。

该结构的特点是定位稳定可靠，不会产生错位；刀架可正反两个方向转动，可按最近选刀原则选刀，缩短辅助时间。缺点是需要一套液压系统，多了显得累赘的软管，容易漏油。

五、马氏机构分度的转塔刀架

如图9-5所示，转塔盘10固定于转塔轴11上，用于安装刀具。转塔盘的背面固定着动齿盘8，它与定齿盘7压合实现转塔盘的周向定位。

槽轮选刀转塔刀架的动作由转位选刀和定位夹紧两部分组成。其动作顺序是：刀盘定位机构端齿盘脱开，驱动电动机通过槽轮机构带动刀盘转动，刀盘转动到位后定位齿盘定位夹紧，换刀动作结束，发出换刀完成信号。具体动作如下：

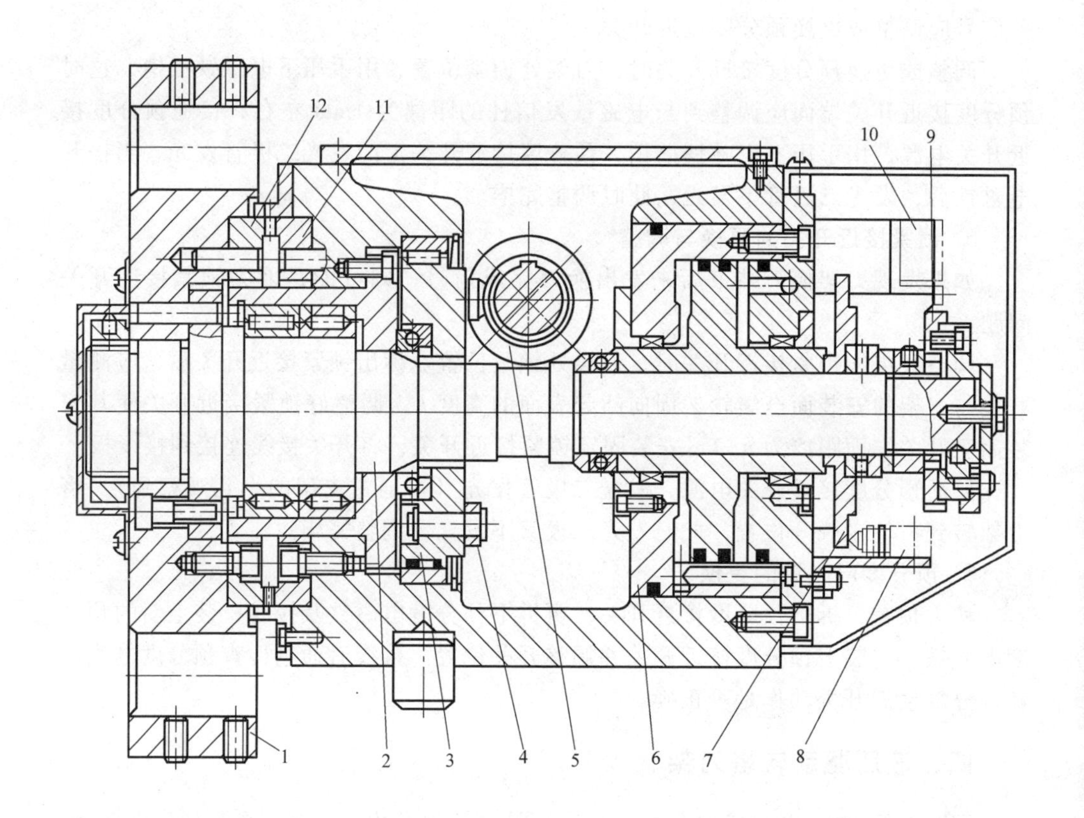

图 9-4　CK3225 型数控车床液压转塔刀架结构

1—刀盘　2—中心轴　3—回转盘　4—柱销　5—凸轮　6—液压缸　7—盘　8—开关

9—选位凸轮　10—计数开关　11、12—鼠牙盘

当发出换刀指令时，转位电动机带动轴齿轮（$z=14$，$m=1$，$\beta=20°$右）转动，通过齿轮副 14/65（$z=65$，$m=1$，$\beta=20°$左）带动第二根轴转动，而后，经齿轮副 14/86（$z=14$，$m=1.25$，$\beta=20°$左；$z=86$，$m=1.25$，$\beta=20°$右）带动主动盘（$z=86$ 的齿轮），主动盘上装有圆柱滚子 4，齿轮带动凸轮 5、6 转动。凸轮通过滚子 13 带动杠杆 15 绕固定轴摆动并通过滚子 14 使转塔轴 11 轴向移动。当转塔轴 11 的移动将定位齿盘脱开时，圆柱滚子 4 便驱动槽轮 3 转动（槽轮 3 的槽数为 4），实现刀盘的选刀。当转位选刀完成后，凸轮拨动杠杆 15 使转塔轴 11 向齿盘压紧方向移动，实现刀盘的定位和夹紧。凸轮轴每转一转，刀盘转动一个刀位。碟形弹簧 12 的作用是补偿凸轮与齿盘夹紧时的刚性误差。转塔轴 11 每转过一个刀位，通过齿轮副 1、2（齿数均为 66，模数为 1），使圆光栅也转动90°，并将转位信号传至 PMC（数控机床可编程控制器）进行刀位计数。

齿轮副 66/66 靠圆光栅安装法兰止口的偏心消除啮合间隙。

当刀架发生撞刀事故或刀架故障时，刀盘将产生稍许转动，就会在圆光栅上检

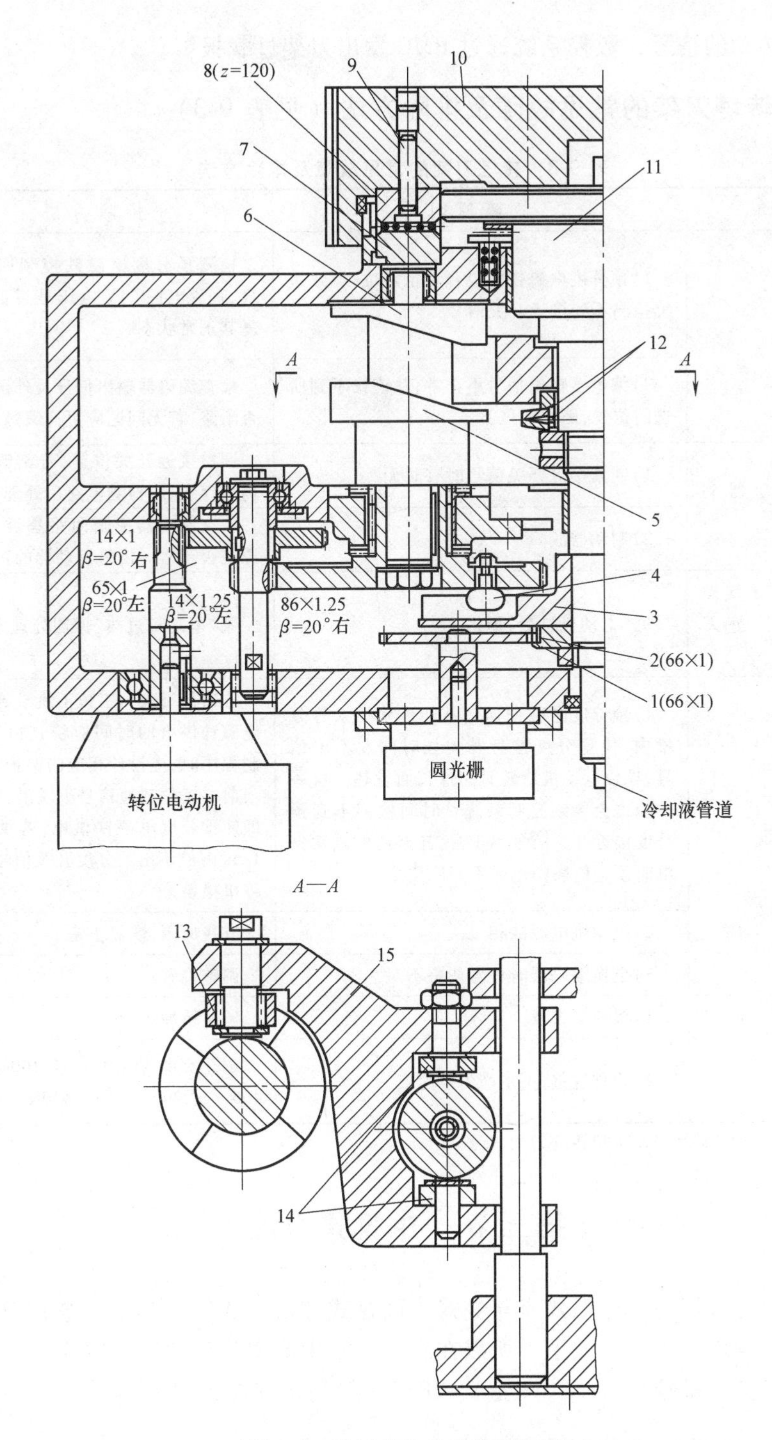

图 9-5　马氏机构分度转塔刀架

1、2—齿轮副　3—槽轮　4—圆柱滚子　5、6—凸轮　7—定齿盘　8—动齿盘　9—锥销　10—转塔盘　11—转塔轴　12—碟形弹簧　13、14—滚子　15—杠杆

测到刀架转动的信号，数控系统通过 PMC 发出刀架过载报警。

六、转塔刀架的常见故障及排除方法（见表 9-3）

表 9-3 转塔刀架的常见故障及排除方法

故障现象	故障原因	排除方法
转位不停	1)预分度电磁铁不吸合无粗定位,导致系统检测不到接近开关信号	检测预分度电磁铁控制回路及接线、直流电源 24V 电压是否正常。恢复其正常状态
	2)编码器输出信号不正常,系统找不到所选的位置,因而转位不停	检查编码器输出信号及外部走线是否断路,若无问题应更换编码器
有时制动器刹不紧	1)锁紧接近开关信号时有时无	调整接近开关位置,若调整后问题仍然存在,应检测电路后处理
	2)制动器故障	检查制动器控制回路是否开路,电源是否正常。恢复制动器的正常控制
预分度电磁铁插销卡住不能复位,刀架不工作	见"电动机过热"原因 1	见"电动机过热"原因处理方法
电动机过热	1)预分度电磁铁插销不能准确插入等分槽内,使预分度接近开关长时间发不出信号,导致电动机堵转时间过长而发热。这一故障也会导致控制系统长时间检测不到预分度接近开关信号不正常,甚至使电磁铁失电时预定位插销也弹不回原位	选通信号前一工位下跳沿到预分度电磁铁供电的时间应快且恒定;在编制程序时,应设计相应的保护程序,如当前一工位选通信号下跳沿到达后立即使预分度电磁铁供电,若供电后在 1.5s 内检不出预分度开关信号则自动停机报警
	2)电动机电源缺相	查找原因,恢复正常
	3)更换编码器时位置调整不对	调整位置
振动过大	1)缓冲垫失效	调换缓冲垫
	2)刀具过重,不平衡力矩超值	调至允许值(中心高 100mm 允许 40N · m,200mm 允许 470N · m)

注：此表所列故障为 AK31 型转塔刀架故障。

第三节 斗笠式刀库

加工中心常用的刀库形式有斗笠式、圆盘式和链条式等。其中斗笠式刀库由于结构简单，省略了换刀机械手，所以在立式加工中心中得到较广泛的应用。这种刀库储存的刀具数量较少（10~24 把），用于一般复杂零件的加工。

一、斗笠式刀库的结构

如图 9-6 所示，斗笠式刀库由支架、导轨、槽轮和圆盘等组成。

支架 1 用于支承整个刀库，它固定于机床立柱的左侧。

导轨 3 固定于支架上，滑板体可沿其导轨做水平移动，其驱动的动力一般采用气缸，也有用液压缸的。导轨实际上是固定于支架上的两根水平的平行导柱，直线滚动导套装在滑板体上并与导柱滑配。

滑板体上固定着槽轮机构和圆盘。

槽轮机构本图未完全画出，它为刀库的分度定位机构，其驱动装置为一电动机减速器装置，电动机的转动经过减速器后驱动拨杆和滚子拨动槽轮进行分度，分度完成后由定位法兰的圆弧与槽轮的圆弧（锁止弧）密合实现定位。槽轮的槽数（或锁止弧个数）与刀位数相同，一般为 10~24 个。

圆盘 8 用于安放刀柄，共有 10~24 个（本例为 20 个）刀具座 6。刀具座上有刀具键 7、工具导向板 5 和工具导向柱 4。刀具座通过工具导向板、工具导向柱的作用夹持刀柄。刀具键用于定位刀柄，保证刀柄键槽在主轴准停后能准确地与主轴键对齐。圆盘 8 由轴承 9、10 支承。

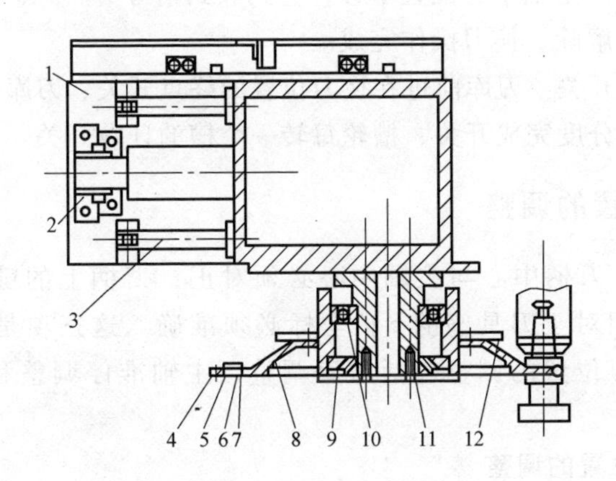

图 9-6　斗笠式刀库

1—支架　2—气缸　3—导轨　4—工具导向柱　5—工具导向板　6—刀具座
7—刀具键　8—圆盘　9、10—轴承　11—轴　12—槽轮

二、斗笠式刀库的动作过程

斗笠式刀库的动作过程如下：

1）斗笠式刀库处于原始位置（即斗笠式刀库处在远离机床主轴中心的位置），此位置有一开关发出原位信号 A 送到 PLC（可编程控制器）中，对刀库状态进行确认。

2）主轴沿 z 轴下移至换刀位置（第二参考点）。

3）主轴准停，准备将主轴上的刀具置于刀库，并发出准停到位信号。

4）数控系统对指令的目标刀具号和当前主轴的刀具号比较，如果目标刀具号和主轴刀具号一致，则直接发出换刀完成信号；如果目标刀具号与主轴刀具号不一致，则启动换刀程序，进入下一步，进行换刀，结束后发出换刀完成信号（刀盘分度有一分度检测开关，并通过 PLC 计数；还有一换刀结束开关，确定换刀结束位置）。

5）刀库水平向主轴方向移动至终点，并由终点开关发出移动完成信号 B。此时主轴上的刀具插入刀库中。

6）主轴松刀，松刀结束后由开关发出松刀完成信号 C。

7）主轴返回参考点，发出参考点返回完成信号。至此完成主轴卸刀过程。

8）刀库旋转使数控系统发出刀库电动机正转或反转信号，电动机转动，刀库分度，经分度开关及 PLC 计数找到指令要求的目标刀具号时系统发出分度完成信号。

9）主轴下移至换刀位置（第二参考点位置）进行抓刀。

10）主轴将刀具的刀柄拉钉夹紧，发出紧刀结束信号 D。

11）刀库向远离主轴中心位置平移，直到收到信号 A。

12）主轴准停解除，换刀操作完成。

刀库共有 4 个开关：刀库前进在换刀位置的终点开关、刀库返回远离换刀位置的原点开关、槽轮分度完成开关、槽轮每转一个槽的计数开关。

三、换刀位置的调整

机床换刀时，刀柄中心与主轴中心必须对正，刀柄上的键槽与主轴端面键必须对正，主轴相对于刀具座的 z 轴坐标必须准确。这三项是换刀能正确执行的必要条件。换刀位置的调整包括刀库调整、主轴准停调整和 z 轴高低位置的调整。

1. 刀库换刀位置的调整

刀库换刀位置的调整包括刀库在换刀位置处刀柄中心与主轴中心的同心性调整及刀柄定位键与主轴端键的对中性调整。

（1）刀库水平移动至换刀位置时，位置正确性与稳定性的调整　为了能使刀库在水平方向能稳定地停在一个位置，气缸活塞应处在顶死位置，用活塞杆与刀库的连接螺栓长度调节刀库位置。如图 9-7 所示，首先在 MDI（手动数据输入）方式下，执行 G28 指令主轴回参考点，把刀库移到换刀位置，保留活塞在前端顶死状态，松开活塞杆上的螺母，扳转活塞杆，改变螺栓的旋入深度，从而改变刀库与活塞杆间的相对距离，以改变刀库与主轴中心线的相对位置。调整完毕后应将螺母拧紧。

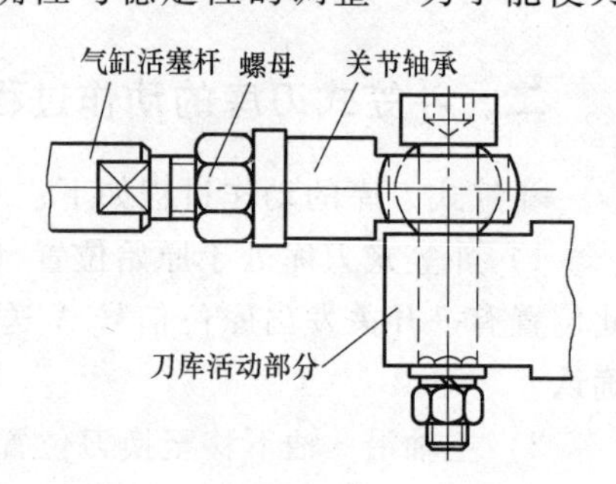

图 9-7　刀库与主轴中心线相对位置的调整

（2）刀库刀盘周向位置的调整　在刀库上部靠前的位置有两个调整螺杆，如图 9-8 所示，旋转两个调整螺杆，可使刀库与槽轮一起绕中心摆转，从而调整刀库刀盘的周向位置，使刀柄与主轴中心同心。调整完毕后应将螺母拧紧。

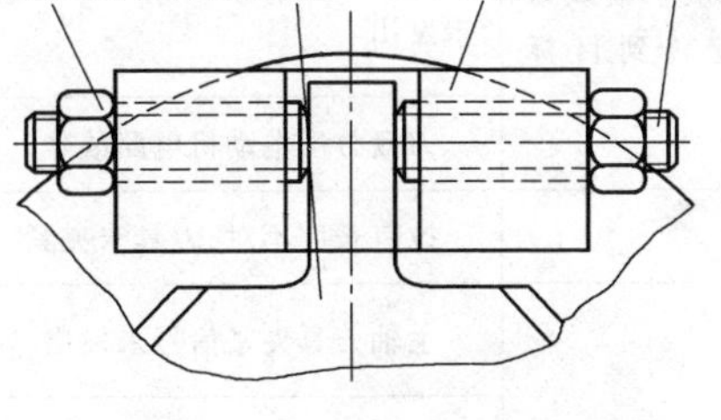

上述两项的调整，应借助于检验心棒来检查主轴与刀柄的同心度。

通过上述两个环节的调整，可使刀库转到主轴位时其刀柄的中心准确地对准主轴中心。

图 9-8　刀床刀盘周向位置的调整

2. 主轴准停位置的调整

主轴准停位置的调整（详见第 1 章）的目的是使主轴上的端键与刀柄上的键槽对准。

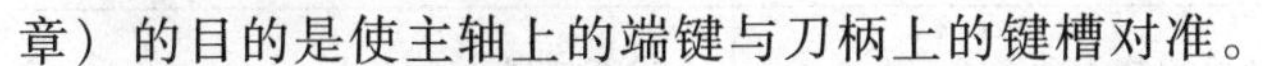

3. z 轴换刀位置的调整

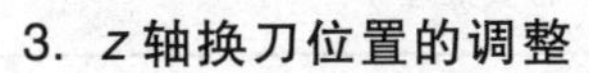

z 轴换刀位置的调整应使刀柄定位端面与主轴端面有合理的间隙。

将一标准带拉钉的刀柄装在主轴锥孔中并锁紧，此时用量块或塞尺测出主轴端面与刀柄端面间隙，设为 Δh，然后卸下刀柄。

刀库装上无拉钉的标准刀柄，刀库在换刀位置，主轴准停，手摇主轴箱缓慢下降，使主轴端键慢慢进入刀柄键槽中，直到主轴端面离刀柄定位端面的间隙 $\Delta H=\Delta h+0.40\pm0.02$ 为止，此时主轴的 z 坐标即为换刀位置的 z 值。修改换刀位置的 z 坐标为 z 值（第二参考点）即完成 z 坐标的调整。

对于 Fanuc0i 系统，将 z 值写入参数 1241 中即可。

对于刀库的调整应十分仔细，如出现差错会造成机床事故。

四、斗笠式刀库的常见故障及排除方法（见表 9-4）

表 9-4　斗笠式刀库的常见故障及排除方法

故障现象	故障原因	排除方法
发出换刀指令后刀库不动作	主轴、刀库不在原位，机床在锁住状态	对症处理
	气动系统故障	检查气压是否足够（大于 0.4MPa），检查换向阀是否动作，根据检查结果处理
刀库移到换刀位置但不进行下一步动作	刀库到位开关或刀盘分度完成开关未发出信号	检查开关是否压合，根据实际情况进行调整
	参考点返回未完成	检查处理
	主轴刀具夹紧信号未发出	检查夹紧开关是否压合，根据情况处理

（续）

故障现象	故 障 原 因	排 除 方 法
刀库从主轴取刀后不旋转到目标刀位	主轴回参考点信号未发出,刀具夹紧信号未发出	检查参考点返回及刀具夹紧信号,根据情况处理
	刀盘分度电动机电路故障	检查电路,根据实际情况处理
掉刀	拉钉长度不对,刀具未夹紧	检查处理
主轴抓刀后刀库不返回	主轴刀具夹紧信号未发出	检查处理
	气动系统故障	检查气压是否正常,换向阀是否动作,据实处理
	气缸“蹩劲”或有异物干涉	检查处理

第四节　圆盘式刀库

一、圆盘式刀库的结构

图 9-9 所示为 JCS-018A 型立式加工中心的盘式刀库结构。当数控系统发出换刀指令后，伺服电动机 1 旋转，经十字联轴器 2、蜗杆 4、蜗轮 3 带动刀盘 14 旋转，刀盘携带其上面的 16 个刀套 13 一起旋转，完成选刀动作。每个刀套尾部有一个滚子 11。当选刀到位时，滚子 11 进入拨叉 7 的槽内。此时气缸 5 工作，活塞杆 6 带动拨叉 7 上升，放开位置开关 9，拨叉 7 带动刀套绕销轴 12 逆时针向下翻转 90°，从而使刀具轴线与主轴轴线平行。当刀套下转 90°后拨叉 7 上升到终点并压住定位开关 10，发出机械手动作信号。通过螺杆 8，可以调整拨叉 7 在下端的位置，以便滚子 11 能通畅地进入拨叉 7 的槽中。

图 9-10 所示为 JCS-018A 型立式加工中心刀套的结构，其中件 7 即为图 9-9 中的滚子 11，件 6 即为图 9-9 中的 12。刀套 4 的锥孔尾部有两个球头销钉 3，通过螺纹套 2 可调整弹簧 1 对球头销钉 3 的压力。当刀柄插入刀套中后，由于球头销钉 3 的作用，夹紧刀柄的拉钉，从而使刀柄被夹紧。当刀套在刀库中处于水平位置时，靠刀套上部的滚子 5 作为辅助支承，靠弹簧 8 弹力将定位销定在定位套的槽中（图中未标注件号）。

图 9-11 所示为刀库选刀的流程图。

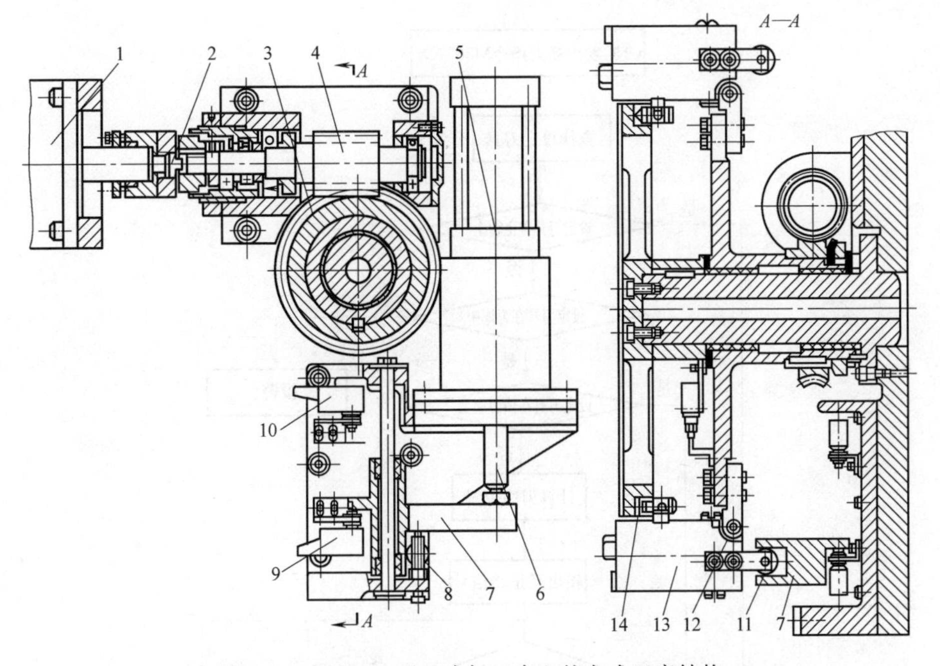

图 9-9　JCS-018A 型立式加工中心的盘式刀库结构

1—伺服电动机　2—十字联轴器　3—蜗轮　4—蜗杆　5—气缸　6—活塞杆　7—拨叉　8—螺杆　9—位置开关　10—定位开关　11—滚子　12—销轴　13—刀套　14—刀盘

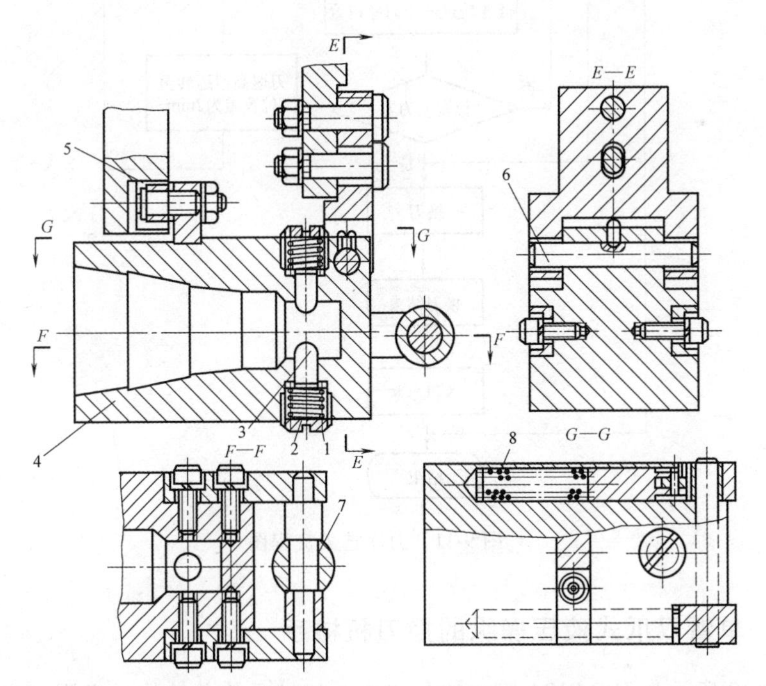

图 9-10　JCS-018A 型立式加工中心刀套结构

1—弹簧　2—螺纹套　3—球头销钉　4—刀套　5、7—滚子　6—销轴　8—弹簧

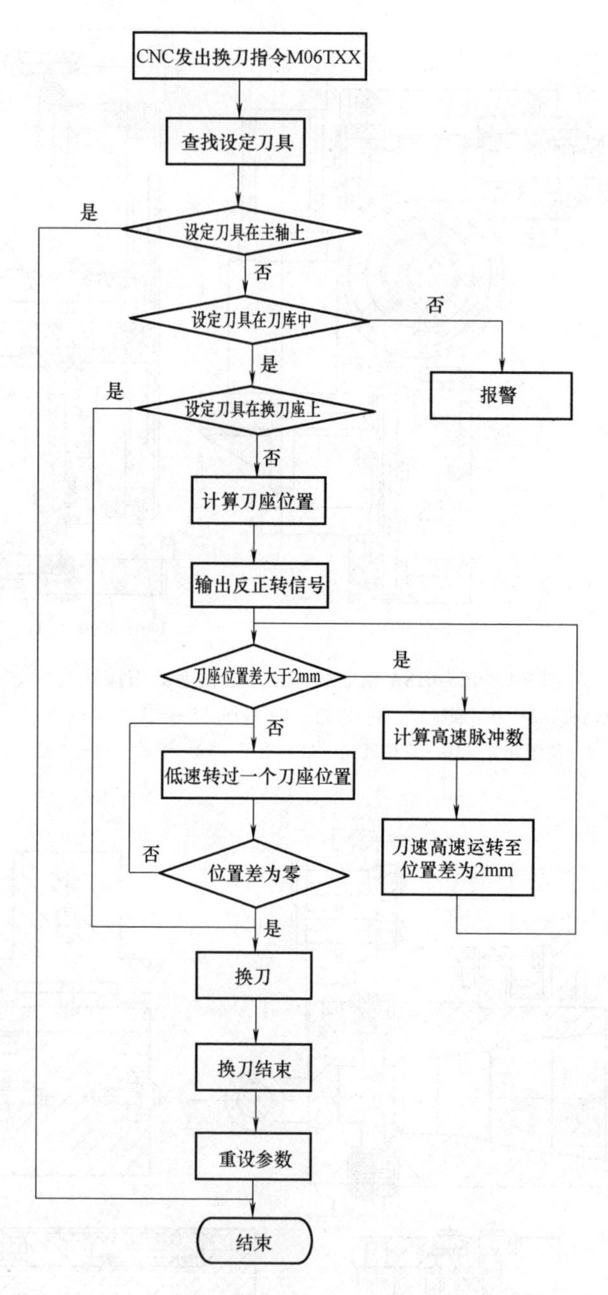

图 9-11　刀库选刀流程图

二、单臂双爪式液压操纵的换刀机械手

图 9-12 所示为 JCS-018A 型立式加工中心机械手传动结构示意图。当刀库中的刀套逆时针下翻 90°后，压下行程位置开关，发出机械手抓刀信号。此时机械手 21

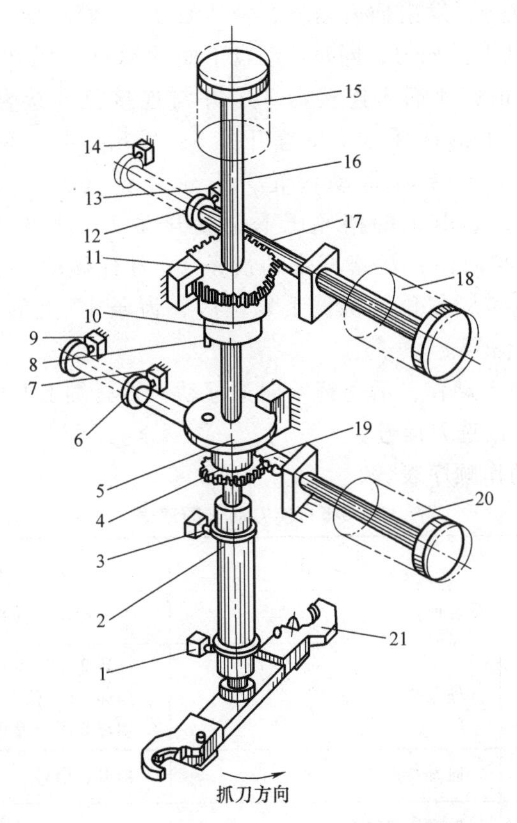

图 9-12　JCS-018A 型立式加工中心机械手传动结构示意图

1、3、7、9、13、14—位置开关　2、6、12—挡环　4、11—齿轮　5—连接盘　8—销钉　10—传动盘　15、18、20—液压缸　16—机械手臂轴　17、19—齿条　21—机械手

正处在图示位置。液压缸 18 右腔通液压油，左腔回油，活塞杆带动齿条 17 向左移动，使齿轮 11 转动（这部分的连接关系见图 9-13）。图 9-13 中件号与图 9-12 的对应关系是：1 对应 11，2 对应 16，5 对应 10，6 对应 8，7 对应 17，8 对应液压缸 15 的活塞杆。图 9-13 中连接盘 3 与齿轮 1 用螺钉连接，它们空套在机械手臂轴 2 上，连接盘 5 与机械手臂轴 2 用花键滑动连接，它上端的销钉 4 插入连接盘 3 的销孔中，因此齿轮转动时带动机械手臂轴转动，使机械手回转 75°抓刀。抓刀动作结束时，图 9-12 中的齿条 17 上的挡环 12 压下位置开关 14，发出拔刀信号，液压缸 15 的上腔通液压油，下腔回油，活塞杆推动机械手臂轴 16 下降拔刀。在机械手臂轴 16 下降时，传动盘 10 随之下降，其下端销钉 8 插入连接盘 5 中的销孔中，连接盘 5 与齿轮 4 用螺钉固定连接，它们空套在机械手臂轴 16 上，当拔刀完成后，机械手臂轴 16 上的挡环 2 压下位置开关 1，发出换刀信号。这时液压缸 20 的右腔通液压油，左腔回油，活塞杆推动齿条 19 向左移动，使齿轮 4 连同连接盘 5 转动，机械手臂轴 16 转过 180°，以交换主轴与刀库上的刀具。换刀完成后，齿条 19 上的

挡环6压下位置开关9，发出插刀信号，液压缸15下腔通液压油，上腔回油，活塞杆带动机械手臂轴上升插刀，同时传动盘下面的销钉8脱开连接盘5（见图9-13，传动盘5上的销钉4插入连接盘3中并与连接盘3接合）。插刀动作完成后，机械手臂轴16上的挡环压下位置开关3，发出信号，液压缸20的左腔通液压油，右腔回油，活塞杆带动齿轮，齿轮复位（齿轮空转，机械手无动作），齿条19复位后，其上的挡环压下位置开关7，发出信号，液压缸18的左腔通液压油，右腔回油，活塞杆带动齿条17向右移动，通过齿轮11、传动盘10使机械手反转75°复位。机械手复位后，齿条17上的挡环压下位置开关13，发出换刀完成信号。

图9-9中的气缸5动作，活塞杆6向下移动，刀套翻上90°，同时拨叉7压下位置开关9，发出可以选刀信号。

表9-5为换刀动作顺序表。

表9-5 换刀动作顺序表

序号	器件名称	动 作	动作结束后的信号
原位	刀库	处原位	活塞杆压下行开关
	机械手	处原位	挡环2压位置开关3 挡坏12压位置开关13 挡环6压位置开关7
	主轴	回参考点	参考点信号
1	数控系统	发出换刀指令	PLC
2	刀库	选刀，刀套翻下	活塞杆压上行开关
3	主轴	到换刀点，准停（主轴端键侧面与Y轴平行）	换刀点（第二参考点）完成信号，准停完成信号
4	机械手	逆时针转动75°抓刀	挡环12压位置开关14
5	主轴	松刀	松刀后开关发信
6	机械手	拔刀	挡环2压位置开关1
7	机械手	逆时针转动180°交换刀具	挡环6压位置开关9
8	机械手	插刀	挡环2压位置开关3
9	主轴	紧刀	紧刀后紧刀开关发信
10	机械手	液压缸20复位，机械手不动	挡环6压位置开关7
11	机械手	顺时转动75°复位	挡环12压位置开关13
12	刀库	换刀完成，刀套翻上	活塞杆压下行开关

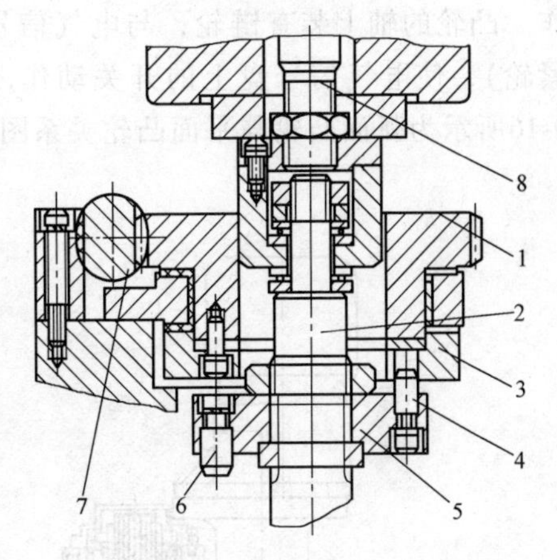

图 9-13　机械手传动机构（局部）

1—齿轮　2—机械手臂轴　3—连接盘　4、6—销钉　5—传动盘　7—齿条　8—活塞杆

机械手抓刀部分的结构如图 9-14 所示。它由手臂 1 和两个手爪 7 等组成。手爪上握刀的圆弧部分有一个锥销 6，它与抓在手中的刀槽吻合。当机械手由原位转 75°抓刀时，两手爪的长销 8 分别被刀库上的挡块和主轴端面压下，使轴向开有长槽的活动销 5 在弹簧 2 的作用下向外伸出顶住刀柄。在机械手拔刀时，锁紧销 3 及长销 8 被弹簧弹起，锁紧销 3 将活动销 5 顶住不能缩回，确保机械手在回转 180°时刀具不会被甩出。当机械手上升插刀时，长销 8 又被压下，锁紧销 3 从活动销 5 的孔中退出，松开刀柄，机械手反转 75°复位。

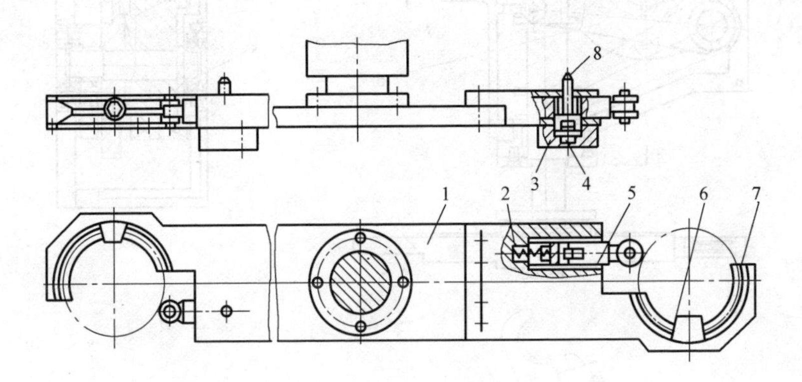

图 9-14　机械手抓刀部分的结构

1—手臂　2、4—弹簧　3—锁紧销　5—活动销　6—锥销　7—手爪　8—长销

三、单臂双爪式凸轮操纵的换刀机械手

图 9-15 所示为平面凸轮式换刀机械手的结构。这种机械手具有结构紧凑、工作可靠、各个动作联动及换刀时间较短等优点。它由驱动电动机 1、减速器 2、锥齿轮 3、平面凸轮 4（与锥齿轮 3 为一体）、弧面凸轮 5、连杆机构 6、机械手 7 和电气信号盘 9 等组成。

换刀时，驱动电动机 1 连续旋转，经减速器 2 减速后带动平面凸轮 4 和弧面凸轮 5 转动。平面凸轮 4 通过连杆机构 6 带动机械手 7 在垂直方向做上下运动，实现机械手在主轴上的拔刀、装刀动作。弧面凸轮 5 通过滚珠盘 8（共 6 个滚珠）带动花键轴转动，使机械手 7 在水平面内转动，以实现机械手的转位、抓刀和换刀动作。凸轮的轴上装有链轮，与电气信号盘 9 的轴上的链轮能通过链条传动（有张紧轮），使电气信号盘上的开关动作，检测机械手运动情况，实现电气互锁。图 9-16所示为弧面凸轮与平面凸轮关系图。

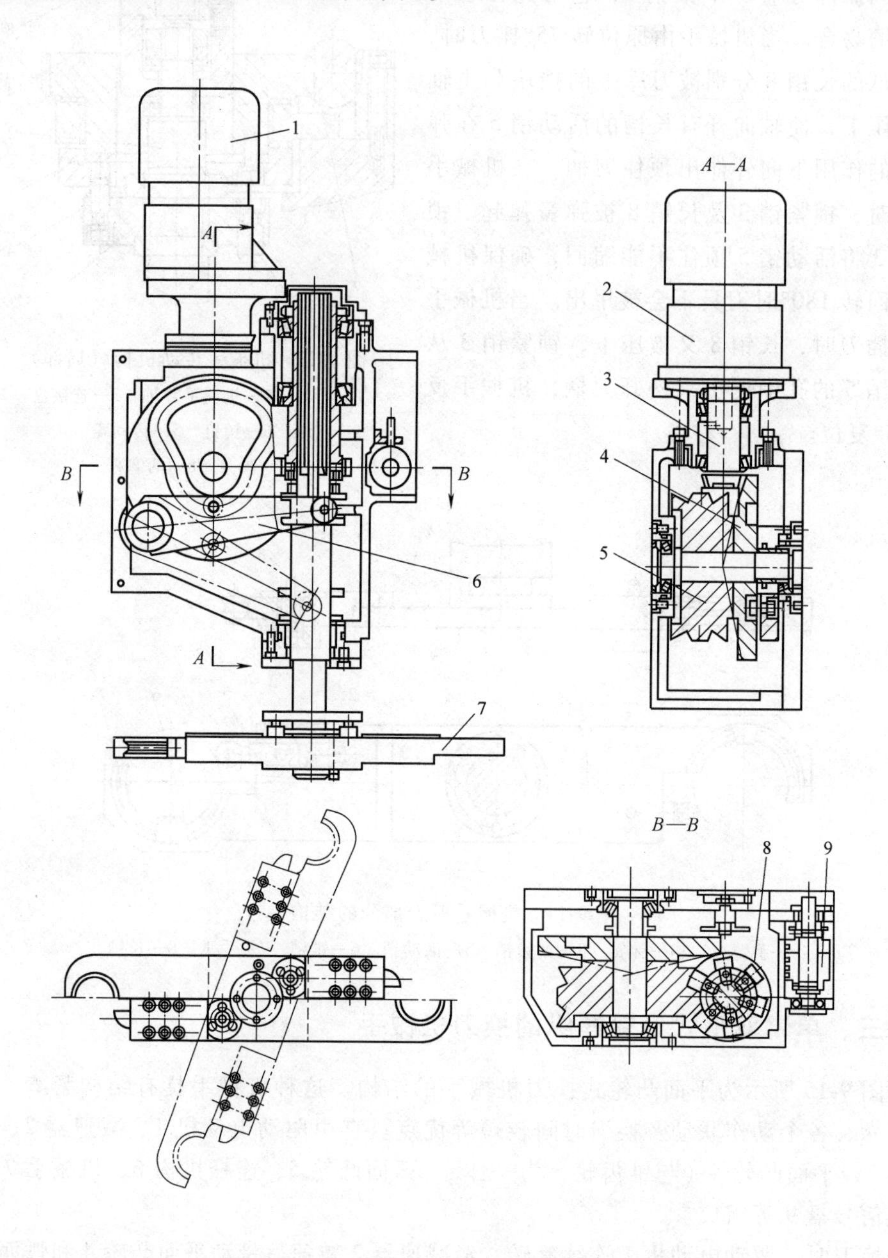

图 9-15　平面凸轮式换刀机械手结构

1—驱动电动机　2—减速器　3—锥齿轮　4—平面凸轮　5—弧面凸轮
6—连杆机构　7—机械手　8—滚珠盘　9—电气信号盘

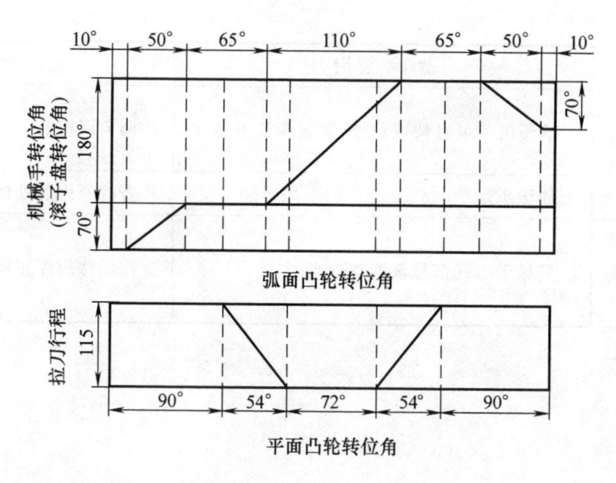

图 9-16 弧面凸轮与平面凸轮关系图

四、刀库、机械手常见故障及排除方法（见表 9-6）

表 9-6 刀库、机械手常见故障及排除方法

故障现象	故障原因	排除方法
刀盘不旋转	未收到刀库选刀回转指令	检查电路处理
	十字联轴器脱离	合上十字联轴器后紧固
	刀具超重,转不动	刀具质量应按规定,不准超重
刀套不能夹紧刀具	刀套上的球头销钉受到的弹簧弹力太小或弹簧折断	调整弹簧弹力或更换弹簧
	刀具超重	按规定装刀
刀套脱开拨叉后自动翻下	刀套翻上后,由于定位弹簧弹力不足,所以离开拨叉后下落	更换弹簧
刀具在主轴中的夹紧完成信号发出,但刀具不夹紧	刀具夹紧的碟形弹簧调整过松	调紧碟形弹簧
	刀柄的拉钉长度不对	调整拉钉长度
刀具在主轴中松不开	松刀气缸压力不足,或油封过紧	检查气压(应大于 4×10^5Pa),检查油封松紧,将气压降到 1×10^5Pa,气缸空载时能运动顺畅
	刀具夹紧碟形弹簧弹力过大	调整碟形弹簧弹力
刀柄从机械手中脱落	机械手夹紧活动销弹簧弹力过小或刀具过重	更换弹簧或按规定配置刀具质量
	主轴未到换刀点,机械手的长销未压到位,活动销未弹出	检查换刀点位置并按本章第三节中主轴换刀位置的调整方法调节
	机械手抓刀时未到位	调整机械手抓刀时的位置

（续）

故障现象	故 障 原 因	排 除 方 法
液控机械手换刀时间过快或过慢	液压缸速度过快或过慢，速度调节不当	调节调速阀
	油压不足	查找原因后处理
凸轮操纵的机械手与主轴刀具松夹不协调	机械手电气信号盘调整不当	按动作时序正确调整电气信号盘

第十章

数控机床回转工作台和分度工作台的维修

数控机床为了扩大加工功能，需要有圆周进给运动以适应工件的加工要求。例如，加工凸轮曲面等复杂表面，其进给运动除 x、y、z 三个坐标轴的直线进给运动外，还应有绕 x、y、z 三个坐标轴（也可以是一个或两个轴）的圆周进给运动，分别称 a、b、c 轴。数控机床的圆周进给运动一般由数控回转工作台来实现。数控回转工作台可做任意角度的回转和分度，按其主要功能可分为回转工作台和分度工作台（回转工作台也可完成分度工作）。回转工作台按数控方式分为开环数控回转工作台和闭环数控回转工作台。开环的检测装置在电动机上（或同步电动机上），闭环的检测装置在工作台主轴上。现以闭环数控回转工作台为例说明其工作原理和维修。

第一节　闭环数控回转工作台的维修

闭环数控回转工作台与开环数控回转工作台的机械结构大致相同，其区别在于闭环数控回转工作台在工作台主轴上装有检测装置（圆光栅或圆感应同步器），将所测量的转角和指令值比较并进行反馈，按闭环原理控制，工作台转角更加准确。

一、闭环数控回转工作台的结构和工作原理

图 10-1 所示为闭环数控回转工作台的结构图。其工作流程如图 10-2 所示。

工作台主轴由一只双列圆柱滚子轴承 20 和一只圆锥滚子轴承 21 支承，由一只大型滚子轴承支承工作台平面导轨面。

蜗杆 10 的两端装有双列滚针轴承作为径向支承，右端装有两只推力轴承承受轴向力。

蜗轮 11 通过止口与工作台固定，蜗轮下部内外两圆柱面有夹紧轴瓦 12、13，在底座 18 内均布 8 个液压缸 14。当上腔进液压油，下腔导漏回油箱时，活塞下行，通过钢球 17 将外轴瓦向工作台中心移动，内轴瓦向外移动（见图 10-1c），把蜗轮 11 夹紧。当工作台需要回转时，控制系统发出指令，液压缸上腔回油箱，在弹簧 16 的作用下，钢球 17 抬起，夹紧轴瓦松开，电液脉冲马达 1 通过主动齿轮 3 和从动齿轮 4、蜗杆 10 和蜗轮 11 使工作台按指令回转。夹紧液压缸的液压油同时控制一小液压缸，其活塞杆上的撞块压下夹紧或松开的发信开关。

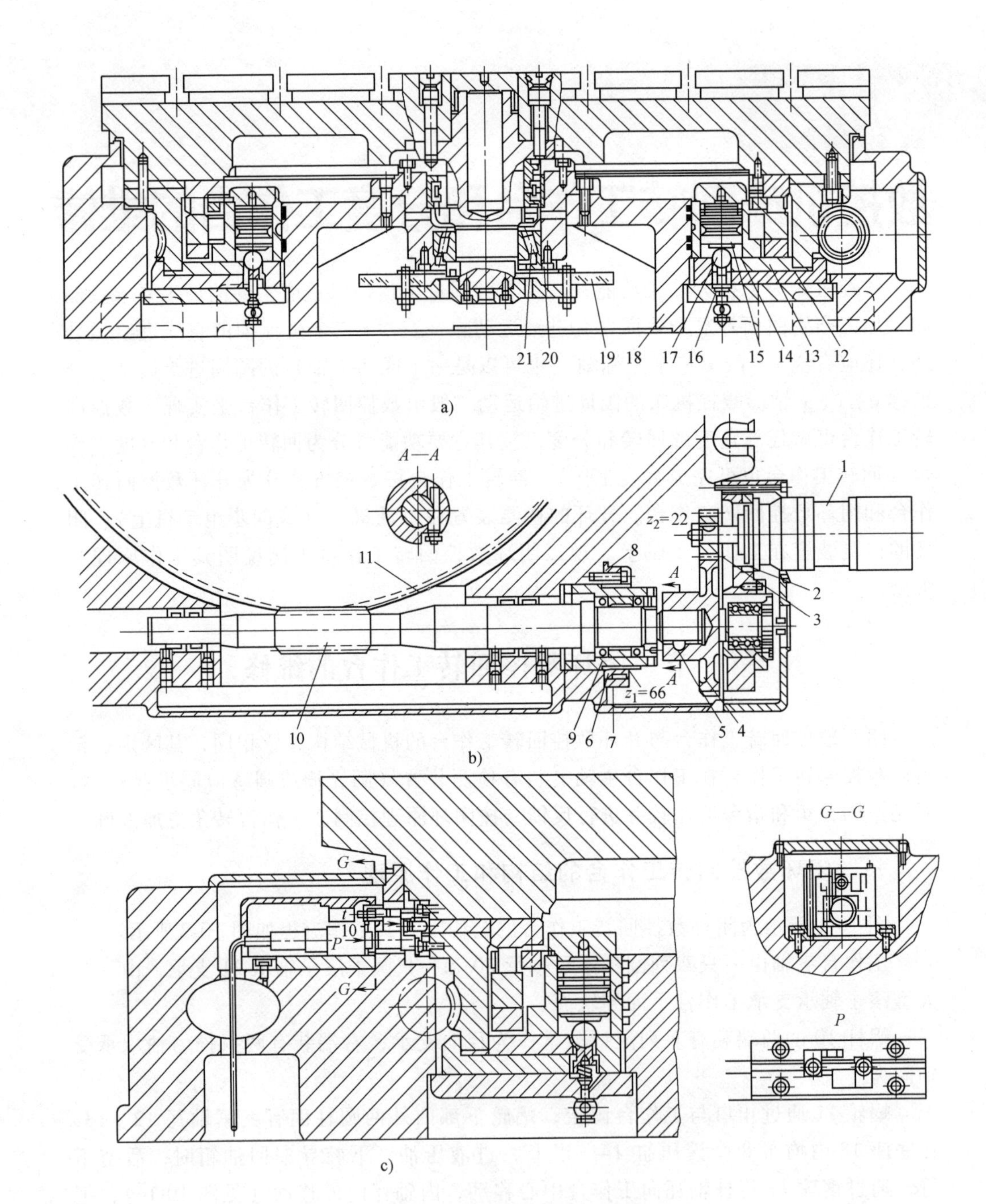

图 10-1 闭环数控回转工作台

a）整体结构 b）蜗杆结构 c）液压缸结构

1—电液脉冲马达 2—偏心环 3—主动齿轮 4—从动齿轮 5—楔形拉紧销钉 6—压块 7—螺母套筒 8—螺钉 9—调整套 10—蜗杆 11—蜗轮 12、13—夹紧轴瓦 14—液压缸 15—活塞 16—弹簧 17—钢球 18—底座 19—光栅 20—双列圆柱滚子轴承 21—圆锥滚子轴承

回转工作台设有零点，回零点时，先由挡块碰撞限位开关，使工作台快速变为慢速回转，然后在无触点开关作用下使工作台准确地停在零位。工作台可做任意角度的回转或分度，由光栅 19 读数控制。光栅 19 圆周上有 21600 条刻线，通过 6 倍频线路，刻度分辨力为 360×60×60″/(21600×6)= 10″。

从动齿轮 4 与蜗杆轴用楔形拉紧销钉 5 连接（见图 10-1b），以消除连接间隙。

二、回转工作台各部件的调整

1. 轴承的调整

蜗杆轴向推力轴承用带螺纹的压盖调整间隙，调整后蜗杆轴轴向窜动误差在 0.005mm 以内。工作台主轴双列圆柱滚子轴承 20 及圆锥滚子轴承 21 的预紧依靠下部的螺母调整，工作台的径向跳动允许误差为 0.005mm。

2. 传动链间隙的消除方法

转动偏心环可消除主动齿轮 3 与从动齿轮 4 的齿侧间隙。蜗杆副为双导程蜗杆副，轴向移动蜗杆可调整蜗杆副啮合间隙。调整方法：先松开壳体螺母套筒 7 上的锁紧螺钉 8，松开压块 6，放松调整套 9；转动调整套 9，便可轴向移动蜗杆 10 以消除齿侧间隙。调整完后拧紧螺钉 8，把压块 6 压紧在调整套 9 上。

蜗杆副的啮合间隙不应超过 0.02mm。回转工作台在使用一段时间后，由于磨损，间隙会增大，如果被加工零件需要系统对传动链间隙进行补偿，应进行间隙测量。具体方法是：手摇脉冲发生器，沿某一个方向转动，若间隙在一个方向，则将千分表测头接测在工作台 T 形槽某一侧面，将指针调到零，反向摇动脉冲发生器，直到表针刚开始移动，读出此时脉冲器上的刻度值，该值即为电液脉冲马达至回转工作台传动链的空转角。

蜗杆副啮合间隙测量方法是：首先应先消除蜗杆的轴向间隙，然后测量蜗杆副的啮合间隙，将杠杆表测头接测在工作台直径的 70%处某一 T 形槽侧面上，先顺时针而后逆时针扳动工作台，读出指针最大摆动值，该值即为啮合间隙。

3. 电液脉冲马达的传动转矩及工作台夹紧力的调整

调整液压系统溢流阀的压力便可调整电液脉冲马达的转矩，调整减压阀的压力便可调整工作台夹紧力的大小。具体压力数据应按说明书规定的数据进行调整。

4. 回转工作台零点的调整

该回转工作台回零点的调整采用栅格方式，改变栅格偏移量便可调整零点位置。

图 10-2 所示为回转工作台工作流程图。

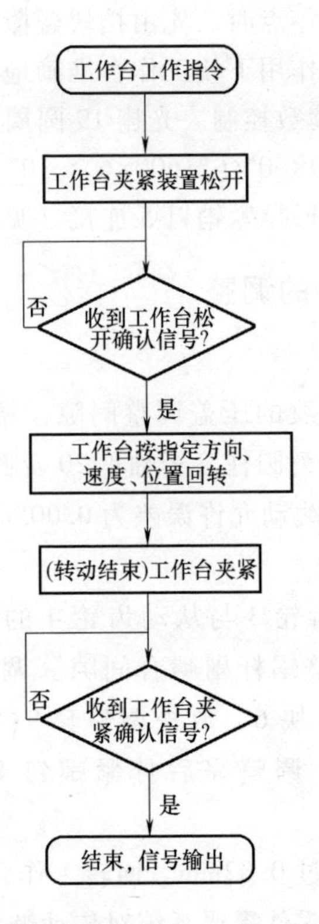

图 10-2　回转工作台工作流程图

三、回转工作台的常见故障及排除方法（见表 10-1）

表 10-1　回转工作台的常见故障及排除方法

故障现象	故障原因	排除方法
工作台不转	松开信号未发出	检查松开后发信开关是否动作或开关是否失灵，根据查找结果处理
	液压系统压力过低	调整压力
分度不准	工作台主轴轴承间隙过大	调整轴承间隙
	零点不准	调整零点，查看是否有零点漂移
分度不到位	光栅有污物或裂纹	清洗或更换光栅
	工作台未夹紧，夹紧信号未输出	检查工作台是否夹紧，若未夹紧应检查电磁阀或油压，根据实际情况处理
工作台回转精度不合格	光栅有污物或裂纹	清洗或更换光栅
	工作台轴承间隙大，轴承精度差	调整轴承间隙，若仍无效果则更换轴承

（续）

故障现象	故障原因	排除方法
工作台转动时抖动	蜗杆轴向窜动	调整蜗杆轴向推力轴承间隙，使其达到要求
	导轨轴承滚动时有停滞	清洗并检查轴承，根据实际情况处理

第二节　端齿盘定位分度工作台的维修

齿盘定位夹紧的分度工作台分度精度高（一般可达到±3″），承受载荷大，定位刚度高（无定位间隙），精度保持性好，广泛用于数控机床、组合机床及其他专用机床的分度工作台。

一、端齿定位分度工作台结构与工作原理

图 10-3 所示为 THK6370 型端齿盘定位分度工作台的结构。它由底座、工作台、分度齿盘、传动蜗杆副、齿轮副、升夹液压缸、液压马达及电气控制等部分组成。分度转位动作由液压系统和机械传动联动完成，其液压系统工作原理图如图 10-4 所示。

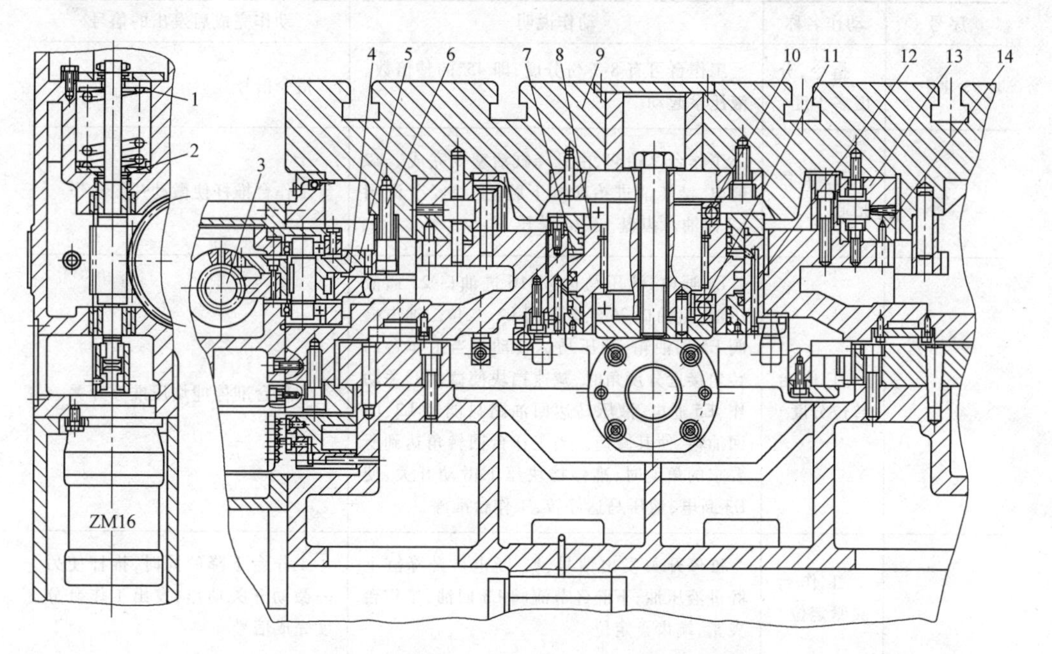

图 10-3　THK6370 型端齿盘定位分度工作台结构

1—弹簧　2—轴承　3—蜗杆　4—蜗轮　5、6—齿轮　7—管道　8—活塞　9—工作台　10、11—轴承　12—液压缸　13、14—端齿盘

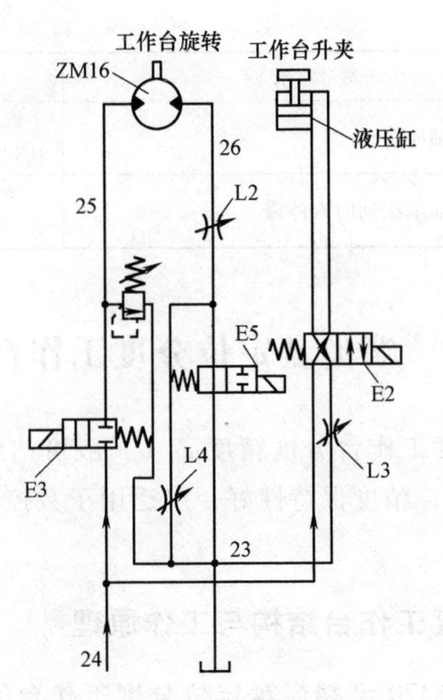

图 10-4　液压系统工作原理图

工作台的动作顺序与动作说明见表 10-2（参照图 10-3 和图 10-4）。

表 10-2　工作台的动作顺序与动作说明

序号	动作名称	动作说明	动作完成后发出的信号
1	指令，分度多少度	工作台可有 8 等份分度，即 45°的整倍数。液压泵起动	指令信号
2	工作台抬起	工作台 9 抬起，由升降缸活塞 8 完成。E2 通电，液压油进抬起缸下腔，上腔经节流阀 L3 回油。齿盘 13、14 脱开	工作台推杆使微动开关动作
3	工作台转位分度	E3 通电，液压马达 ZM16 进油口 25 通液压油，出油口 26 经节流阀 L2、二位二通电磁阀 E5 回油箱，液压马达转动。当工作台回转角接近分度角时，减速挡块使微动开关动作，E5 通电，液压马达回油路只能经 L2、L4 回油箱，使其减速。当工作台回转角达到所要求的角度时，准停挡块压下微动开关，使 E3 断电，液压马达停转，工作台准停	工作台准停撞块压准停开关
4	工作台夹紧定位	准停开关发出信号，E2 断电。升降缸上腔进液压油，下腔经节流阀 L3 回油，工作台夹紧，端齿盘定位	工作台下降的同时，推杆使另一微动开关动作，发出工作台分度完成信号

这里要说明的是，在工作台夹紧定位过程中，有可能发生上下齿盘的齿相对有微量错位（因为液压马达准停精度是较差的），由于蜗杆副逆向传动（蜗轮传动蜗

杆）有自锁，就会出现上齿盘落不到底的问题，因而定位不准。为了克服这一弊病，可将蜗杆轴设计成浮动式的结构，其轴向用两个推力轴承抵在弹簧上，轴与液压马达的联轴套，采用滑动配合，这样工作台有微小角位移时，可由蜗轮推动蜗杆轴向移动（因为有压缩弹簧，可使蜗杆有微量的轴向移动），从而解决了上述问题。

二、端齿盘定位分度工作台的常见故障及排除方法（见表10-3）

表10-3　端齿盘定位分度工作台的常见故障及排除方法

故障现象	故障原因	排除方法
工作台不转	工作台抬起信号未发出	检查处理抬起推杆及微动开关
	工作台未抬起	液压系统电磁阀未吸合，检查电气系统；节流阀L3堵塞，清洗节流阀
	液压系统压力低	调整溢流阀压力达5×10^5Pa，若压力调不上来，应检查系统是否有泄漏，溢流阀是否在开启位置卡住等，然后对症处理
工作台落不到底	工作台准停撞块位置调整不当，致使蜗杆轴在工作台落下时向液压马达方向移动（被顶住）	调整准停撞块位置
	齿盘间沉积污物	吊下工作台清洗
	液压缸拉伤或液压缸密封圈过紧	吊下工作台检查处理
定位不准	如果定位差一个齿或几个齿的转角，是准停撞块调整不当所致	调整准停撞块位置
	如果定位差不到一个齿是工作台落不到底所引起	按工作台落不到底的排除方法处理
	工作台主轴定心轴承间隙过大	调整轴承间隙

第三节　双导程蜗杆（渐厚蜗杆）传动

数控机床回转或分度工作台多为双导程蜗杆蜗轮传动。当数控机床还未得到广泛应用的时候，由于双导程蜗杆副加工困难，它的应用受到限制。出现数控车床、数控螺纹磨床后，双导程蜗杆副的加工就容易得多了，它的应用也更为广泛了。

一、双导程蜗杆传动的优点

双导程蜗杆副可以借助调节蜗杆的轴向位置消除齿侧间隙，提高正反转的运动精度；通过轴向调节还可补偿因磨损所造成的间隙和传动误差。这种传动机构结构简单，装配维修方便，即使加工蜗杆、蜗轮的刀具略有误差也不影响其使用，可在齿轮加工机床和数控机床中广泛应用。它与普通蜗杆、蜗轮传动比较有以下优点：

1）齿侧间隙可以任意调整且调整方便。

2）由于齿侧间隙的调整不改变蜗杆与蜗轮啮合的中心距，故调整后接触区基本保持不变。而普通蜗杆、蜗轮齿侧间隙的调整改变了中心距，接触区也发生改变。

3）双导程蜗杆、蜗轮装配方便，刚度好。普通蜗杆副要调整齿侧间隙，蜗杆需可摆动结构，刚度差，调整也不准确。

二、双导程蜗杆传动原理

双导程蜗杆传动与普通蜗杆传动的区别在于蜗杆左、右齿面具有不等的导程，而同侧齿面的导程是相等的，因而蜗杆轴向齿厚沿其轴线从一端到另一端线性增大（或减小），而与之啮合的蜗轮齿厚则均等。因此，当蜗杆轴向移位时，便可调整蜗杆与蜗轮之间的啮合间隙。

双导程蜗杆与普通蜗杆的传动原理相同。蜗杆相当于齿条，而蜗轮相当于齿轮。蜗杆两侧齿面的导程不等，各自有不等于公称模数 m 的模数$m_{左}$、$m_{右}$，而侧面就为中心距相等变位系数不同的变位蜗杆传动。

按蜗杆螺旋面形状不同，可以分为阿基米德螺旋线及延长渐开线的双导程蜗杆。为了简化计算与便于制造，左、右齿面模数差 Δm 放在蜗杆直线齿廓截面上，左、右齿面的齿形角一般都选取相等值。

三、双导程蜗杆特殊参数的选择

1. 公称模数 m

双导程蜗杆传动的公称模数可看成普通蜗杆的轴向模数，用强度计算法求得，并选取标准值。它等于左、右齿面模数的平均值。

2. 齿厚增量系数 K_s

K_s 值为蜗杆轴向移动单位长度内的轴向齿厚变化量，即

$$K_s = \frac{(S_{左}-S_{右})}{S}$$

式中 $S_{左}$——左导程；

$S_{右}$——右导程；

S——公称导程。

$$K_s = \frac{(m_{左}-m_{右})}{m}$$

式中 $m_{左}$——左模数；

$m_{右}$——右模数；

m——公称模数。

当蜗轮齿数$z_2<80$时，$K_s=0.040$；当$z_2>80$时，随着z_2增大，K_s减小。

3. 齿厚调整量 Δs

Δs一般选择0.3~0.6mm。

4. 模数差 Δm

Δm为左、右齿面模数与公称模数之差的绝对值：

$$\Delta m=0.5mK_s$$

$$m_{左}=m+\Delta m=(1+0.5K_s)m$$

$$m_{右}=m+\Delta m=(1-0.5K_s)m$$

为了便于叙述，假设大模数位于左侧面。

下面我们以YB6212型花键铣床铣头和车头为例，计算蜗杆的左、右模数：

铣头蜗杆公称模数为5mm，蜗轮齿数$z_2=24$，所以$K_s=0.040$，则

$$m_{左}=(1+0.5K_s)m=(1+0.5\times0.04)\times5\text{mm}=5.10\text{mm}$$

$$m_{右}=(1-0.5K_s)m=(1-0.5\times0.04)\times5\text{mm}=4.90\text{mm}$$

$K_s=0.040$，表明蜗杆每移动1mm，齿厚增厚0.040mm，即蜗杆每移动25μm，齿厚增厚1μm；或者说蜗杆每移动1mm，齿侧间隙减少0.040mm。

车头蜗杆公称模数为7mm，蜗轮齿数为$z_2=24$，所以$K_s=0.04$，则

$$m_{左}=(1+0.5K_s)m=(1+0.5\times0.04)\times7\text{mm}=7.14\text{mm}$$

$$m_{右}=(1-0.5K_s)m=(1-0.5\times0.04)\times7\text{mm}=6.86\text{mm}$$

同样，蜗杆每移动25μm时，齿厚增厚1μm。

5. 分度圆上的压力角 α

蜗轮左、右齿面分度圆上的压力角等于蜗杆相应齿面节圆上轴截面上的齿形角，对于阿基米德蜗杆都等于蜗杆公称轴向齿形角。

四、双导程蜗杆与蜗轮的加工

1. 蜗杆螺旋面的加工

加工蜗杆时，先在齿坯上用公称导程开槽，然后分别用左导程加工左齿面，用右导程加工右齿面，即可加工成双导程蜗杆。

具体选择的机床在没有数控车床和数控螺纹磨床时，用普通车床和螺纹磨床按左、右模数配以合适的挂轮即可加工。如果是多头蜗杆，还需要分头加工。

如果有数控车床和数控螺纹磨床，则可以按编程的程序加工左、右两螺旋面。

2. 蜗轮齿面的加工

用与蜗轮啮合的蜗杆参数完全相同的滚刀加工蜗轮齿时，滚刀的齿还要加高一些以加工出蜗轮齿根槽。在加工时应与蜗杆啮合的安装位置的中心距完全相同。

在没有专用滚刀的情况下，也可在滚齿机上用飞刀（单刀飞）加工，开槽后

分别加工左、右齿面。具体加工方法不在这里叙述。

3. 蜗轮、蜗杆对滚与蜗杆配磨

双导程蜗杆齿部的接触面占比应在齿高方向不少于60%，齿长方向不小于70%。加工过程的很多因素都会影响接触区，要想达到要求，需要蜗杆与蜗轮对滚，根据对滚痕迹对蜗杆齿面反复修磨，直至达到要求为止。

五、双导程蜗杆副的调整与维修

下面以YB6212型花键铣床铣头和车头双导程蜗杆副为例说明其调整与维修要点。

1. YB6212型花键铣床铣头蜗杆副结构与间隙调整

铣刀主轴的转动是由双导程蜗杆带动蜗轮来实现的。图10-5所示为铣头蜗轮副齿侧间隙调整装置。

蜗杆轴上装有飞轮，以增强运转的平稳性。

在调整齿侧间隙之前应先消除蜗杆本身的窜动和铣刀主轴与蜗轮套之间花键套副的键侧间隙。

已知蜗杆副的头数q为4，齿数为24，基准模数为5mm，左旋。设左导程为$S_{左}$，右导程为$S_{右}$，则在一个导程上的齿厚差$\Delta S=S_{左}-S_{右}$，而$S_{左}=\pi m_{左}\cdot q$，$S_{右}=\pi m_{右}\cdot q$（式中$m_{左}$和$m_{右}$分别为左模数和右模数）如果基准导程为S，则$S=\pi mq$

$$\Delta S=\pi q(m_{左}-m_{右})$$

$$\frac{\Delta S}{S}=\frac{\pi q(m_{左}-m_{右})}{\pi mq}$$

该机床的变厚蜗杆$m_{左}=5.1\text{mm}$，$m_{右}=4.9\text{mm}$，$m=5.0\text{mm}$，因此有

$$\frac{\Delta S}{S}=\frac{5.1-4.9}{5}=\frac{0.2}{5}=0.04$$

即齿厚增量系数$K_s=0.04$，也就是蜗杆轴向移动25mm时，齿厚增加1mm，或者说蜗杆轴向移动1mm，齿侧间隙减少0.04mm。可按此比例关系修磨调整垫，步骤如下：

1）检测蜗杆轴向窜动。在蜗杆轴向定位螺钉1已拧紧时，打开蜗杆轴左盖（见图10-5），使千分表测头触在蜗杆左端，用力正反向扳动铣头主轴，千分表读数差就是蜗杆轴向窜动值。

2）消除蜗杆轴向窜动。拆下飞轮和压盖2，修磨压盖2与轴承座接触的端面，修磨量等于步骤1）所测定的值。装回压盖2，压紧轴承，消除轴承间隙。装回飞轮。

3）检测蜗杆副齿侧间隙。千分表测头触在蜗轮齿侧面上，用力正反向扳动铣

头主轴，千分表读数差就是蜗杆副齿侧间隙，设此值为 A，目标齿侧间隙为 B（该机床铣头蜗杆副齿侧间隙目标值为 0.04~0.05mm）。

4）调整蜗杆副齿侧间隙。拆下飞轮，拧下螺钉 4（见图 10-5），抽出两个半环形的调整垫 5 并对其进行修磨，修磨量 $=25(A-B)$。如果蜗杆磨损，修磨量适当减小。装上调整垫 5，拧紧螺钉 4。检查齿侧间隙是否达到目标值，如果不理想，再修正调整垫 5，直至合格为止。

5）检查调整装配效果。装回所有零件，加油，拆下主轴变速挂轮，摇动挂轮轴使主轴转动时不应有阻滞现象，否则需要查找原因并予以排除。

2. YB6212 型花键铣床的车头蜗杆副结构与齿侧间隙的调整

车头主轴部件精度和车头传动精度与加工精度有极为密切的关系。对主轴轴承和蜗杆副间隙的调整有严格要求。

在调整蜗杆副齿侧间隙前应先消除车头主轴轴承和蜗杆轴承间隙。修磨端盖 1（见图 10-6）与轴承座接触的端面可消除蜗杆轴承的间隙。

车头蜗杆副的齿侧间隙以调整到 0.006~0.008mm 之间为宜。修磨两个半环形调整垫 3，拧紧螺钉 6 就可减少齿侧间隙。修磨量（mm）= 25×(实测齿侧间隙－0.006~0.008)。

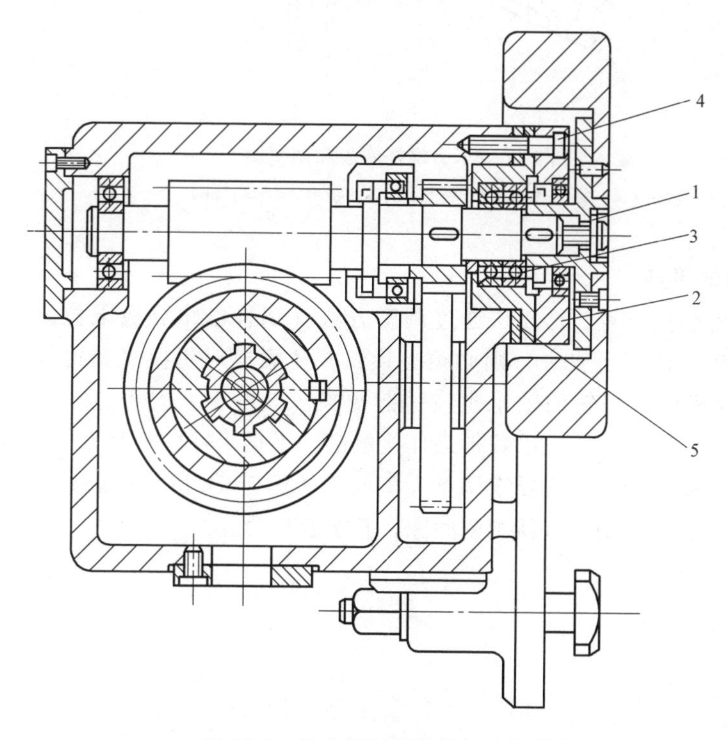

图 10-5　铣头蜗杆副齿侧间隙调整装置

1—定位螺钉　2—压盖　3—轴承　4—螺钉　5—调整垫

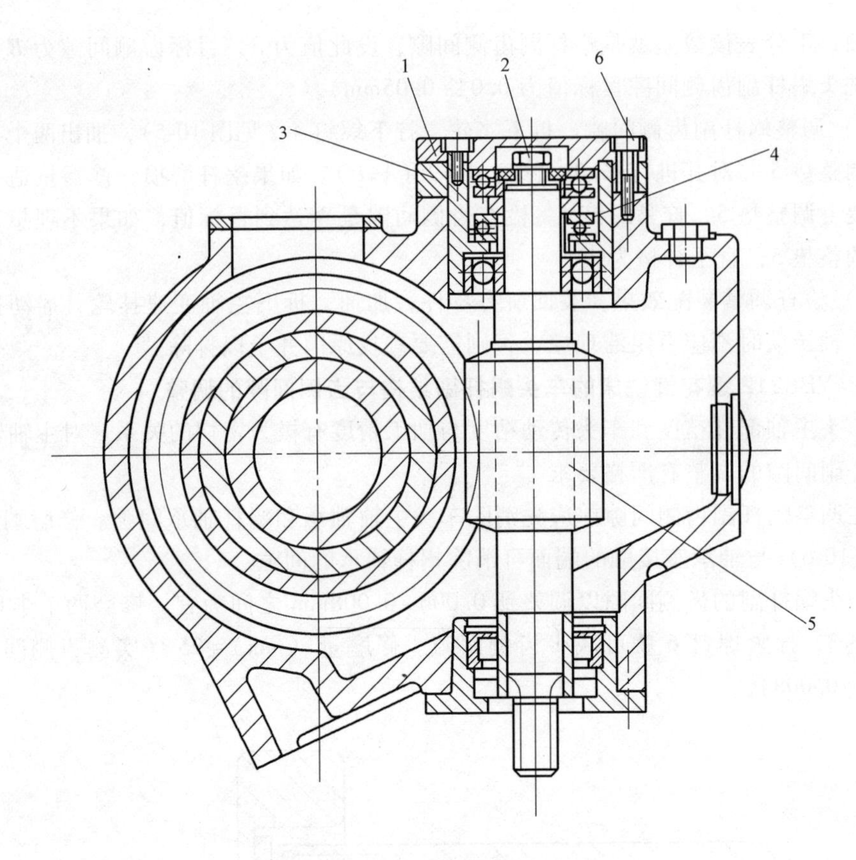

图 10-6 车头蜗杆副齿隙调整图

1—端盖 2—定位螺钉 3—调整垫 4—轴承 5—蜗杆副 6—螺钉

3. 蜗杆副的更换

如果蜗杆副磨损严重，已无法通过调整方法（蜗杆已窜到极限位置）消除啮合间隙，或者传动精度已丧失，则必须更换，并注意成对更换（最好买厂家原配件）。一般支承蜗杆、蜗轮的轴承也应一起更换。装配时，要着色检查接触区情况，调整蜗轮轴向装配位置，以获得最佳接触区。手摇蜗杆，松紧力道要均匀，不应有阻滞现象。清洗加油后按要求调整齿侧间隙，运转 1h 后检查温升是否符合机床要求，若不符合要求则需重新调整间隙，直至合格为止。